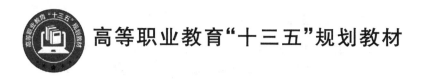

高等职业教育"十三五"规划教材

信息通信建设工程概预算编制

李立高　主编

北京邮电大学出版社
www.buptpress.com

内 容 简 介

本书以《工业和信息化部关于印发信息通信建设工程预算定额、工程费用定额及工程概预算编制规程的通知》(工信部通信〔2016〕451号)文件为依据,致力于为各类信息通信建设工程公司、通信监理公司、通信代维服务公司、通信咨询设计单位等培养通信建设工程概预算编制人员提供帮助。需要说明的是,本书需与工业和信息化部发布的《信息通信建设工程预算定额》(共5册)配套使用;同时书中使用的相关增值税税率为本书成稿时国务院或国家有关部门公布的税率,请读者知悉。

本书紧扣行业标准和规范,以工程实例分析为重点,循序渐进,具有很好的实用性且非常方便读者自学,每章后均附有应知测试题和应会技能训练项目,是通信类高等职业院校线务工程专业、通信技术或通信工程专业、移动通信专业、宽带通信专业、通信工程监理专业、综合布线专业、计算机通信专业及通信行业技能鉴定较为理想的教材;同时也可作为从事通信工程、网络工程的设计、施工、监理及维护的技术人员的参考用书,或信息通信建设工程概预算考证人员的培训教材。

图书在版编目(CIP)数据

信息通信建设工程概预算编制 / 李立高主编. -- 北京:北京邮电大学出版社,2018.8(2023.2重印)
ISBN 978-7-5635-5543-7

Ⅰ. ①信… Ⅱ. ①李… Ⅲ. ①通信工程—建筑概算定额—概算编制②通信工程—建筑预算定额—预算编制 Ⅳ. ①TN91

中国版本图书馆 CIP 数据核字(2018)第 169161 号

书　　　名:信息通信建设工程概预算编制
著作责任者:李立高　主编
责 任 编 辑:徐振华　孙宏颖
出 版 发 行:北京邮电大学出版社
社　　　址:北京市海淀区西土城路 10 号(邮编:100876)
发 行 部:电话:010-62282185　传真:010-62283578
E-mail:publish@bupt.edu.cn
经　　　销:各地新华书店
印　　　刷:唐山玺诚印务有限公司
开　　　本:787 mm×1 092 mm　1/16
印　　　张:19
字　　　数:494 千字
版　　　次:2018 年 8 月第 1 版　2023 年 2 月第 5 次印刷

ISBN 978-7-5635-5543-7　　　　　　　　　　　　　　　　定　价:46.00 元

· 如有印装质量问题,请与北京邮电大学出版社发行部联系 ·

前　言

  高等职业技术教育的发展非常迅猛,但与之相适应的高职高专类教材却十分缺乏,通信类高职高专专业教材更是如此。为此湖南邮电职业技术学院在总结几十年教学经验的基础上,组织了部分骨干教师,编写了《信息通信建设工程概预算编制》这本书,以解燃眉之急。

  在各级各类信息通信建设工程项目的建设过程中,概预算的编制是必不可少的。通过本书的学习和实践,可使读者能够根据国家法律法规及行业规范准确地编制出每项工程的概预算文件,并顺利通过通信建设工程概预算人员资格考试,从而为信息通信建设工程公司、通信监理公司、通信代维服务公司、通信咨询设计单位等通信类企业输送更多的合格人才。

  本书是在《通信工程概预算(第2版)》(2015年8月)的基础上,结合工业和信息化部2016年12月成文的新定额和各类工程建设新情况、新进展重新编写而成的。

  全书共分为6章。第1章介绍信息通信建设工程概预算的概念与构成;第2章详细介绍了信息通信建设工程定额及使用方法与技巧;第3章介绍了通信工程制图的基本要求,并结合具体工程实例详细讲解了工程量的统计技巧与方法;第4章主要讲解了信息通信建设工程费用定额的构成、使用方法及与之相关的政策性文件,以便读者掌握政策,更好地做好概预算编制工作;第5章介绍了信息通信建设工程概预算编制方法,并通过大量实例——通信线路工程、移动基站设备安装工程、综合布线工程等——为大家介绍了信息通信建设工程概预算文件的组成与编制程序及方法;第6章介绍了工程量清单的编制与计价。

  本书由湖南邮电职业技术学院李立高副教授担任主编和统稿,并负责第5章、第6章的编写;第1章由通信企业专家湖南省通信建设有限公司沈迎飞高级工程师编写;第2章由湖南邮电职业技术学院张炯、李宁老师合编;第3章、第4章分别由湖南邮电职业技术学院殷文珊、左利钦老师编写。此外,湖南省通信建设监理公司部门主任尹青松、中国电信长沙分公司网络操作维护中心张淑芝等企业专家参与了第3章和第5章的工程实例收集与整理,为本书的出版付出了心血和精力。此外,还有李美高、陈红、何坚、陈湘春等同志为本书的编写提供了企业第一手资料。同时,在本书的编写和出版过程中还得到了湖南省邮电规划设计院有限公司、南方邮电规划设计院、深圳中通信息培训中心、安徽省邮电规划设计院、苏州职业大学、深圳职业技术学院、南京信息职业技术学院、广东邮电职业技术学院、浙江邮电职业技术学院、四川邮电职业技术学院,以及其他兄弟职业技术学院的老师,湖南邮电职业技术学院的副院长蒋青泉同志、通信工程系主任文杰斌同志的大力支持与帮助,在此表示最诚挚的谢意!

  由于编者水平有限,书中错误之处在所难免,恳请广大读者批评指正。

目　　录

第1章 信息通信建设工程概预算的概念与构成

信息通信建设工程概预算编制能力是通信类高等职业院校学生必备的重要技能之一。2009 年全国首届"3G 基站建设维护及数据网组建"大赛在天津的顺利举行就说明了这一点。同时做好工程概预算编制工作是控制投资规模、提高投资效益、保证工程质量的重要手段,也是项目管理中成本管理的重要内容。编制信息通信建设工程概预算是工程设计和工程投标过程中的重要环节,同时也是从事通信工程建设和监理的基本技能之一。

本章将重点介绍以下内容。

① 信息通信建设工程概预算的概念、作用及划分。

② 概算、预算的构成。

其中,不同设计阶段概预算的划分以及概算、预算的基本构成是大家必须熟练掌握的。

1.1 信息通信建设工程概预算的概念、作用及按设计阶段的划分

1.1.1 什么是信息通信建设工程概预算?

建设工程项目的设计概预算是指初步设计概算和施工图设计预算的统称。信息通信建设工程概预算是工程项目设计文件的重要组成部分,它是根据各个不同设计阶段的深度和建设内容,按照相关主管部门颁发的相关定额、设备、材料价格、编制方法、费用定额等有关文件,对通信建设项目、单项工程预先计算和确定其全部费用的文件。

一般来说,概算要套用概算定额,预算要套用预算定额,若定额不全或不完整,则按相关规定办理。例如,目前在我国因为没有通信工程概算定额,在编制通信工程概算时,规定用通信工程预算定额代替概算定额。

1.1.2 概算、预算的作用

1. 概算的作用

概算是用货币形式综合反映和确定建设项目从筹建至竣工验收的全部过程的建设费用。其主要作用有以下几点。

(1)设计概算是确定和控制固定资产投资、编制和安排投资计划、控制施工图设计预算的主要依据

一个建设项目对人、财、物的需要量,是通过项目的设计概算来确定的,所以设计概算是确

定建设项目所需投资总额及其构成的依据,同时也是确定年度建设计划和年度建设投资额的基础。因此,设计概算编制质量的好坏将直接影响年度建设计划的编制质量,因为只有根据正确的设计概算,才能使年度建设计划安排的投资额既能保证项目建设的需要,又能节约建设资金。

经批准的设计概算是确定建设项目或单项工程所需投资的计划额度。设计单位必须严格按照批准的初步设计中的总概算进行施工图设计预算的编制,施工图预算不应突破设计概算。

(2)概算是签订建设项目总承包合同、实行投资包干以及核定贷款额度的主要依据

建设单位根据批准的设计概算办理建设贷款,安排投资计划,控制贷款。如果建设项目投资额突破设计概算,应查明原因后由建设单位报请上级主管部门调整或追加设计概算总投资额。

(3)概算是考核工程设计技术经济合理性和工程造价的主要依据之一

设计概算是项目设计方案经济合理性的反映,可以用来比较不同设计方案的技术性和经济性,从而为选择最佳的设计方案提供依据。

显然,一个能够达到预定生产能力的建设项目,由于设计方案不同,需要的建设费用一定会不同,这就如同在实际的预算编制过程中,针对同一项目由不同的人来编制预算却有不同的结果一样,更何况这里是针对不同的设计方案。设计方案是编制概算的基础,设计方案的经济合理性是以货币指标来反映的。当不同的设计方案出来之后,就可利用设计概算中用货币表示的技术经济指标,进行技术经济分析比较,以便选择最经济合理的设计方案。

(4)概算是筹备设备、材料和签订订货合同的主要依据

设计概算经批准后,建设单位就可以开始按照设计提供的设备、材料清单,对生产厂家的设备性能及价格进行调查、询价,按设计要求进行比较,选择性价比最优的产品,签订订货合同,进行建设筹备工作。

(5)概算在工程招标承包制中是确定标底的主要依据

工程项目施工招标发包时,须以设计概算为基础编制标底,以此作为评标决标的依据。施工企业为了在投标竞争中得到承包任务,必须编制投标书,标书中的报价也应以概算为基础进行估价,过高、过低均有可能失标。

2. 施工图预算的作用

将概算进一步具体化就成了施工图预算。它是根据施工图算出的工程量、现行预算定额和费用定额规定的费率标准及计算方法、签订的设备材料合同价或设备材料预算价等进行计算和编制的工程费用文件。它具有以下重要作用。

(1)预算是考核工程成本、确定工程造价的主要依据

根据单项工程的施工图纸计算出其实物工程量,然后按现行预算定额、费用标准等,算出工程的施工生产费用,再加上规定应计列的其他费用,就成为建筑安装工程的价格,即工程预算造价。由此可见,只有正确地编制施工图预算,才能合理地确定工程的预算造价。

(2)预算是签订工程承、发包合同的依据

建设单位与施工企业的费用往来,是以施工图预算及双方签订的合同为依据的,所以施工图预算是建设单位监督工程拨款和控制工程造价的一项主要依据。实行招投标的工程,施工图预算又是建设单位确定标底和施工企业进行估价的依据,同时也是签订年度总包和分包合同的依据。

（3）预算是工程价款结算的主要依据

施工图预算要根据设计文件的编制程序编制，它对确定单项工程造价具有特别重要的作用。施工图预算列出的各单位工程对人工、材料和机械的需要量等，是施工企业编制施工计划、做施工准备和进行统计、核算等不可或缺的依据。

（4）预算是考核施工图设计技术经济合理性的主要依据之一

如我们经常在一些施工图预算文件的编制说明中所看到的××元/芯公里、××元/对公里等就是施工图设计的技术经济指标，这也是审批部门最为关注的指标之一，因为它直接决定了工程项目的整体造价。

1.1.3　不同设计阶段概预算的划分

针对不同的工程建设项目，根据其规模的不同划分成不同的设计阶段，如图 1-1 所示。

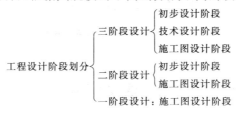

图 1-1　工程设计阶段的划分

不同的设计阶段要求编制不同的概预算文件，具体如下。

① 三阶段设计：初步设计阶段要求编制设计概算并体现预备费；技术设计阶段要求编制修正概算；施工图设计阶段要求编制施工图预算。

② 二阶段设计：初步设计阶段要求编制设计概算并体现预备费；施工图设计阶段要求编制施工图预算。

③ 一阶段设计：编制施工图预算，按单项工程处理，反映工程费、工程建设其他费和预备费，即反映全部概算费用。

1.2　信息通信建设工程概预算的构成

1.2.1　初步设计概算的构成

建设项目在初步设计阶段必须编制概算。设计概算的组成由建设规模的大小确定，一般由建设项目总概算、若干单项工程概算组成。单项工程概算由工程费、工程建设其他费、预备费、建设期利息四部分组成；建设项目总概算等于各单项工程概算之和，它是一个建设项目从筹建到竣工验收的全部投资之和，其构成如图 1-2 所示。

1.2.2　施工图设计预算的构成

建设项目在施工图设计阶段编制预算。预算的组成一般应包括工程费和工程建设其他费。若为一阶段设计，除工程费和工程建设其他费之外，另外列预备费（费用标准按概算编制办法计算);对于二阶段设计时的施工图预算,由于初步设计概算中已列有预备费,所以二阶段设计预算中不再列出预备费。

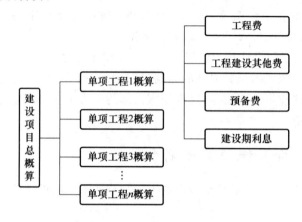

图 1-2　建设项目总概算的构成

本 章 小 结

① 信息通信建设工程概预算是按照相关定额、设备、材料价格、编制方法、费用定额等有关规定,对通信建设项目、单项工程预先计算和确定其全部费用的文件。

② 概算与预算的作用各不相同,请认真区分它们的本质不同。

③ 不同的设计阶段要求编制不同的概预算文件,尤其是预备费的计列是大家要特别弄清楚的问题。

④ 概预算的编制对象是单项工程。

应 知 测 试

一、判断题

1. 信息通信建设工程初步设计阶段应编制概算。(　　)

2. 概算是筹备设备材料和签订订货合同的主要依据。(　　)

3. 信息通信建设工程概预算应按单项工程编制。(　　)

4. 预算是考核工程设计技术经济合理性和工程造价的主要依据之一。(　　)

5. 概算是工程价款结算的主要依据。(　　)

6. 无论概算还是预算均应计列预备费。(　　)

7. 针对同一个建设项目,概算的投资额度一定不会低于预算的投资额度。(　　)

8. 严格地说,预算定额是不能代替概算定额的。(　　)

9. 技术经济指标的分析一定是单位造价或单位投资。(　　)

10. 技术经济指标中未包括预备费。(　　)

二、简答题

1. 一阶段设计就是施工图设计吗? 预备费与它们有何关系?

2. 是不是任何建设项目的设计阶段都最多划分为 3 个阶段？如果是，每个阶段的名称是什么？

3. 比较概算作用和预算作用的本质不同。

应会技能训练

1. 名称

单项工程概预算文件实物研读。

2. 实训目的

了解单项工程概预算文件的基本构成，熟悉费用的基本构成框架，理解其作用。

3. 实训器材或条件

从通信企业获得的单项工程概预算文件实物文本。

4. 实训内容

组织学员对单项工程概预算文件实物文本进行研读，由实训教师或企业工程设计人员当场进行详细讲解。写出详细的实训报告或体会。

第 2 章　信息通信建设工程定额及使用方法

信息通信建设工程定额是我们编制概预算的主要工具,离开了定额,概预算将无法进行,所以了解和掌握现行定额的基本结构、内容和特点,熟练掌握其使用方法将是非常重要的技能,也是做好工程概预算编制工作的基本条件。

本章将重点为大家介绍以下内容。

① 信息通信建设工程预算定额的结构、内容,人工、材料、机械、仪表台班消耗量的确定,2017 版《信息通信建设工程预算定额》的套用方法与技巧。

② 信息通信建设工程概算定额的概念、内容及套用方法。

其中,2017 版《信息通信建设工程预算定额》的套用方法与技巧是大家必须熟练掌握的重要内容。

2.1　信息通信建设工程预算定额

2.1.1　定额的定义

在生产过程中,为了完成某一单位合格产品,就要消耗一定的人工、材料、机具设备和资金。由于这些消耗受技术水平、组织管理水平及其他客观条件的影响,所以其消耗水平是不相同的。因此,为了统一考核其消耗水平,便于经营管理和经济核算,就需要有一个统一的平均消耗标准,这个标准就是定额。

所谓定额,就是在一定的生产技术和劳动组织条件下,完成单位合格产品在人力、物力、财力的利用和消耗方面应当遵守的标准。

它反映行业在一定时期内的生产技术和管理水平,是企业搞好经营管理的前提,也是企业组织生产、引入竞争机制的手段,是进行经济核算和贯彻"按劳取酬"原则的依据。

2.1.2　现行信息通信建设工程定额文件

目前,信息通信建设工程有预算定额和费用定额。由于目前还没有概算定额,在编制概算时,暂时用预算定额代替。各种定额执行的文件如下。

①《信息通信建设工程预算定额》。其执行文件主要包括:第一册通信电源设备安装工程,第二册有线通信设备安装工程,第三册无线通信设备安装工程,第四册通信线路工程,第五册通信管道工程。《工业和信息化部关于印发信息通信建设工程预算定额、工程费用定额及工程概预算编制规程的通知》,工信部通信〔2016〕451 号。

②《信息通信建设工程施工机械、仪表台班单价》。《工业和信息化部关于印发信息通信建设工程预算定额、工程费用定额及工程概预算编制规程的通知》,工信部通信〔2016〕451 号。

③《信息通信建设工程费用定额》。《工业和信息化部关于印发信息通信建设工程预算定额、工程费用定额及工程概预算编制规程的通知》,工信部通信〔2016〕451 号。

④《工程勘察设计收费管理规定》。《国家计委、建设部关于发布〈工程勘察设计收费管理规定〉的通知》,计价格〔2002〕10 号。

⑤《通信建设工程价款结算暂行办法》。

2.1.3　定额的特点

定额具有科学性、权威性、强制性、系统性、稳定性和时效性等特点。

1. 科学性

① 科学的制定定额态度。尊重客观事实,力求定额水平高低合理,易于被人认同和接受。

② 制定和贯彻的一致性、科学性。制定是为了贯彻时有依据,贯彻是为了实现管理的目标,同时又可以从实践中总结其使用的不足,反过来提高制定的水平。

③ 方法的科学性。必须掌握一整套系统、完整、有效的制定定额的科学方法,才能将定额制定好,才能得到广大工程建设人员的肯定与执行,否则就是废纸一张。

2. 权威性和强制性

定额一旦公布实施就具有很大的权威性。权威性反映统一的意志和统一的要求,也反映信誉和信赖程度。强制性反映刚性约束,反映定额的严肃性,不能随意更改。

3. 系统性

工程建设本身的多种类、多层次决定了以它为服务对象的建设工程定额的多种类、多层次。这就决定了定额的系统性与多样性。

4. 稳定性

定额是对一定时期技术发展和管理的反映,因而在一段时期内它应该是稳定不变的。如果定额处于经常修改变动之中,那么必然造成执行中的困难和混乱,使人们感到没有必要去认真对待它,就会丧失定额的权威性。

5. 时效性

上面所说的稳定性是相对的,即在一个较短的时期内来看,定额是稳定的,但在一个较长的时期内来看,定额是变化的,是具有时效性的。因为任何一种定额都只能反映一定时期的生产力水平,当生产力向前发展了,建设工程定额就会与已经发展了的生产力不相适应,这样它原有的作用就逐步减弱以致消失,甚至产生负面效应,这和生产力与生产关系的关系一样。所以定额在具有稳定性特点的同时,也具有显著的时效性。当定额不再能起到促进生产力发展的作用时,建设工程定额就要重新编制或修订了。正如由工信部规〔2008〕75 号文件所制定的定额到工信部通信〔2016〕451 号文件所制定的定额,期间经过了 8 年的相对稳定,但由于这期间我国经济高速发展,各种新技术、新工艺不断涌现,同时物价也在不断地上涨,所以到了2016 年,根据诸多通信运行企业的要求和呼声对定额进行修订就是很自然的事情了。

2.1.4　2017 版《信息通信建设工程预算定额》详解

1. 预算定额的作用

① 预算定额是编制施工图预算、确定和控制建筑安装工程造价的计价基础。

② 预算定额是落实和调整年度建设计划、对设计方案进行技术经济比较分析的依据。

③ 预算定额是施工企业进行经济活动分析的依据。

④ 预算定额是编制标底、投标报价的基础。

⑤ 预算定额是编制概算定额和概算指标的基础。

2. 2017 版《信息通信建设工程预算定额》的特点

（1）严格控制量

预算定额中的人工、主材、机械台班、仪表台班的消耗量是法定的，任何单位和个人不得擅自调整。

（2）实行量价分离

预算定额中只反映人工、主材、机械台班、仪表台班的消耗量，而不反映其单价。单价由主管部门或造价管理归口单位根据市场行情另行发布，以体现以市场为导向的经济发展规律。

（3）技普分开

凡是由技工操作的工序内容均按技工计取工日，凡是由非技工操作的工序内容均按普工计取工日。

对于设备安装工程一般均按技工计取工日（即普工为零）。

通信线路工程和通信管道工程按上述相关要求分别计取技工工日、普工工日。

（4）预算定额子目编号

定额子目编号由三部分组成：第一部分为汉语拼音缩写（3 个字母），表示预算定额的名称；第二部分为一位阿拉伯数字，表示定额子目所在章的章号；第三部分为 3 位阿拉伯数字，表示定额子目在章内的序号，如图 2-1 所示。

例如，"TXL2-113"表示通信线路工程第 2 章的第 113 条子条目，其内容是在第 2 章"敷设埋式光（电）缆"第三节"埋式光（电）缆保护与防护"的"铺水泥盖板"中，计量单位为 km，技工 2.00，普工 13.0，所需材料为水泥，盖板为 2 040 块。

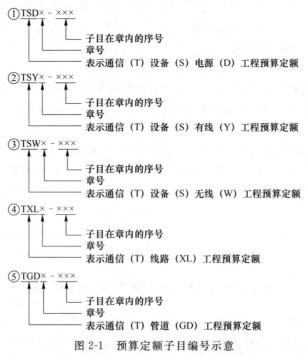

图 2-1　预算定额子目编号示意

3. 预算定额的构成

在这里我们主要以《信息通信建设工程预算定额》第四册通信线路工程和《信息通信建设工程预算定额》第三册无线通信设备安装工程为例来为大家介绍定额的构成及使用方法。

该预算定额由工信部通信〔2016〕451 号文件、总说明、册说明、目录、章节说明、定额项目表和附录构成。

（1）工信部通信〔2016〕451 号文件

工业和信息化部关于印发信息通信建设工程预算定额、工程费用定额及工程概预算编制规程的通知

工信部通信〔2016〕451 号

各省、自治区、直辖市通信管理局，中国电信集团公司、中国移动通信集团公司、中国联合网络通信集团有限公司、中国铁塔股份有限公司，相关单位：

为适应通信建设行业发展需要，合理有效控制通信建设工程投资，规范通信建设工程计价行为，根据国家法律法规及有关规定，我部对《通信建设工程概算、预算编制办法》及相关定额（2008 年版）进行修订，形成了《信息通信建设工程预算定额》（共五册：第一册通信电源设备安装工程、第二册有线通信设备安装工程、第三册无线通信设备安装工程、第四册通信线路工程、第五册通信管道工程）、《信息通信建设工程费用定额》及《信息通信建设工程概预算编制规程》，现予发布，自 2017 年 5 月 1 日起施行。工业和信息化部《关于发布〈通信建设工程概算、预算编制办法〉及相关定额的通知》（工信部规〔2008〕75 号）同时废止。

工业和信息化部
2016 年 12 月 30 日

（2）总说明

总说明阐述定额的编制原则、指导思想、编制依据和适用范围，同时还说明编制定额时已经考虑和没有考虑的各种因素以及有关规定和使用方法等。

现将第四册的总说明具体内容按原样摘抄如下，供大家参考学习。

总　说　明

一、《信息通信建设工程预算定额》（以下简称预算定额）是完成规定计量单位工程所需要的人工、材料、施工机械和仪表的消耗量标准。

二、预算定额共分为五册，包括：

第一册　通信电源设备安装工程（册名代号 TSD）

第二册　有线通信设备安装工程（册名代号 TSY）

第三册　无线通信设备安装工程（册名代号 TSW）

第四册　通信线路工程（册名代号 TXL）

第五册　通信管道工程（册名代号 TGD）

三、预算定额是编制通信建设项目投资估算指标、概算、预算和工程量清单的基础，也可作为通信建设项目招标、投标报价的基础。

四、预算定额适用于新建、扩建工程，改建工程可参照使用。预算定额用于扩建工程时，其扩建施工降效部分的人工工日按乘以系数 1.1 计取，拆除工程的人工工日计取办法见各册的相关内容。

五、预算定额是以现行通信工程建设标准、质量评定标准、安全操作规程为编制依据，按符合质量标准的施工工艺、合理工期及劳动组织形式条件进行编制的。

1. 设备、材料、成品、半成品、构件符合质量标准和设计要求。

2. 通信各专业工程之间、与土建工程之间的交叉作业正常。

3. 施工安装地点、建筑物、设备基础、预留孔洞均符合安装要求。

4. 气候条件、水电供应等应满足正常施工要求。

六、定额子目编号原则：

定额子目编号由三部分组成：第一部分为册名代号，表示通信行业的各个专业，由汉语拼音（字母）缩写组成；第二部分为定额子目所在的章号，由一位阿拉伯数字表示；第三部分为定额子目所在章内的序号，由三位阿拉伯数字表示。

七、关于人工：

1. 定额人工分为技工和普工。

2. 定额人工消耗量包括基本用工、辅助用工和其他用工。

基本用工：完成分项工程和附属工程定额实体单位产品的用工量。

辅助用工：定额中未说明的工序用工量，包括施工现场某些材料临时加工、排除故障、维持安全生产的用工量。

其他用工：定额中未说明的而在正常施工条件下必然发生的零星用工量，包括工序间搭接、工种间交叉配合、设备与器材施工现场转移、施工现场机械（仪表）转移、质量检查配合以及不可避免的零星用工量。

八、关于材料：

1. 材料分为主要材料和辅助材料。定额中仅计列构成工程实体的主要材料，辅助材料以费用的方式表现，其计算方法按《信息通信建设工程费用定额》的相关规定执行。

2. 定额中的主要材料消耗量包括直接用于安装工程中的主要材料净用量和规定的损耗量；规定的损耗量指施工运输、现场堆放和生产过程中不可避免的合理损耗量。

3. 施工措施性消耗部分和周转性材料按不同施工方法、不同材质分别列出一次使用量和一次摊销量。

4. 定额不含施工用水、电、蒸气消耗量，此类费用在设计概算、预算中根据工程实际情况在建筑安装工程费中按实计列。

九、关于施工机械：

1. 施工机械单位价值在2 000元以上，构成固定资产的列入预算定额的机械台班。

2. 定额的机械台班消耗量是按正常合理的机械配备综合取定的。

十、关于施工仪表：

1. 施工仪器仪表单位价值在2 000元以上，构成固定资产的列入预算定额的仪表台班。

2. 预算定额的施工仪表台班消耗量是按通信建设标准规定的测试项目及指标要求综合取定的。

十一、预算定额适用于海拔高程2 000 m以下，地震烈度为七度以下地区，超过上述情况时，按有关规定处理。

十二、在以下地区施工时，定额按下列规则调整：

1. 高原地区施工时，预算定额人工工日、机械台班量乘以下表列出的系数。

海拔高程/m		2 000 以上	3 000 以上	4 000 以上
调整系数	人　工	1.13	1.30	1.37
	机　械	1.29	1.54	1.84

2. 原始森林地区(室外)及沼泽地区施工时人工工日、机械台班消耗量乘以系数 1.30。

3. 非固定沙漠地带,进行室外施工时,人工工日乘以系数 1.10。

4. 其他类型的特殊地区按相关部门规定处理。

以上四类特殊地区若在施工中同时存在两种以上情况时,只能参照较高标准计取一次,不应重复计列。

十三、预算定额中带有括号表示的消耗量,系供设计选用;"＊"表示由设计确定其用量。

十四、凡是定额子目中未标明长度单位的均指"mm"。

十五、预算定额中注有"××以内"或"××以下"者均包括"××"本身;"××以外"或"××以上"者则不包括"××"本身。

十六、本说明未尽事宜,详见各专业册章节和附注说明。

(3) 册说明

册说明阐述该册的内容、编制基础和使用该册应注意的问题及有关规定等。

现将第四册册说明具体内容按原样摘抄如下,供大家参考学习。

册　说　明

一、《通信线路工程》预算定额适用于通信光(电)缆的直埋、架空、管道、海底等线路的新建工程。

二、通信线路工程,当工程规模较小时,人工工日以总工日为基数按下列规定系数进行调整:

1. 工程总工日在 100 工日以下时,增加 15%;

2. 工程总工日在 100～250 工日时,增加 10%。

三、本定额中带有括号和以分数表示的消耗量,系供设计选用,"＊"表示由设计确定其用量。

四、本定额拆除工程,不单立子目,发生时按下表规定执行:

序　号	拆除工程内容	占新建工程定额的百分比/(%)	
		人工工日	机械台班
1	光(电)缆(不需清理入库)	40	40
2	埋式光(电)缆(清理入库)	100	100
3	管道光(电)缆(清理入库)	90	90
4	成端电缆(清理入库)	40	40
5	架空、墙壁、室内、通道、槽道、引上光(电)缆(清理入库)	70	70
6	线路工程各种设备以及除光(电)缆外的其他材料(清理入库)	60	60
7	线路工程各种设备以及除光(电)缆外的其他材料(不需清理入库)	30	30

五、敷设光(电)缆工程量计算时,应考虑敷设的长度和设计中规定的各种预留长度。

(4) 目录

请大家自己查看,此处从略。

（5）章节说明

它主要说明分部、分项工程的工作内容,工程量计算方法和本章节有关规定、计量单位、起讫范围,应扣除和应增加的部分等。这部分是工程量计算的基本规则,必须全面掌握。现以第三册无线通信设备安装工程中第三章"安装微波通信设备"的章说明为例,说明如下。

第三章　安装微波通信设备

说　明

一、安装微波天线时:

1. 不包括基础及支撑物的安装。

2. 天线安装高度均指天线底部距地面的高度。

3. 楼房上安装天线仅为楼顶平面上而不包括楼顶铁塔上的安装。

4. 铁塔上安装天线包括楼顶铁塔和地面铁塔,不论有无操作平台均按预算定额计列。

5. 楼顶增高架上安装天线按楼顶铁塔上安装天线处理。

二、本章定额中的第一节(安装、调测微波天馈线)内容对数字微波设备工程和一点多址数字微波设备工程均适用。

三、安装无源站 $\phi2.0\,m$ 及 $\phi2.0\,m$ 以上天线,当无市电供电时每副天线计取 $30\,kW$ 柴油发电机组 3 个台班。

（6）定额项目表

定额项目表是预算定额的主要内容,项目表列出了分部分项工程所需的人工、主材、机械台班和仪表台班的消耗量。特列举第四册通信线路工程中第一章"施工测量与开挖路面"的第一节中的"施工测量"定额项目表如下。

一、施工测量

工作内容:

1. 施工测量:核对图纸、复查路由位置、施工定点划线、做标记、光(电)缆配盘等。

2. GPS 定位:校表、测量、记录数据等。

定额编号		TXL1-001	TXL1-002	TXL1-003	TXL1-004	TXL1-005
项　目		光(电)缆工程施工测量①				GPS 定位
		直　埋	架　空	管　道	海　上	
定额单位		百米				点
名　称	单　位	数　量				
人工 技工	工日	0.56	0.46	0.35	4.25	0.05
人工 普工	工日	0.14	0.12	0.09	—	—
机械 海缆施工自航船(5 000 t 以下)	艘班	—	—	—	(0.02)	—
机械 海缆施工驳船(500 t 以下)带拖轮	艘班	—	—	—	(0.02)	—
仪表 地下管线探测仪	台班	0.05	—	—	—	—
仪表 激光测距仪	台班	0.04	0.05	0.04	—	—
仪表 GPS 定位仪	台班	—	—	—	—	0.01

注:施工测量不分地形和土(石)质类别,为综合取定的工日。

（7）附录

预算定额的最后列有附录,供使用预算定额时参考,如第五册（通信管道工程）就有 12 个附录,名称如下。

从上述名称中就可看到,这些附录在编制概预算文件时非常有用,例如,附录七"定型人孔体积参考表"和附录八"开挖管道沟土方体积一览表"以及附录九"开挖 100 m 长管道沟上口路面面积"和附录十"开挖定型人孔土方及坑上口路面面积"等在编制预算时可直接查用,而无须用复杂的数学公式去进行计算了,这也是本书没有给大家详细讲解管道工程工程量计算公式的主要原因。但有一点应该说明的是,附录给定的是"定型结构",也就是我们通常所说的"规矩结构",一旦不符合这个条件,就不能套用,而要利用数学公式进行计算,如特殊型人孔、手孔等。

4. 预算定额的使用方法

要准确套用定额,除了对定额作用、内容和适用范围应有必要的了解以外,还应仔细了解定额的有关规定,熟悉定额所定义的各项工作内容等,当然这与读者的通信工程专业知识和工程建设经验是密切相关的。一般来说,在套用预算定额子目时要注意以下几点。

（1）准确确定定额项目名称

名称不对,就会找不到所要套的定额编号。同时计量单位也应与定额规定的项目内容相对应,才能直接套用。定额数量的换算应按定额规定的系数进行调整。

（2）看清、看准定额的计量单位

预算定额在编制时,为确保预算价值的精确性,对许多定额项目采用了扩大计量单位的办法。例如,山区敷设埋式光缆,以千米条为单位,在使用定额时必须特别注意计量单位的规定,避免出现小数点定位的错误。

（3）注意定额项目表下的注释

注释说明了人工、主材、机械台班和仪表台班消耗量的使用条件和增减等相关规定。

（4）使用举例

【例 2-1】 套用预算定额补充完整表 2-1 中空格里的相关内容。

表 2-1 例 2-1 的表

定额编号	项目名称	定额单位	数 量	单位定额值/工日		合计值/工日	
				技 工	普 工	技 工	普 工
	立 8.5 m 水泥电杆(综合土,山区)		10 根				

解: 根据项目名称"立 8.5 m 水泥电杆(综合土,山区)",显然属于第四册通信线路工程,查看其目录可知是第三章第一节"立杆",在预算定额的 51 页,定额编号为 TXL3-001,定额单位为根,表中直接查得的单位定额值是技工 0.52 工日,普工 0.56 工日。但是还要提醒大家特别要注意的是每章的章说明,与本题有关的就是第四册第三章章说明的第二条:"本定额中立电杆与撑杆、安装拉线部分为平原地区的定额,用于丘陵、水田、城区时按相应定额人工的 1.3 倍计取;用于山区时按相应定额人工的 1.6 倍计取。"所以此时的单位定额值技工就变为 0.52×1.6=0.832 工日,普工为 0.56×1.6=0.896 工日,同时定额单位和题目给定单位均为"根",因此得到的最后结果如表 2-2 所示。

表 2-2 例 2-1 的结果

定额编号	项目名称	定额单位	数 量	单位定额值/工日		合计值/工日	
				技 工	普 工	技 工	普 工
TXL3-001	立 8.5 m 水泥电杆(综合土,山区)	根	10	0.000	0.000	0.00	8.96

【例 2-2】 套用预算定额补充完整表 2-3 中空格里的相关内容。

表 2-3 例 2-2 的表

定额编号	项目名称	定额单位	数 量	单位定额值/工日		合计值/工日	
				技 工	普 工	技 工	普 工
	机械敷设室外通道电缆(1 200 对)		3 000 米条				

解: 根据项目名称"机械敷设室外通道电缆(1 200 对)",显然属于第四册通信线路工程,查看其目录可知是第四章第一节"敷设管道光(电)缆"的"三、敷设管道(通道、管廊)电缆",在预算定额的 93 页,因为正好是 1 200 对,所以定额编号为 TXL4-029,定额单位为千米条,表中直接查得的单位定额值是技工 16.08 工日,普工 27.39 工日。但是还要提醒大家特别注意的是每章的章说明或定额表格下方的注释,与本题有关的就是定额第 92 页下方的"注:①通道、管廊内布放电缆,按本定额相应子目工日的 70% 计取……"。所以此时的单位定额值技工就变为 16.08×70%=11.256 工日,普工变为 27.39×70%=19.173 工日;同时因为定额的单位是千米条,所以在合计值中应为:技工工日=11.256×3=33.768,同理得到普工工日为 57.519,最后结果如表 2-4 所示。

表 2-4 例 2-2 的结果

定额编号	项目名称	定额单位	数 量	单位定额值/工日		合计值/工日	
				技 工	普 工	技 工	普 工
TXL4-029	机械敷设室外通道电缆(1 200 对)	千米条	3.00	11.256	19.173	33.768	57.519

【例 2-3】 套用预算定额补充完整表 2-5 中空格里的相关内容。

表 2-5　例 2-3 的表

定额编号	项目名称	定额单位	数 量	单位定额值/工日		合计值/工日	
				技 工	普 工	技 工	普 工
	顶棚内开凿混凝土缆线线槽(ϕ25 mm)		300 m				

解: 根据项目名称"顶棚内开凿混凝土缆线线槽(ϕ25 mm)",显然属于第四册通信线路工程,查看其目录可知是第五章第 4 节"敷设建筑物内光(电)缆"的"一、开槽",在预算定额的 116 页,定额编号为 TXL5-048,定额单位为 m,表中直接查得的单位定额值是技工 0.01 工日,普工 0.18 工日。但是还要提醒大家特别注意的是定额表格下方的"注:①本定额是按预埋长度为 1 m 的 ϕ25 mm 以下钢管取定的开槽定额工日"。所以此时的单位定额值技工为 0.01 工日,普工为 0.18 工日,所以在合计值中应为:技工工日=0.01×300=3.00,普工工日=0.18×300=54.00,最后结果如表 2-6 所示。

表 2-6　例 2-3 的结果

定额编号	项目名称	定额单位	数 量	单位定额值/工日		合计值/工日	
				技 工	普 工	技 工	普 工
TXL5-048	顶棚内开凿混凝土缆线线槽(ϕ25 mm)	m	300	0.01	0.18	3.00	54.00

通过以上例题可以看到,套用预算定额时一定要特别注意两个问题:一是定额单位与给定单位之间的换算;二是套用预算定额的附加条件,包括册说明、章说明以及定额表格下方的注脚。

2.2　信息通信建设工程概算定额

2.2.1　概算定额的概念、内容和作用

1. 概算定额的概念

概算定额是由国家或其授权部门制定的,是确定一定计量单位扩大分部分项工程的人工、材料、机械消耗和仪表使用数量的标准,它是在预算定额的基础上编制的,较预算定额综合扩大,它是编制扩大初步设计概算、控制项目投资的依据。

2. 概算定额的内容

因为都是定额,其结构当然与预算定额差不多,均由相关部门下发的执行文件、总说明、册说明、目录、章节说明、定额项目表和必要的附录(有的没有)等构成。在总说明中,明确了编制概算定额的依据、所包括的内容和用途、使用的范围和应遵守的规定、工程量的计算规则、某些费用的取费标准和工程概算造价的计算公式等;章节说明中规定了分部的工程量计算规定及所包含的定额项目和工作内容等。由于目前信息通信建设工程没有概算定额,在这里笔者无法进行详细介绍,建议大家去看看建筑工程概算定额,就会一目了然。

3. 概算定额的作用

① 概算定额是编制概算、修正概算的主要依据。从本书前述的相关内容中可知,应按设计的不同阶段对拟建工程进行估价,初步设计阶段应编制概算,技术设计阶段应修正概算,因此必须要有与设计深度相适应的计价定额。概算定额是为适应这种设计深度而编制的。

② 概算定额是编制主要材料订购计划的依据。项目建设所需要的材料、设备,应先提出采购计划,再据此进行订购。根据概算定额的材料消耗指标计算工、料数量比较准确、快速,可以在施工图设计之前提出计划。

③ 概算定额是设计方案进行经济分析的依据。设计方案的比较主要是对建筑、结构方案进行技术、经济比较,目的是选出经济合理的优秀设计方案。概算定额按扩大分项工程或扩大结构构件划分定额项目,可为设计方案的比较提供便利的条件。

④ 概算定额是编制概算指标的依据。概算指标较之概算定额更加综合扩大,因此编制概算指标时,以概算定额作为基础资料。

⑤ 使用概算定额编制招标标底、投标报价,既有一定的准确性,又能快速报价。

2.2.2 概算定额的构成及使用方法

1. 概算定额的构成

这里以现行的《公路工程概算定额》为例来说明其构成。《公路工程概算定额》由说明和定额项目表两部分组成,与《公路工程预算定额》相比,没有附录部分。

(1) 概算定额的总说明及各章节说明

① 总说明的内容

a. 概算定额的适用范围及包括的内容。

b. 对各章节都适用的统一规定。

c. 概算定额所采用的标准及抽换的统一规定。

d. 概算定额的材料名称在预算定额的基础上综合情况的说明,以及对应于预算定额材料名称的统一规定。

e. 概算定额中未包括的内容。

f. 概算定额中未包括的项目,须编制补充定额的规定。

② 章节说明

章节说明包括各章节的内容、工程项目的统一规定、工程量的计算规则。

(2) 概算定额项目表

➢ 工程项目名称及定额单位。

➢ 工程项目包括的工程内容。

➢ 完成定额单位工程的人工、材料、机械的名称、单位、代号、数量。

➢ 完成定额单位工程的定额基价。

➢ 有些定额项目下还列有在章节说明中未包括的使用本概算定额项目的注解。

2. 概算定额的使用方法

与《公路工程预算定额》类似,《公路工程概算定额》的运用方法也可分为定额的直接套用、定额的抽换、定额的补充等3种。因为《公路工程概算定额》是在《公路工程预算定额》的基础之上编制的,因此,两者在表现形式和应用方法上有许多相同之处:对于引用定额的编号,可采用[页-表-栏]、[章-表-栏]和数字编号法。不同的是《公路工程概算定额》采用6位数字编号法:前一位数字表示"章",中间两位数字表示"表",最后三位数字表示"栏"。

【例 2-4】　某三级公路路基工程总长 15 km,山岭重丘区,其中包括整修路拱 112 500 m²,人工挖土质台阶 5 000 m²,人工挖截水沟 800 m³,40 cm×40 cm 路基碎石料盲沟 95 m,填前压实 60 000 m²。试列出其人工概算定额,并计算人工劳动量。

解:查《公路工程概算定额》第一章"路基工程",根据章说明第 9 条的规定,可知这些工程项目都属于"路基零星工程",编概算时不应单独列项,由定额号[31 -(1 - 16)- 6]知定额计量单位为 1 km。则该工程项目所需人工总劳动量为:

$$15 \text{ km}×360.0 \text{ 工日}/1 \text{ km}=5\ 400.0 \text{ 工日}$$

这里所说到的 1-16 定额项目表如图 2-2 所示。

1-16　路基零星工程

内容:1)整修路拱;2)整修边坡;3)挖截水沟;4)挖土质台阶;5)修筑宫盲;6)挖淤泥;7)填前压实;8)零星回填土方。

单位:1 km

顺序号	项　目	单　位	代　号	高速、一级公路		二级公路		三、四级公路	
				平原微丘区	山岭重丘区	平原微丘区	山岭重丘区	平原微丘区	山岭重丘区
				1	2	3	4	5	6
1	人　工	工日	1	595.5	689.8	493.4	692.3	341.7	360.0
2	钢　钎	kg	37	0.1	3.9	0.1	6.5	0.1	2.6
3	硝铵炸药	kg	250	0.7	39.9	0.9	66.9	0.9	26.6
4	煤	t	266	—	0.022	0.001	0.038	0.001	0.015
5	黏　土	m³	290	16.02	8.01	8.01	4.01	5.34	2.67
6	砾石(6 cm)	m³	302	34.26	17.13	17.13	8.57	11.42	5.71
7	草　皮	m²	370	52.80	26.40	26.40	13.20	17.60	8.80
8	其他材料费	元	391	1.7	97.6	2.2	163.6	2.2	65.0
9	材料总重量	t	394	84.0	42.1	42.0	21.2	28.0	14.1
10	机械使用费	元	400	(1097)	(660)	(484)	(194)	(6)	—
11	120 kW 以内自行式平地机	台班	444	2.86	1.77	1.26	0.52	—	—
12	75 kW 以内履带式拖拉机	台班	447	—	—	—	—	0.05	—

图 2-2　"1-16　路基零星工程"概算项目表

【例 2-5】　某隧道工程洞内路面采用 10 cm 厚沙砾垫层,试确定其路面垫层定额值。

解:查《公路工程概算定额》第三章"隧道工程"和第二章"路面工程"。

① 应采用定额号[58-(2-5)-(2-6×5)],即"路面垫层定额"。

② 按第三章说明第 10 条第 2 款规定,洞内工程项目如需采用其他章节中有关项目时,所采用定额的人工工日、机械台班数量及小型机具使用费应乘以系数 1.26(此规定与预算定额相同)。

③ 计算定额值如下。

a. 人工:$(53.8-3.4×5)×1.26=36.8×1.26=46.4$ 工日/1 000 m²。

b. 沙砾:$(191.25-12.75×5)=127.5$ m³/1 000 m²。

c. 6～8 t 光轮压路机:0.28×1.26＝0.35 台班/1 000 m²。

d. 12～15 t 光轮压路机:0.67×1.26＝0.84 台班/1 000 m²。

e. 基价:(4 729－297×5)元＋增加的人工费和机械费＝3 244 元＋9.6 工日×16.02 元/工日＋0.073 台班×179.20 元/台班＋0.174 台班×259.89 元/台班＝3 456 元/1 000 m²。

这里所说到的 2-5 定额项目表如图 2-3 所示。

2-5　路面垫层

工程内容:铺筑,整平,洒水,碾压。

单位:1 000 m²

顺序号	项　目	单　位	代号	粗沙	沙砾	煤渣	矿渣	粗沙	沙砾	煤渣	矿渣
				压实厚度 15 cm				每增减 1 cm			
				1	2	3	4	5	6	7	8
1	人　工	工日	1	48.4	53.8	58.7	49.7	3.0	3.4	3.8	3.1
2	水	m³	268	21	18	26	22	1	1	2	2
3	沙	m³	285	195.00	—	—	—	13.00	—	—	—
4	沙　砾	m³	287	—	191.25	—	—	—	12.75	—	—
5	煤　渣	m³	308	—	—	252.45	—	—	—	16.83	—
6	矿　渣	m³	309	—	—	—	198.90	—	—	—	10.00
7	材料总重量	t	394	292.5	325.1	202.0	208.8	19.5	21.7	16.8	13.3
8	机械使用费	元	400	(39)	(85)	(108)	(99)				
9	6～8 t 光轮压路机	台班	458	0.58	0.28	0.28	0.15	—	—	—	—
10	12～15 t 光轮压路机	台班	461	—	0.67	0.90	0.90	—	—	—	—
11	基　价	元	999	5 862	4 729	3 610	3 614	380	297	220	220

图 2-3　"2-5　路面垫层"概算项目表

对于信息通信建设工程而言,由于是使用预算定额替代概算定额,也就是说预算定额就是概算定额,所以概算定额的构成及使用方法完全同预算定额,在此不再重复。

2.3　信息通信建设工程施工机械台班单价定额

机械台班量是指以一台施工机械一天(8 h)完成合格产品数量作为台班产量定额,再以一定的机械幅度差来确定单位产品所需要的机械台班量。基本用量的计算公式为:

预算定额中施工机械台班消耗量＝某单位合格产品数量/每台产量定额×机械幅度差系数

或

预算定额中施工机械台班消耗量＝1/每台班产量

例如,设用一辆 5 t 汽车加拖车(拖车重为 3 t)的起重吊车,立 8.5 m 水泥杆,每台班产量为 20 根,则每根电杆所需台班消耗量应为 1/20＝0.05 台班。

至于机械幅度差,其考虑的主要因素有以下几点:

① 初期施工条件限制所造成的工效差;

② 工程结尾时工程量不饱满,利用率不高;

③ 施工作业区内移动机械所需要的时间;

④ 工程质量检查所需要的时间;

⑤ 机械配套之间相互影响的时间。

我国工信部2017年随同费用定额一同颁布的信息通信建设工程施工机械台班单价定额如表2-7所示,但大家要注意,只有单位价值在2 000元以上的机械才计算机械台班,低于2 000元的不能计算机械台班。

表 2-7　信息通信建设工程施工机械台班单价定额

编　号	名　称	规格(型号)	台班单价/元
TXJ0001	光纤熔接机		114
TXJ0002	带状光纤熔接机		209
TXJ0003	电缆模块接续机		125
TXJ0004	交流弧焊机		120
TXJ0005	汽油发电机	10 kW	202
TXJ0006	柴油发电机	30 kW	333
TXJ0007	柴油发电机	50 kW	446
TXJ0008	电动卷扬机	3 t	120
TXJ0009	电动卷扬机	5 t	122
TXJ0010	汽车式起重机	5 t	516
TXJ0011	汽车式起重机	8 t	636
TXJ0012	汽车式起重机	16 t	768
TXJ0013	汽车式起重机	25 t	947
TXJ0014	汽车式起重机	50 t	2 051
TXJ0015	汽车式起重机	75 t	5 279
TXJ0016	载重汽车	5 t	372
TXJ0017	载重汽车	8 t	456
TXJ0018	载重汽车	12 t	582
TXJ0019	载重汽车	20 t	800
TXJ0020	叉式装载车	3 t	374
TXJ0021	叉式装载车	5 t	450
TXJ0022	汽车升降机		517
TXJ0023	挖掘机	0.6 m³	743
TXJ0024	破碎机(含机身)		768
TXJ0025	电缆工程车		373
TXJ0026	电缆拖车		138
TXJ0027	滤油机		121
TXJ0028	真空滤油机		149
TXJ0029	真空泵		137
TXJ0030	台式电钻机	ϕ25 mm	119

编 号	名 称	规格(型号)	台班单价/元
TXJ0031	立式钻床	ϕ25 mm	121
TXJ0032	金属切割机		118
TXJ0033	氧炔焊接设备		114
TXJ0034	燃油式路面切割机		210
TXJ0035	电动式空气压缩机	0.6 m³/min	122
TXJ0036	燃油式空气压缩机	6 m³/min	368
TXJ0037	燃油式空气压缩机(含风镐)	6 m³/min	372
TXJ0038	污水泵		118
TXJ0039	抽水机		119
TXJ0040	夯实机		117
TXJ0041	气流敷设设备(敷设微管微缆)		814
TXJ0042	气流敷设设备(敷设光缆)		1 007
TXJ0043	微控钻孔敷管设备(套)	25 t 以下	1 747
TXJ0044	微控钻孔敷管设备(套)	25 t 以上	2 594
TXJ0045	水泵冲槽设备(套)		643
TXJ0046	水下光(电)缆沟挖冲机		677
TXJ0047	液压顶管机	5 t	444
TXJ0048	缠绕机		137
TXJ0049	自动升降机		151
TXJ0050	机动绞磨		170
TXJ0051	混凝土搅拌机		215
TXJ0052	混凝土振捣机		208
TXJ0053	型钢剪断机		320
TXJ0054	管子切断机		168
TXJ0055	磨钻机		118
TXJ0056	液压钻机		277
TXJ0057	机动钻机		343
TXJ0058	回旋钻机		582
TXJ0059	钢筋调直切割机		128
TXJ0060	钢筋弯曲机		120

2.4 信息通信建设工程仪表台班单价定额

信息通信工程建设中所使用到的仪器仪表总是在不断地变化,因为旧的仪器仪表会逐步淘汰,新的仪器仪表会不断涌现,这就要求我们在编制信息通信建设工程概预算时要随时注意上级相关部门下发的相关文件,及时进行调整,以使之与生产实际相符。

我国工信部 2017 年随同费用定额一同颁布的信息通信建设工程仪表台班单价定额如表 2-8 所示，但大家要注意，只有单位价值在 2 000 元以上的仪表才计算仪表台班，低于 2 000元的不能计算仪表台班。

表 2-8　信息通信建设工程仪表台班单价定额

编　号	名　　称	规格（型号）	台班单价/元
TXY0001	数字传输分析仪	155 Mbit/s,622 Mbit/s	350
TXY0002	数字传输分析仪	2.5 Gbit/s	674
TXY0003	数字传输分析仪	10 Gbit/s	1 181
TXY0004	数字传输分析仪	40 Gbit/s	1 943
TXY0005	数字传输分析仪	100 Gbit/s	2 400
TXY0006	稳定光源		117
TXY0007	误码测试仪	2 Mbit/s	120
TXY0008	误码测试仪	155 Mbit/s,622 Mbit/s	278
TXY0009	误码测试仪	2.5 Gbit/s	420
TXY0010	误码测试仪	10 Gbit/s	524
TXY0011	误码测试仪	40 Gbit/s	894
TXY0012	误码测试仪	100 Gbit/s	1 128
TXY0013	光可变衰耗器		129
TXY0014	光功率计		116
TXY0015	数字频率计		160
TXY0016	数字宽带示波器	20 Gbit/s	428
TXY0017	数字宽带示波器	100 Gbit/s	1 288
TXY0018	光谱分析仪		428
TXY0019	多波长计		307
TXY0020	信令分析仪		227
TXY0021	协议分析仪		127
TXY0022	ATM 性能分析仪		307
TXY0023	网络测试仪		166
TXY0024	PCM 通道测试仪		190
TXY0025	用户模拟呼叫器		268
TXY0026	数据业务测试仪	GE	192
TXY0027	数据业务测试仪	10GE	307
TXY0028	数据业务测试仪	40GE	832
TXY0029	数据业务测试仪	100GE	1 154
TXY0030	漂移测试仪		381
TXY0031	中继模拟呼叫器		231
TXY0032	光时域反射仪		153
TXY0033	偏振模色散测试仪	PMD 分析	455

编　号	名　称	规格(型号)	台班单价/元
TXY0034	操作测试终端(计算机)		125
TXY0035	音频振荡器		122
TXY0036	音频电平表		123
TXY0037	射频功率计		147
TXY0038	天馈线测试仪		140
TXY0039	频谱分析仪		138
TXY0040	微波信号发生器		140
TXY0041	微波/标量网络分析仪		244
TXY0042	微波频率计		140
TXY0043	噪声测试仪		127
TXY0044	数字微波分析仪(SDH)		187
TXY0045	射频/微波步进衰耗器		166
TXY0046	微波传输测试仪		332
TXY0047	数字示波器	350 MHz	130
TXY0048	数字示波器	300 MHz	134
TXY0049	微波线路分析仪		332
TXY0050	视频、音频测试仪		180
TXY0051	视频信号发生器		164
TXY0052	音频信号发生器		151
TXY0053	绘图仪		140
TXY0054	中频信号发生器		143
TXY0055	中频噪声发生器		138
TXY0056	测试变频器		153
TXY0057	移动路测系统		428
TXY0058	网络优化测试仪		468
TXY0059	综合布线线路分析仪		156
TXY0060	经纬仪		118
TXY0061	GPS定位仪		118
TXY0062	地下管线探测仪		157
TXY0063	对地绝缘探测仪		153
TXY0064	光回损测试仪		135
TXY0065	PON光功率计		116
TXY0066	激光测距仪		119
TXY0067	高压绝缘电阻测试仪		120
TXY0068	直流高压发生器	40/60 kV	121
TXY0069	高精度电压表		119
TXY0070	数字式阻抗测试仪(数字电桥)		117

编　号	名　　称	规格（型号）	台班单价/元
TXY0071	直流钳形电流表		117
TXY0072	手持式多功能数字万用表		117
TXY0073	红外线温度计		117
TXY0074	交/直流低电阻测试仪		118
TXY0075	全自动变比组别测试仪		122
TXY0076	接地电阻测试仪		120
TXY0077	相序表		117
TXY0078	蓄电池特性容量监测仪		122
TXY0079	智能放电测试仪		154
TXY0080	智能放电测试仪（高压）		227
TXY0081	相位表		117
TXY0082	电缆测试仪		117
TXY0083	振荡器		117
TXY0084	电感电容测试仪		117
TXY0085	三相精密测试电源		139
TXY0086	线路参数测试仪		125
TXY0087	调压器		117
TXY0088	风冷式交流负载器		117
TXY0089	风速计		119
TXY0090	移动式充电机		119
TXY0091	放电负荷		122
TXY0092	电视信号发生器		118
TXY0093	彩色监视器		117
TXY0094	有毒有害气体检测仪		117
TXY0095	可燃气体检测仪		117
TXY0096	水准仪		116
TXY0097	互调测试仪		310
TXY0098	杂音计		117
TXY0099	色度色散测试仪	CD 分析	442

2.5　管廊工程及其投资估算指标

　　由于我国处于城镇化建设的快速发展期，为了不断满足城市日益增长的物质需要，城市市政公用管线需要不断的增容、扩容，过去一段时期很多地方造成了道路因为管线工程建设的需要，频繁开挖，形成了"拉链马路"。综合管廊实行"统一规划、统一建设、统一管理"的集约化建设和管理模式，管线的增容、扩容可以在综合管廊内部完成，避免了"拉链马路"现象的出现。

城市的地下空间资源非常宝贵,尤其是道路下部的地下空间资源,其属于公共资源,是可开发的重点。按照传统直埋管线敷设方式,需要占用大量的地下空间资源,不利于地下空间的综合开发。综合管廊实行集约化的建设和管理模式,可以做到地下空间资源的高效利用。

传统直埋管线敷设在道路的浅层,管线在外力作用下事故频发。采用综合管廊方式敷设,不但可以增强管线抵御外力破坏的能力,提高抗震减灾水平,还可以延长管线的使用寿命。

城市高压电力架空走廊的存在,不但占用大量的土地资源,而且对走廊两侧土地的开发带来很大的负面影响。采用综合管廊方式敷设,可以消除高压电力架空走廊,实现电力缆线入地敷设,不但节约了宝贵的土地资源,而且美化了城市环境。

《国务院关于加强城市基础设施建设的意见》(国发〔2013〕36 号)明确指出:

城市基础设施是城市正常运行和健康发展的物质基础,对于改善人居环境、增强城市综合承载能力、提高城市运行效率、稳步推进新型城镇化、确保 2020 年全面建成小康社会具有重要作用。加强城市基础设施建设,有利于推动经济结构调整和发展方式转变,拉动投资和消费增长,扩大就业,促进节能减排。民生优先。坚持先地下、后地上,优先加强供水、供气、供热、电力、通信、公共交通、物流配送、防灾避险等与民生密切相关的基础设施建设,加强老旧基础设施改造。开展城市地下综合管廊试点,用 3 年左右时间,在全国 36 个大中城市全面启动地下综合管廊试点工程;中小城市因地制宜建设一批综合管廊项目。新建道路、城市新区和各类园区地下管网应按照综合管廊模式进行开发建设。规划引领,统筹建设。强化管理,消除隐患。因地制宜,创新机制。按照国家统一要求,结合不同地区实际,科学确定城市地下管线的技术标准、发展模式。稳步推进地下综合管廊建设,加强科学技术和体制机制创新。落实责任,加强领导。探索投融资、建设维护、定价收费、运营管理等模式,提高综合管廊建设管理水平。通过试点示范效应,带动具备条件的城市结合新区建设、旧城改造、道路新(改、扩)建,在重要地段和管线密集区建设综合管廊。城市地下综合管廊应统一规划、建设和管理,满足管线单位的使用和运行维护要求,同步配套消防、供电、照明、监控与报警、通风、排水、标识等设施。鼓励管线单位入股组成股份制公司,联合投资建设综合管廊,或在城市人民政府指导下组成地下综合管廊业主委员会,招标选择建设、运营管理单位。建成综合管廊的区域,凡已在管廊中预留管线位置的,不得再另行安排管廊以外的管线位置。要统筹考虑综合管廊建设运行费用、投资回报和管线单位的使用成本,合理确定管廊租售价格标准。有关部门要及时总结试点经验,加强对各地综合管廊建设的指导。加大老旧管线改造力度。改造使用年限超过 50 年、材质落后和漏损严重的供排水管网。推进雨污分流管网改造和建设,暂不具备改造条件的,要建设截流干管,适当加大截流倍数。对存在事故隐患的供热、燃气、电力、通信等地下管线进行维修、更换和升级改造。对存在塌陷、火灾、水淹等重大安全隐患的电力电缆通道进行专项治理改造,**推进城市电网、通信网架空线入地改造工程。实施城市宽带通信网络和有线广播电视网络光纤入户改造,加快有线广播电视网络数字化改造。**提高科技创新能力。加大城市地下管线科技研发和创新力度,鼓励在地下管线规划建设、运行维护及应急防灾等工作中,广泛应用精确测控、示踪标识、无损探测与修复、非开挖、物联网监测和隐患事故预警等先进技术。积极推广新工艺、新材料和新设备,推进新型建筑工业化,支持发展装配式建筑,推广应用管道预构件产品,提高预制装配化率。

国务院

2013 年 9 月 6 日

2.5.1　概念、功能与特点

从国家规范术语层面上讲,城市地下综合管廊是指"建于城市地下,用于容纳两类及以上城市工程管线的构筑物及附属设施"。城市地下综合管廊将给水、雨水、污水、再生水、天然气、热力、电力、通信等城市工程管线进行集中敷设,实行"统一规划、统一建设、统一管理"的集约化建设和管理模式,做到了城市地下空间资源的综合利用。按照综合管廊的功能,其可分为干线综合管廊、支线综合管廊和缆线综合管廊 3 类,如图 2-4 所示。

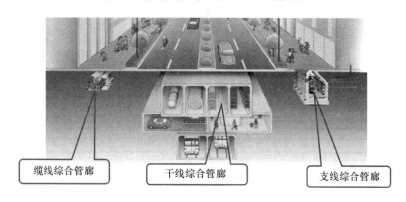

图 2-4　地下综合管廊组成与分类示意图

2.5.2　相关政策简述

1.《关于开展中央财政支持地下综合管廊试点工作的通知》(财建〔2014〕839 号)

根据习近平总书记关于"加强地下管线建设"的讲话精神和近期中央经济工作会要求,经研究,财政部、住房城乡建设部决定开展中央财政支持地下综合管廊试点工作。现将有关事项通知如下:

一、中央财政对地下综合管廊试点城市给予专项资金补助,一定三年,具体补助数额按城市规模分档确定,直辖市每年 5 亿元,省会城市每年 4 亿元,其他城市每年 3 亿元。对采用 PPP 模式达到一定比例的,将按上述补助基数奖励 10%。

二、试点城市由省级财政、住建部门联合申报。试点城市应在城市重点区域建设地下综合管廊,将供水、热力、电力、通信、广播电视、燃气、排水等管线集中铺设,统一规划、设计、施工和维护,解决"马路拉链"问题,促进城市空间集约化利用。试点城市管廊建设应统筹考虑新区建设和旧城区改造,建设里程应达到规划开发、改造片区道路的一定比例,至少 3 类管线入廊。……

国务院

2013 年 9 月 6 日

(注:10 个试点城市——沈阳、苏州、海口、长沙、包头、白银、厦门、六盘水、十堰、哈尔滨。)

2.《国务院办公厅关于推进城市地下综合管廊建设的指导意见》(国办发〔2015〕61 号)

各省、自治区、直辖市人民政府,国务院各部委、各直属机构:

地下综合管廊是指在城市地下用于集中敷设电力、通信、广播电视、给水、排水、热力、燃气等市政管线的公共隧道。我国正处在城镇化快速发展时期,地下基础设施建设滞后。推进城市地下综合管廊建设，统筹各类市政管线规划、建设和管理，解决反复开挖路面、架空线网密集、管线事故频发等问题，有利于保障城市安全、完善城市功能、美化城市景观、促进城市集约高效和转型发展，有利于提高城市综合承载能力和城镇化发展质量，有利于增加公共产品有效投资、拉动社会资本投入、打造经济发展新动力。为切实做好城市地下综合管廊建设工作，经国务院同意，现提出以下意见：

一、总体要求

（一）指导思想。全面贯彻、落实党的十八大和十八届二中、三中、四中全会精神，把地下综合管廊建设作为履行政府职能、完善城市基础设施的重要内容，逐步提高城市道路配建地下综合管廊的比例，全面推动地下综合管廊建设。

（二）工作目标。到2020年，建成一批具有国际先进水平的地下综合管廊并投入运营。

（三）基本原则。

——坚持立足实际，加强顶层设计，积极有序推进，切实提高建设和管理水平。

——坚持规划先行，明确质量标准，完善技术规范，满足基本公共服务功能。

——坚持政府主导，加大政策支持，发挥市场作用，吸引社会资本广泛参与。

二、统筹规划

（四）编制专项规划。各城市人民政府要按照"先规划、后建设"的原则，在地下管线普查的基础上，统筹各类管线实际发展需要，组织编制地下综合管廊建设规划。建立建设项目储备制度，明确五年项目滚动规划和年度建设计划，积极、稳妥、有序推进地下综合管廊建设。

（五）完善标准规范。根据城市发展需要抓紧制定和完善地下综合管廊建设和抗震防灾等方面的国家标准。地下综合管廊工程结构设计应考虑各类管线接入、引出支线的需求，满足抗震、人防和综合防灾等需要。地下综合管廊断面应满足所在区域所有管线入廊的需要，符合入廊管线敷设、增容、运行和维护检修的空间要求，并配建行车和行人检修通道，合理设置出入口，便于维修和更换管道。地下综合管廊应配套建设消防、供电、照明、通风、给排水、视频、标识、安全与报警、智能管理等附属设施，提高智能化监控管理水平，确保管廊安全运行。要满足各类管线独立运行维护和安全管理需要，避免产生相互干扰。

三、有序建设

（六）划定建设区域。从2015年起，城市新区、各类园区、成片开发区域的新建道路要根据功能需求，同步建设地下综合管廊；老城区要结合旧城更新、道路改造、河道治理、地下空间开发等，因地制宜、统筹安排地下综合管廊建设。

（七）明确实施主体。鼓励由企业投资建设和运营管理地下综合管廊。创新投融资模式，推广运用政府和社会资本合作（PPP）模式，通过特许经营、投资补贴、贷款贴息等形式，鼓励社会资本组建项目公司参与城市地下综合管廊建设和运营管理，优化合同管理，确保项目合理稳定回报。优先鼓励入廊管线单位共同组建或与社会资本合作组建股份制公司，或在城市人民政府指导下组成地下综合管廊业主委员会，公开招标选择建设和运营管理单位。积极培育大型专业化地下综合管廊建设和运营管理企业，支持企业跨地区开展业务，提供系统、规范的服务。

（八）确保质量安全。严格履行法定的项目建设程序，规范招投标行为，落实工程建设各方质量安全主体责任，切实把加强质量安全监管贯穿于规划、建设、运营全过程，建设单位要按规定及时报送工程档案。建立地下综合管廊工程质量终身责任永久性标牌制度,接受社会监督。推进地下综合管廊主体结构构件标准化,积极推广应用预制拼装技术,提高工程质量和安全水平,同时有效带动工业构件生产、施工设备制造等相关产业发展。

四、严格管理

(九)明确入廊要求。城市规划区范围内的各类管线原则上应敷设于地下空间。已建设地下综合管廊的区域,该区域内的所有管线必须入廊。在地下综合管廊以外的位置新建管线的,规划部门不予许可审批,建设部门不予施工许可审批,市政道路部门不予掘路许可审批。既有管线应根据实际情况逐步有序迁移至地下综合管廊。各行业主管部门和有关企业要积极配合城市人民政府做好各自管线入廊工作。

(十)实行有偿使用。入廊管线单位应向地下综合管廊建设运营单位交纳入廊费和日常维护费,具体收费标准要统筹考虑建设和运营、成本和收益的关系,由地下综合管廊建设运营单位与入廊管线单位根据市场化原则共同协商确定。公益性文化企业的有线电视网入廊,有关收费标准可适当给予优惠。由发展改革委会同住房城乡建设部制定指导意见,引导规范供需双方协商确定地下综合管廊收费标准,形成合理的收费机制。在地下综合管廊运营初期不能通过收费弥补成本的,地方人民政府视情给予必要的财政补贴。

(十一)提高管理水平。城市人民政府要制定地下综合管廊具体管理办法,加强工作指导与监督。地下综合管廊运营单位要完善管理制度,与入廊管线单位签订协议,明确入廊管线种类、时间、费用和责权利等内容,确保地下综合管廊正常运行。地下综合管廊本体及附属设施管理由地下综合管廊建设运营单位负责,入廊管线的设施维护及日常管理由各管线单位负责。管廊建设运营单位与入廊管线单位要分工明确,各司其职,相互配合,做好突发事件处置和应急管理等工作。

五、支持政策

(十二)加大政府投入。中央财政要发挥"四两拨千斤"的作用,积极引导地下综合管廊建设,通过现有渠道统筹安排资金予以支持。地方各级人民政府要进一步加大地下综合管廊建设资金投入。省级人民政府要加强地下综合管廊建设资金的统筹,城市人民政府要在年度预算和建设计划中优先安排地下综合管廊项目,并纳入地方政府采购范围。有条件的城市人民政府可对地下综合管廊项目给予贷款贴息。

(十三)完善融资支持。将地下综合管廊建设作为国家重点支持的民生工程,充分发挥开发性金融作用,鼓励相关金融机构积极加大对地下综合管廊建设的信贷支持力度。鼓励银行业金融机构在风险可控、商业可持续的前提下,为地下综合管廊项目提供中长期信贷支持,积极开展特许经营权、收费权和购买服务协议预期收益等担保创新类贷款业务,加大对地下综合管廊项目的支持力度。将地下综合管廊建设列入专项金融债支持范围予以长期投资。支持符合条件的地下综合管廊建设运营企业发行企业债券和项目收益票据,专项用于地下综合管廊建设项目。

城市人民政府是地下综合管廊建设管理工作的责任主体,要加强组织领导,明确主管部门,建立协调机制,扎实推进具体工作;要将地下综合管廊建设纳入政府绩效考核体系,建立有效的督查制度,定期对地下综合管廊建设工作进行督促检查。住房城乡建设部要会同有关部门建立推进地下综合管廊建设工作协调机制,组织设立地下综合管廊专家委员会;抓好地下综合管廊试点工作,尽快形成一批可复制、可推广的示范项目,经验成熟后有效推开,并加强对全国地下综合管廊建设管理工作的指导和监督检查。各管线行业主管部门、管理单位等要各司其职，密切配合，共同有序推动地下综合管廊建设。中央企业、省属企业要配合城市人民政府做好所属管线入地入廊工作。

国务院办公厅

2015 年 8 月 3 日

（此文有删减）

3.《国家发展改革委 住房和城乡建设部关于城市地下综合管廊实行有偿使用制度的指导意见》（发改价格〔2015〕2754 号）

各省、自治区、直辖市发展改革委、物价局、住房城乡建设厅（城乡建委、规划委、局、市政市容委），新疆生产建设兵团发展改革委、建设局：

为贯彻落实《国务院办公厅关于推进城市地下综合管廊建设的指导意见》（国办发〔2015〕61 号），使市场在资源配置中起决定性作用和更好发挥政府作用，形成合理收费机制，调动社会资本投入积极性，促进城市地下综合管廊建设发展，提高新型城镇化发展质量，现就城市地下综合管廊实行有偿使用制度提出以下意见：

一、建立主要由市场形成价格的机制

（一）城市地下综合管廊各入廊管线单位应向管廊建设运营单位支付管廊有偿使用费用。各地应按照既有利于吸引社会资本参与管廊建设和运营管理，又有利于调动管线单位入廊积极性的要求，建立健全城市地下综合管廊有偿使用制度。

（二）城市地下综合管廊有偿使用费标准原则上应由管廊建设运营单位与入廊管线单位协商确定。凡具备协商定价条件的城市地下综合管廊，均应由供需双方按照市场化原则平等协商，签订协议，确定管廊有偿使用费标准及付费方式、计费周期等有关事项。

城市地下综合管廊本体及附属设施建设、运营管理，由管廊建设运营单位负责；入廊管线的维护及日常管理由各管线所属单位负责。城市地下综合管廊建设运营单位与入廊管线单位应在签订的协议中明确双方对管廊本体及附属设施、入廊管线维护及日常管理的具体责任、权利等，并约定滞纳金计缴等相关事项，确保管廊及入廊管线正常运行。

供需双方签订协议、确定城市地下综合管廊有偿使用费标准时，应同时建立费用标准定期调整机制，确定调整周期，根据实际情况变化按期协商调整管廊有偿使用费标准。供需双方可委托第三方机构对城市地下综合管廊建设、运营服务质量、资金使用效率等情况进行综合评估，评估结果作为协商调整有偿使用费标准的参考依据。

城市地下综合管廊建设运营单位与入廊管线单位协商确定有偿使用费标准，不能取得一致意见时，由所在城市人民政府组织价格、住房城乡建设主管部门等进行协调，通过开展成本调查、专家论证、委托第三方机构评估等形式，为供需双方协商确定有偿使用费标准提供参考依据。

（三）对暂不具备供需双方协商定价条件的城市地下综合管廊，有偿使用费标准可实行政府定价或政府指导价。实行政府定价或政府指导价的管廊有偿使用费应列入地方定价目录，明确价格管理形式、定价部门。有关地方可根据实际情况，由省级价格主管部门会同住房城乡建设主管部门或省人民政府授权城市人民政府，依法制定有偿使用费标准或政府指导价的基准价、浮动幅度，并规定付费方式、计费周期、定期调整机制等有关事项。

列入地方定价目录的，制定、调整城市地下综合管廊有偿使用费标准，应依法履行成本监审、成本调查、专家论证、信息公开等程序，保证定调价工作程序规范、公开、透明，自觉接受社会监督。

制定、调整城市地下综合管廊有偿使用费标准,应根据本指导意见关于管廊有偿使用费构成因素的规定,认真做好管廊建设运营成本监审及入廊管线单独敷设成本调查、测算等工作,统筹考虑建设和运营、成本和收益的关系,合理制定管廊有偿使用费标准。

二、关于费用构成

(一)城市地下综合管廊有偿使用费包括入廊费和日常维护费。入廊费主要用于弥补管廊建设成本,由入廊管线单位向管廊建设运营单位一次性支付或分期支付。日常维护费主要用于弥补管廊日常维护、管理支出,由入廊管线单位按确定的计费周期向管廊运营单位逐期支付。

(二)费用构成因素。

1.入廊费。可考虑以下因素:

(1)城市地下综合管廊本体及附属设施的合理建设投资;

(2)城市地下综合管廊本体及附属设施建设投资合理回报,原则上参考金融机构长期贷款利率确定(政府财政资金投入形成的资产不计算投资回报);

(3)各入廊管线占用管廊空间的比例;

(4)各管线在不进入管廊情况下的单独敷设成本(含道路占用挖掘费,不含管材购置及安装费用,下同);

(5)管廊设计寿命周期内,各管线在不进入管廊情况下所需的重复单独敷设成本;

(6)管廊设计寿命周期内,各入廊管线与不进入管廊的情况相比,因管线破损率以及水、热、气等漏损率降低而节省的管线维护和生产经营成本;

(7)其他影响因素。

2.日常维护费。可考虑以下因素:

(1)城市地下综合管廊本体及附属设施运行、维护、更新改造等正常成本;

(2)城市地下综合管廊运营单位正常管理支出;

(3)城市地下综合管廊运营单位合理经营利润,原则上参考当地市政公用行业平均利润率确定;

(4)各入廊管线占用管廊空间的比例;

(5)各入廊管线对管廊附属设施的使用强度;

(6)其他影响因素。

三、完善保障措施

(一)扶持公益事业。企业及各类社会资本参与投资建设和运营管理的城市地下综合管廊,对城市市政路灯系统、公共安防监控通信系统等公益性管线入廊,可采取政府购买服务方式。对公益性文化企业的有线电视网入廊,有偿使用费标准可实行适当优惠,并由政府予以适当补偿。

(二)完善支持政策。城市地下综合管廊运营不能通过收费弥补成本的,由地方人民政府按照国办发〔2015〕61号文件规定,视情给予必要的财政补贴。各地可根据当地实际情况,灵活采取多种政府与社会资本合作(PPP)模式推动社会资本参与城市地下综合管廊建设和运营管理,依法依规为管廊建设运营项目配置土地、物业等经营资源,统筹运用价格补偿、财政补贴、政府购买服务等多种渠道筹集资金,引导社会资本合作方形成合理回报预期,调动社会资本投入积极性。

（三）提高管理水平。在 PPP 项目中,政府有关部门应通过招标、竞争性谈判等竞争方式选择社会资本合作方,合理控制城市地下综合管廊建设、运营成本。城市地下综合管廊建设运营单位应加强管理,积极采用先进技术,从严控制管廊建设和运营管理成本水平,为降低有偿使用费标准,减少入廊管线单位支出创造条件。

各省、自治区、直辖市价格主管部门应会同住房城乡建设主管部门,根据本意见和当地实际情况制定具体实施办法,建立健全本地区管廊有偿使用制度,形成合理的收费机制,促进城市地下综合管廊建设发展。

国家发展改革委

住房和城乡建设部

2015 年 11 月 26 日

2.5.3 国内外综合管廊建设概述

综合管廊的起源地在法国的巴黎。巴黎综合管廊源自巴黎下水道。在 19 世纪中期巴黎爆发大规模霍乱之后,设计了巴黎的地下排水系统。当时的设计理念是提高城市用水的分布,将脏水排出巴黎,而不再是按照人们以前的习惯将脏水排入塞纳河,然后再从塞纳河取得饮用水。1832 年,巴黎人结合巴黎下水道的富裕空间,开始建设世界上第一条综合管廊,综合管廊内容纳了自来水、通信、电力、压缩空气等市政公用管道,如图 2-5、图 2-6 所示。

图 2-5　巴黎地下管廊(1)

英国同法国类似,早期以下水道建设为主,随后开始在伦敦兴建综合管廊,综合管廊内容纳了自来水、通信、电力、燃气、污水等市政公用管道。德国同样如此,汉堡 1893 年开始兴建综合管廊,综合管廊内容纳了自来水、通信、电力、燃气、污水、热力等市政公用管道。尤其是新建的综合管廊,施工质量充分体现"德国制造"标准。俄罗斯的地下综合管廊相当发达。俄罗斯规定在下列情况敷设综合管沟:在拥有大量现状或规划地下管线的干道下面;在改建地下工程设施很发达的城市干道下面;需同时埋设给水管线、供热管线及大量电力电缆的情况下;在没有余地专供埋设管线,特别是铺在刚性基础的干道下面时;在干道同铁路的交叉处等。莫斯科地下有 130 km 长的地下综合管廊,除煤气管外,各种管线均有。日本大规模地兴建地下综合管廊,是在 1963 年日本制定《关于建设共同沟的特别措施法》以后。自此,地下综合管廊就作为道路合法的附属物,在由公路管理者负担部分费用的基础上开始大量建造。管廊内的设施仅限于通信、电力、煤气、上水管、工业用水、下水道6种。随着社会不断发展,管廊内容纳的管线种类已经突破6种,增加了供热管、废物输送管等设施。日本国土狭小,地下综合管廊的建造首先在人口密度大、交通状况严峻的特大城市展开。目前已经扩展到仙台市、冈山县、广岛市、福冈县等。到2015年建成约1 000 km的地下综合管廊。图2-7为部分国外管廊。

图 2-6　巴黎地下管廊(2)

　　　　　　　　(a)　　　　　　　　　　　　　　　　(b)

图 2-7　国外管廊

　　根据资料介绍,我国第一条综合管廊设置在天安门广场。天安门广场是我国政治活动中心。1958年在天安门广场敷设了1 076 m综合管廊。1977年又敷设了500多米。1978年12月23日,宝钢集团有限公司(以下简称宝钢)在上海动工兴建。被称之为宝钢生命线的管线大部分采用了综合管廊方式敷设,埋设在地面以下5～13 m。上海安亭新镇综合管廊为国内第一条网络化概念的综合管廊工程,容纳了电力、通信、给水、燃气等4种管线,建于2002年,如图2-8所示。

图 2-8 上海安亭新镇综合管廊

广州大学城综合管廊为国内第一条种类最齐全的综合管廊工程(包括干线、支线、缆线等3种类型),容纳了电力、通信、直饮水(给水)、杂用水(给水)、热水等5种管线,建于2003年。

上海世博园区综合管廊为我国第一条采用预制装配技术建设的综合管廊工程,容纳了电力、通信、给水等3种管线,建于2007年。

2.5.4 《城市综合管廊工程投资估算指标(试行)》(ZYA1-12(10)-2015)

1. 总说明部分

总 说 明

为贯彻落实《国务院办公厅关于加强城市地下管线建设管理的指导意见》(国办发〔2014〕27号),满足城市综合管廊工程前期投资估算的需要,进一步推进城市综合管廊工程建设,制定《城市综合管廊工程投资估算指标(试行)》(以下简称本指标)。

一、本指标以《城市综合管廊工程技术规范》(GB 50838—2015)相关的工程设计标准、工程造价计价办法、有关定额指标为依据,结合近年有代表性的城市综合管廊工程的相关资料进行编制。

二、本指标适用于新建的城市综合管廊工程项目。改建、扩建的项目可参考使用。

三、本指标是城市综合管廊工程前期编制投资估算、多方案比选和优化设计的参考依据;是项目决策阶段评价投资可行性、分析投资效益的主要经济指标。

四、本指标分为综合指标和分项指标。综合指标包括建筑工程费、安装工程费、设备工器具购置费、工程建设其他费用和基本预备费;分项指标包括建筑工程费、安装工程费和设备购置费。

(一)建筑安装工程费由直接费和综合费用组成。直接费由人工费、材料费和机械费组成。综合费用由企业管理费、利润、规费和税金组成。

(二)设备购置费依据设计文件规定,其价格由设备原价+设备运杂费组成,设备运杂费指除设备原价之外的设备采购、运输、包装及仓库保管等方面支出费用的总和。

（三）除通信工程外,工程建设其他费用包括:建设管理费、可行性研究费、研究试验费、勘察设计费、环境影响评价费、场地准备及临时设施费、工程保险费、联合试运转费等,工程建设其他费用费率的计费基数为建筑安装工程费与设备购置费之和。各地根据具体情况可予以调整。

（四）基本预备费系指在投资估算阶段不可预见的工程费用,基本预备费费率的计费基数为建筑安装工程费、设备购置费和工程建设其他费用的三部分之和。

五、综合指标可应用于项目建议书与可行性研究阶段,当设计建设相关条件进一步明确时,分项指标可应用于估算某一标准段或特殊段费用。

六、本指标设备购置费采用国产设备,由于设计的技术标准、各种设备的更新等因素,实际采用的设备可能有较大出入,如在设计方案已有主要设备选型,应按主要设备原价加运杂费等费用计算设备购置费。

七、本指标人工、材料、机械台班单价按北京市 2014 年 5 月造价信息。

……

九、本指标的使用。本指标中的人工、材料、机械费的消耗量原则上不作调整。使用本指标时可按指标消耗量及工程所在地当时当地市场价格并按照规定的计算程序和方法调整指标,费率可参照指标确定,也可按各级建设行政主管部门发布的费率调整。

具体调整办法如下:

（一）建筑安装工程费的调整。

1. 人工费:以指标人工工日数乘以当时当地造价管理部门发布的人工单价确定。

2. 材料费:以指标主要材料消耗量乘以当时当地造价管理部门发布的相应材料价格确定。

$$其他材料费 = 指标其他材料费 \times \frac{调整后的主要材料费}{指标材料费小计 - 指标其他材料费}$$

3. 机械费:

$$机械费 = 指标机械费 \times \frac{调整后（人工费小计 + 材料费小计）}{指标（人工费小计 + 材料费小计）}$$

4. 直接费:调整后的直接费为调整后的人工费、材料费、机械费之和。

5. 综合费用:综合费用的调整应按当时当地不同工程类别的综合费率计算。计算公式如下:

$$综合费用 = 调整后的直接费 \times 当时当地的综合费率$$

6. 建筑安装工程费:

$$建筑安装工程费 = 调整后的（直接费 + 综合费用）$$

（二）设备购置费的调整。指标中列有设备购置费的,按主要设备清单,采用当时当地的设备价格进行调整。

（三）工程建设其他费用的调整。

$$工程建设其他费用 = 调整后的（建筑安装工程费 + 设备购置费） \times$$
$$工程建设其他费用费率$$

（四）基本预备费的调整。

$$基本预备费 = 调整后的（建筑安装工程费 + 设备购置费 + 工程建设其他费用） \times$$
$$基本预备费费率$$

（五）综合指标基价的调整。

$$综合指标基价 = 调整后的（建筑安装工程费 + 设备购置费 + 工程建设其他费用 +$$
$$基本预备费）$$

十、本指标中指标编号为"×Z-×××"或"×F-×××",除注明英文字母表示外,均用阿拉伯数字表示。

其中：

1. Z 表示综合指标,1Z 为管廊本体工程,2Z 为入廊电力管线,3Z 为入廊通信管线,4Z 为入廊燃气管线,5Z 为入廊热力管线。

2. F 表示分项指标,1F 为标准段,2F 为吊装口,3F 为通风口,4F 为管线分支口,5F 为人员出入口,6F 为交叉口,7F 为端部井,8F 为分变电所,9F 为分变电所-水泵房,10F 为倒虹段,11F 为其他。

3. "-"线后部分×××表示划分序号,同一部分顺序编号。

十一、本指标中注明"××以内"或"××以下"者,均包括××本身;而注明"××以外"或"××以上"者,均不包括××本身。

十二、工程量计算规则。

1. 混凝土体积:不包括素混凝土垫层和填充混凝土。

2. 管廊断面面积＝结构内径(净宽度×净高度)。

3. 建筑体积＝管廊断面面积×长度。

2. 综合指标部分

(1) 说明

说　明

1. 管廊本体的建筑工程一般包括标准段、吊装口、通风口、管线分支口、人员出入口、交叉口和端部井等。

2. 综合指标包括管廊本体和进入管廊的专业管线,其中管廊本体包括管廊的建筑工程、供电照明、通风、排水、自动化及仪表、通信、监控及报警、消防等辅助设施,以及入廊电缆支架的相关费用,但不包括入廊管线、电(光)缆桥架以及给水、排水、热力、燃气管道支架。

3. 本指标对电力、通信、燃气和热力按照主材不同分别列出了综合指标,给水和排水管线的造价可参考《市政工程投资估算指标》。

4. 综合指标适用于干线和支线管廊工程。

5. 综合指标的计量单位为 m。

6. 除入廊通信管线外,工程建设其他费用费率为 15%。

7. 除入廊通信管线外,基本预备费费率为 10%。

1.1　管廊本体工程

说　明

1. 综合指标是根据管廊断面面积、舱位数量,考虑合理的技术经济情况进行组合设置,分为以下 17 项:

断面面积/m²	10～20	20～35		35～45			45～55		
舱　数	1	1	2	2	3	4	3	4	5

断面面积/m²	55～65		65～75		75～85		85～95	
舱　数	4	5	4	5	4	5	5	6

2. 综合指标反映不同断面、不同舱位管廊的综合投资指标,内容包括:土方工程、钢筋混凝土工程、降水、围护结构和地基处理等,但未考虑湿陷性黄土区、地震设防、永久性冻土和地质情况十分复杂等地区的特殊要求,发生时应结合具体情况进行调整。

(2) 管廊本体工程指标(共 17 项指标,本处示例 3 项)

单位:m

序　号	指标编号			1Z-01
	项　目	单　位		断面面积 10～20 m²
				1 舱
	指标基价	元		51 091～61 133
一	建筑工程费用	元		32 838～40 776
二	安装工程费用	元		3 397～3 397
三	管廊本体设备购置费	元		4 153～4 153
四	工程建设其他费用	元		6 058～7 249
五	基本预备费	元		4 645～5 558
建筑安装工程费				
直接费	人工费	建筑工程人工	工日	45.20～57.15
		安装工程人工	工日	29.21～33.56
		人工费小计	元	6 957～8 481
	材料费	商品混凝土	m³	6.83～9.08
		水下商品混凝土	m³	
		水　泥	kg	
		钢　材	kg	1 115.31～1 481.53
		木　材	m³	0.05～0.06
		沙	t	3.70～3.81
		钢管及钢配件	kg	187.50～187.50
		其他材料	元	574～700
		材料费小计	元	17 393～21 203
	机械费	机械费	元	4 415～5 383
		其他机械费	元	223～271
		机械费小计	元	4 638～5 654
	小　计		元	28 988～35 338
综合费用			元	7 247～8 835
合　计			元	36 235～44 173

单位：m

序号	项目		单位	指标编号	1Z-02
				断面面积 20～35 m²	
				1 舱	
	指标基价		元	61 133～75 557	
一	建筑工程费用		元	40 776～52 179	
二	安装工程费用		元	3 397～3 397	
三	管廊本体设备购置费		元	4 153～4 153	
四	工程建设其他费用		元	7 249～8 959	
五	基本预备费		元	5 558～6 869	
建筑安装工程费					
直接费	人工费	建筑工程人工	工日	57.15～71.90	
		安装工程人工	工日	33.56～42.23	
		人工费小计	元	8 481～10 671	
	材料费	商品混凝土	m³	9.08～12.58	
		水下商品混凝土	m³		
		水　泥	kg		
		钢　材	kg	1 481.53～2 053.75	
		木　材	m³	0.06～0.06	
		沙	t	3.81～3.94	
		钢管及钢配件	kg	187.50～187.50	
		其他材料	元	700～880	
		材料费小计	元	21 203～26 677	
	机械费	机械费	元	5 383～6 772	
		其他机械费	元	271～341	
		机械费小计	元	5 654～7 113	
	小　计		元	35 338～44 461	
综合费用			元	8 835～11 115	
合　计			元	44 173～55 576	

单位：m

序　号	指标编号		1Z-03
	项　目	单　位	断面面积 20～35 m²
			2 舱
	指标基价	元	61 133～97 815
一	建筑工程费用	元	40 776～67 974
二	安装工程费用	元	3 397～4 207
三	管廊本体设备购置费	元	4 153～5 143
四	工程建设其他费用	元	7 249～11 599
五	基本预备费	元	5 558～8 892
建筑安装工程费			
直接费	人工费	建筑工程人工	工日	57.15～93.38
		安装工程人工	工日	33.56～54.84
		人工费小计	元	8 481～13 859
	材料费	商品混凝土	m³	9.08～16.94
		水下商品混凝土	m³	
		水　泥	kg	
		钢　材	kg	1 481.53～2 765.38
		木　材	m³	0.06～0.06
		沙	t	3.81～4.54
		钢管及钢配件	kg	187.50～250.00
		其他材料	元	700～1 143
		材料费小计	元	21 203～34 647
	机械费	机械费	元	5 383～8 796
		其他机械费	元	271～443
		机械费小计	元	5 654～9 239
	小　计		元	35 338～57 745
	综合费用		元	8 835～14 436
	合　计		元	44 173～72 181

（3）入廊通信管线综合指标(全部)

① 说明部分

1. 入廊通信管线包括在综合管廊中敷设 48 芯光缆、96 芯光缆、144 芯光缆、288 芯光缆、100 对对绞电缆、200 对对绞电缆。

2. 综合指标包含:敷设光(电)缆、光(电)缆接续、光(电)缆中继段测试等。但未包含:安装光(电)缆承托铁架、托板、余缆架、标志牌、管廊吊装口外地面交通管制协调、其他同廊管线的安全看护等。

3. 综合指标是按照常规条件下,采用在支架上人工明布光(电)缆方式取定的。测算模型中光缆按 2 公里一个接头(电缆 1 公里一个接头)计取,临时设施距离按 35 公里计取。

4. 指标计算时已考虑敷设光(电)缆工程量=(1+自然弯曲系数)×路由长度+各种设计预留。

5. 工程建设其他费仅含建设单位管理费、设计费、监理费、安全生产费,费率按工程费的 10.8% 计取。预备费按建筑安装工程费、设备购置费和工程建设其他费的 4% 计取。

6. 工程量计算规则。

工程造价指标应按敷设光(电)缆的路由长度计算。

② 具体指标

单位:km

序号	指标编号			3Z-01
	项 目		单 位	48 芯光缆敷设
	指标基价		元	12 424.51
一	建筑工程费用		元	
二	安装工程费用		元	10 782.17
三	设备购置费		元	
四	工程建设其他费用		元	1 164.47
五	基本预备费		元	477.87
建筑安装工程费				
直接费	人工费	建筑工程人工	工日	
		安装工程人工	工日	47.82
		人工费小计	元	1 568.91
	材料费	光 缆	m	1 036.00
		光缆接续器材	套	0.51
		其他材料	元	243.27
		材料费小计	元	6 610.77
	机械、仪表费	机械费	元	100.80
		仪表费	元	332.40
		机械、仪表费小计	元	433.20
	小 计		元	8 612.88
综合费用			元	2 169.29
合 计			元	10 782.17

单位：km

序　号	指标编号		3Z-02
	项　目	单　位	96 芯光缆敷设
	指标基价	元	20 213.58
一	建筑工程费用	元	
二	安装工程费用	元	17 541.63
三	设备购置费	元	
四	工程建设其他费用	元	1 894.50
五	基本预备费	元	777.45

建筑安装工程费

直接费	人工费	建筑工程人工	工日	
		安装工程人工	工日	62.22
		人工费小计	元	2 046.09
	材料费	光　缆	m	1 036.00
		光缆接续器材	套	0.51
		其他材料	元	441.18
		材料费小计	元	11 988.68
	机械、仪表费	机械费	元	168.00
		仪表费	元	506.06
		机械、仪表费小计	元	674.06
	小　计		元	14 708.83
综合费用			元	2 832.80
合　计			元	17 541.63

单位：km

序　号	指标编号			3Z-03
	项　目	单　位		144 芯光缆敷设
	指标基价	元		27 028.24
一	建筑工程费用	元		
二	安装工程费用	元		23 455.50
三	设备购置费	元		
四	工程建设其他费用	元		2 533.19
五	基本预备费	元		1 039.55

建筑安装工程费

直接费	人工费	建筑工程人工	工日	
		安装工程人工	工日	68.19
		人工费小计	元	2 238.69
	材料费	光　缆 光缆接续器材	m 套	1 036.00 0.51
		其他材料	元	639.08
		材料费小计	元	17 366.58
	机械、仪表费	机械费	元	184.80
		仪表费	元	565.54
		机械、仪表费小计	元	750.34
	小　计		元	20 355.61
综合费用			元	3 099.89
合　计			元	23 455.50

单位：km

序号	指标编号		3Z-04
	项目	单位	288 芯光缆敷设
	指标基价	元	43 748.46
一	建筑工程费用	元	
二	安装工程费用	元	37 965.55
三	设备购置费	元	
四	工程建设其他费用	元	4 100.28
五	基本预备费	元	1 682.63

建筑安装工程费

直接费	人工费	建筑工程人工	工日	
		安装工程人工	工日	86.79
		人工费小计	元	2 821.19
	材料费	光缆	m	1 036.00
		光缆接续器材	套	0.51
		其他材料	元	1 114.05
		材料费小计	元	30 273.55
	机械、仪表费	机械费	元	218.40
		仪表费	元	745.32
		机械、仪表费小计	元	963.72
	小计		元	34 058.46
综合费用			元	3 907.09
合计			元	37 965.55

单位：km

序　号	指标编号			3Z-05
	项　目	单　位		100 对电缆敷设
	指标基价	元		25 887.64
一	建筑工程费用	元		
二	安装工程费用	元		22 465.67
三	设备购置费	元		
四	工程建设其他费用	元		2 426.29
五	基本预备费	元		995.68

建筑安装工程费

			单位	
直接费	人工费	建筑工程人工	工日	
		安装工程人工	工日	34.42
		人工费小计	元	1 175.69
	材料费	电　缆	m	1 036
		电缆接续器材	套	1.01
		其他材料	元	979.58
		材料费小计	元	19 675.45
	机械、仪表费	机械费	元	
		仪表费	元	
		机械、仪表费小计	元	
	小　计		元	20 851.14
综合费用			元	1 614.53
合　计			元	22 465.67

单位：km

序　号	指标编号			3Z-06
	项　　目	单　　位		200 对电缆敷设
	指标基价	元		46 384.20
一	建筑工程费用	元		
二	安装工程费用	元		40 252.88
三	设备购置费	元		
四	工程建设其他费用	元		4 347.31
五	基本预备费	元		1 784.01
建筑安装工程费				
直接费	人工费	建筑工程人工	工日	
		安装工程人工	工日	37.45
		人工费小计	元	1 321.13
	材料费	电　缆	m	1 036
		电缆接续器材	套	1.01
		其他材料	元	1 845.64
		材料费小计	元	37 117.50
	机械、仪表费	机械费	元	
		仪表费	元	
		机械、仪表费小计	元	
	小　计		元	38 438.63
	综合费用		元	1 814.25
	合　计		元	40 252.88

3. 分项指标部分示例

1. 分项指标按照不同构筑物分为标准段、吊装口、通风口、管线分支口、端部井、分变电所、人员出入口、控制中心连接段、倒虹段、交叉口等，内容包括：土方工程、钢筋混凝土工程、降水、围护结构和地基处理等。分项指标内列出了工程特征，当自然条件相差较大，设计标准不同时，可按工程量进行调整。

2. 分项指标包括标准段、吊装口、通风口、管线分支口、人员出入口、交叉口、端部井、分变电所、分变电所-水泵房、倒虹段和其他。

单位：m

指标编号	1F-01		构筑物名称	标准段 1 舱

结构特征：结构内径 3.4 m×2.4 m，底板厚 300 mm，外壁厚 300 mm，顶板厚 300 mm

建筑体积		8.16 m³	混凝土体积		3.84 m³

项　目	单位	构筑物	占指标基价的百分比	折合指标	
				建筑体积/(元·米⁻³)	砼体积/(元·米⁻³)
1. 指标基价	元	26 202	100.00%	3 211	6 823
2. 建筑安装工程费	元	24 492	93.47%	3 001	6 378
2.1 建筑工程费	元	18 095	69.06%	2 218	4 712
2.2 安装工程费	元	6 397	24.41%	784	1 666
3. 设备购置费	元	1 710	6.53%	210	445
3.1 给排水消防	元	9			
3.2 电气工程	元	444			
3.3 管廊监测	元	1 161			
3.4 通风工程	元	96			

土建主要工程数量和主要工料数量

主要工程数量				主要工料数量			
项目	单位	数量	建筑体积指标(每立方米)	项目	单位	数量	建筑体积指标(每立方米)
土方开挖	m³	90.007	11.030	土建人工	工日	45.743	5.606
混凝土垫层	m³	0.420	0.051	商品混凝土	m³	4.548	0.557
钢筋混凝土底板	m³	1.200	0.147	钢材	t	0.698	0.085
钢筋混凝土侧墙	m³	1.440	0.176	木材	m³	0.011	0.001
钢筋混凝土顶板	m³	1.200	0.147	沙	t	0.951	0.116
井点降水	根	2.672	0.328	碎(砾)石	t	0.000	0.000
				其他材料费	元	69.80	8.55
				机械使用费	元	1 850.82	226.82

设备主要数量(3 990 m)

项目及规格	单位	数量
一、给排水消防		
消火栓	台	258
二、电气工程		
250 kVA 变压器	台	4
照明柜	台	50
动力柜	台	50
三、管廊监测		
光线分布式测温主机	台	1
落地式报警控制器	台	1
局域网交换机设备安装、调试，企业级交换机，三层交换机	台	2

续　表

项目及规格	单　位	数　量
PLC 编程控制器	台	21
现场以太网交换机	台	21
应用服务器、容错服务器	台	1
摄像设备	台	115
管沟内弱电配电箱	台	21
47U 19 寸标准机柜	台	7
四、通风工程		
排风、排烟机(双速离心柜式风机、防爆)	台	21

本 章 小 结

① 定额就是在一定的生产技术和劳动组织条件下,完成单位合格产品在人力、物力、财力的利用和消耗方面应当遵守的标准。它反映行业在一定时期内的生产技术和管理水平,是企业搞好经营管理的前提,也是企业组织生产、引入竞争机制的手段,是进行经济核算和贯彻"按劳取酬"原则的依据。

② 定额具有科学性、权威性、强制性、系统性、稳定性和时效性等特点。

③ 2017 版《信息通信建设工程预算定额》具有严格控制量、实行量价分离和技普分开等特点,它主要由工信部通信〔2016〕451 号文件、总说明、册说明、目录、章节说明、定额项目表和附录等七部分构成,如何准确套用定额是本章学习的重中之重。

④ 概算定额是由国家或其授权部门制定的,是确定一定计量单位扩大分部分项工程的人工、材料和机械消耗数量的标准,它是在预算定额的基础上编制的,较预算定额综合扩大,它是编制扩大初步设计概算、控制项目投资的依据。对于信息通信建设工程,由于是使用预算定额替代概算定额,所以概算定额的构成及使用方法完全同预算定额。

⑤ 综合管廊是国家大力推广的新型现代都市管网建设形式,代表了城市管网的建设方向。本章介绍的投资估算指标是 2015 年公布的最新成果,特别是入廊通信管线部分,旨在为大家将来从事这方面的工程造价工作提供一个可靠的参考。

应 知 测 试

一、判断题(请大家在认真研读 2017 版定额后再来完成下列各题)

1. 靠近人孔 2 m 以内的管道基础加筋应在人工表和机械台班表中分别体现。(　　)

2. 计算敷设通信管道工程中的用水量时应根据管孔数的多少分别计算。(　　)

3. 拆除旧人(手)孔时,其挖填土方工程量没有包括在定额内,应另行计算。(　　)

4. 人工费包括施工生产人员的基本工资、工资性补贴、辅助工资、职工福利费和劳动保护费。(　　)

5. 信息通信建设工程预算定额"量价分离"的原则是指定额中只反映人工、主材、机械台班的消耗量,而不反映其单价。（　　　　）

6. 当信息通信建设工程预算定额用于扩建工程时,所有定额均乘以扩建系数。（　　　　）

7. 在施工图中是用线条的粗与细来区别新设备和原有设备的。（　　　　）

8. 定额的时效性与稳定性是矛盾的。（　　　　）

9. 对于同一定额项目名称,若有多个相关系数,此时应采用连乘的方法来确定定额量。（　　　　）

10. 2017 版定额的实施时间是 2017 年 5 月 1 日。（　　　　）

11. 2017 版信息通信建设工程定额对施工机械的价值界定为 2 000 元以上。（　　　　）

12. 价值为 1 875 元的仪表不属于定额中的"仪表台班"中的"仪表"。（　　　　）

13. 2017 版定额中的材料包括直接构成工程实体的主要材料和辅助材料。（　　　　）

14. 2017 版信息通信建设工程定额中不包括工程建设中的水电消耗量,编制预算时应另行计算。（　　　　）

二、单选题

1. 建设通信管道工程的用水量按每百米（　　　　）m³ 计取。

A. 5　　　　　　　　　B. 10　　　　　　　　　C. 15　　　　　　　　　D. 8

2. 通信线路定额中定义的通信光（电）缆通道的净高是（　　　　）m。

A. 1.2　　　　　　　　B. 1.5　　　　　　　　C. 2.0　　　　　　　　D. 1.8

3. 信息通信建设工程概算、预算编制办法及费用定额适用于通信工程新建、扩建工程,（　　　　）可参照使用。

A. 恢复工程　　　　　B. 大修工程　　　　　C. 改建工程　　　　　D. 维修工程

4. 建设项目总概算是根据所包括的（　　　　）汇总编制而成的。

A. 单项工程概算　　　B. 单位工程概算　　　C. 分部工程　　　　　D. 分项工程

5. 某通信线路工程在位于海拔 2 000 m 以上的原始森林地区进行室外施工,如果根据工程量统计的工日为 1 000 工日,海拔 2 000 m 以上和原始森林调整系数分别为 1.13 和 1.3,则总工日应为（　　　　）。

A. 1 130　　　　　　　B. 1 469　　　　　　　C. 2 430　　　　　　　D. 1 300

6. 在预算定额中,主要材料包括（　　　　）。

A. 直接使用量、运输损耗量　　　　　　　　B. 直接使用量和预留量

C. 直接使用量和规定的损耗量　　　　　　　D. 预留量和运输损耗量

7. 信息通信建设工程实行的保修期限为（　　　　）。

A. 两年　　　　　　　B. 一年　　　　　　　C. 六个月　　　　　　D. 三个月

8. 引进设备安装工程应由（　　　　）作为总体设计单位。

A. 国内设计单位　　　　　　　　　　　　　B. 国外设计单位

C. 厂家　　　　　　　　　　　　　　　　　D. 代理商

9. 拆除天、馈线及室外基站设备时,定额规定的人工调整系数为（　　　　）。

A. 0.4　　　　　　　　B. 0.6　　　　　　　　C. 0.8　　　　　　　　D. 1.0

10. 对于通信线路工程,当单项工程总工日在 100～250 工日时,其调整系数为（　　　　）。

A. 0.1　　　　　　　　B. 0.2　　　　　　　　C. 0.3　　　　　　　　D. 0.4

三、数字题

1. 套用定额补充完整表 2-9 空格中的相关内容。

表 2-9　1 题的表

定额编号	项目名称	定额单位	数　量	单位定额值/工日		合计值/工日	
				技　工	普　工	技　工	普　工
	敷设墙壁吊挂式电缆(200 对)		1 200 m				

2. 套用定额补充完整表 2-10 空格中的相关内容。

表 2-10　2 题的表

定额编号	项目名称	定额单位	数　量	单位定额值/工日		合计值/工日	
				技　工	普　工	技　工	普　工
	拆除架空自承式电缆(200 对,清理入库)		500 m				

3. 套用定额补充完整表 2-11 空格中的相关内容。

表 2-11　3 题的表

定额编号	项目名称	定额单位	数　量	单位定额值/工日		合计值/工日	
				技　工	普　工	技　工	普　工
	布放光缆人孔抽水(流水)		12 孔				

4. 套用定额补充完整表 2-12 空格中的相关内容。

表 2-12　4 题的表

定额编号	项目名称	定额单位	数　量	单位定额值/工日		合计值/工日	
				技　工	普　工	技　工	普　工
	人工敷设管道光缆(单模,24 芯,1 条)		1 000 m				

5. 套用定额补充完整表 2-13 空格中的相关内容。

表 2-13　5 题的表

定额编号	项目名称	定额单位	数　量	单位定额值/工日		合计值/工日	
				技　工	普　工	技　工	普　工
	布放 800 对成端电缆(由地下室至二楼)		5				

6. 套用定额补充完整表 2-14 空格中的相关内容。

表 2-14　6 题的表

定额编号	项目名称	定额单位	数　量	单位定额值/工日		合计值/工日	
				技　工	普　工	技　工	普　工
	百公里中继段光缆测试 (36 芯,双波长)		4 个中继段				

7. 套用定额补充完整表 2-15 空格中的相关内容。

表 2-15　7 题的表

定额编号	项目名称	定额单位	数　量	单位定额值/工日		合计值/工日	
				技　工	普　工	技　工	普　工
	顶棚内开凿混凝土缆线线槽(φ25 mm)		300 m				

8. 套用定额补充完整表 2-16 空格中的相关内容。

表 2-16　8 题的表

定额编号	项目名称	定额单位	数　量	单位定额值/工日		合计值/工日	
				技　工	普　工	技　工	普　工
	安装四口 8 位模块式信息插座(带屏蔽)		68 个				

9. 套用定额补充完整表 2-17 空格中的相关内容。

表 2-17　9 题的表

定额编号	项目名称	定额单位	数　量	单位定额值/工日		合计值/工日	
				技　工	普　工	技　工	普　工
	海拔 2 500 m 原始森林地带开挖直埋光缆沟(冻土)		1 000 m³				

10. 套用定额补充完整表 2-18 空格中的相关内容。

表 2-18　10 题的表

定额编号	项目名称	定额单位	数　量	单位定额值/工日		合计值/工日	
				技　工	普　工	技　工	普　工
	敷设厚度为 10 cm 的一平型(460 mm 宽)混凝土管道基础(C20)		450 m				

11. 套用定额补充完整表 2-19 空格中的相关内容。

表 2-19　11 题的表

定额编号	项目名称	定额单位	数　量	单位定额值/工日		合计值/工日	
				技　工	普　工	技　工	普　工
	敷设室外通道光缆(144 芯,2 条)	5 500 m					

12. 套用定额补充完整表 2-20 空格中的相关内容。

表 2-20　12 题的表

定额编号	项目名称	定额单位	数　量	单位定额值/工日		合计值/工日	
				技　工	普　工	技　工	普　工
	在已有墙壁吊线上架设光缆(12 芯,1 条)		1 200 m				

13. 套用定额补充完整表 2-21 空格中的相关内容。

表 2-21　13 题的表

定额编号	项目名称	定额单位	数　量	单位定额值/工日		合计值/工日	
				技　工	普　工	技　工	普　工
	安装蓄电池抗震架 （单层单列，架长 6 m）		两组				

14. 套用定额补充完整表 2-22 空格中的相关内容。

表 2-22　14 题的表

定额编号	项目名称	定额单位	数　量	单位定额值/工日		合计值/工日	
				技　工	普　工	技　工	普　工
	布放室内电力电缆 （RVVZ 3×35＋1×16 mm²）		15 米, 2 条				

15. 套用定额补充完整表 2-23 空格中的相关内容。

表 2-23　15 题的表

定额编号	项目名称	定额单位	数　量	单位定额值/工日		合计值/工日	
				技　工	普　工	技　工	普　工
	安装铁塔 V 形拉线 （截面 35 mm²）		两处				

16. 套用定额补充完整表 2-24 空格中的相关内容。

表 2-24　16 题的表

定额编号	项目名称	定额单位	数　量	单位定额值/工日		合计值/工日	
				技　工	普　工	技　工	普　工
	安装沙石土质接地极 （长为 4 m）		两个				

17. 套用定额补充完整表 2-25 空格中的相关内容。

表 2-25　17 题的表

定额编号	项目名称	定额单位	数　量	单位定额值/工日		合计值/工日	
				技　工	普　工	技　工	普　工
	砖墙内安装信息插座底盒		93 个				

18. 套用定额补充完整表 2-26 空格中的相关内容。

表 2-26　18 题的表

定额编号	项目名称	定额单位	数　量	单位定额值/工日		合计值/工日	
				技　工	普　工	技　工	普　工
	安装（PON 网络中用）落地式 室外综合机柜（宽 800 mm）		3 个				

19. 套用定额补充完整表 2-27 空格中的相关内容。

表 2-27　19 题的表

定额编号	项目名称	定额单位	数　量	单位定额值/工日		合计值/工日	
				技　工	普　工	技　工	普　工
	光分路器(2∶32)本机测试		5 套				

20. 分别对应于表 2-28 空格中的②①③,正确的是(　　　　)。

表 2-28　20 题的表

定额编号	项目名称	定额单位	数　量	单位定额值/工日
				技工
①	人工敷设通道光缆(单模,24 芯)	②	1 000.00 m	③

A. TXL4-012　　　　B. 千米条　　　　C. 6.83　　　　D. 百米条

四、简答题

1. 什么是定额? 它在工程中起何作用?

2. 什么是概算定额?

3. 什么是预算定额?

4. 预算定额的作用是什么?

5. 概算定额的作用是什么?

6. 已知某分部分项工程为 144 芯通信光缆在管廊内敷设,请套用本书 2.5 节所介绍的"入廊通信管线综合指标"并回答下列问题:

① 计算每芯公里的造价;

② 计算人工工日单价;

③ 分别计算人工费、材料费及机械仪表费在直接费中的占比。

应会技能训练

1. 名称

信息通信建设工程定额项目确定。

2. 实训目的

学会根据给定施工图纸准确确定建设工程定额项目名称(或叫条目)的技巧与方法。

3. 实训器材或条件

给定的实际设计施工图纸和现行定额。

4. 实训内容

请根据下列给定的施工图纸,利用所学过的通信建设专业知识,详细列出它所包含的定额项目名称,注意不要计算工程量,只要列出条目即可,尽量详细(若能具体到定额项目编号更好,相关条件请参见图 2-9 中的说明,图中的主要工程量表并未包括所有定额条目,只能作为参考),不得遗漏。

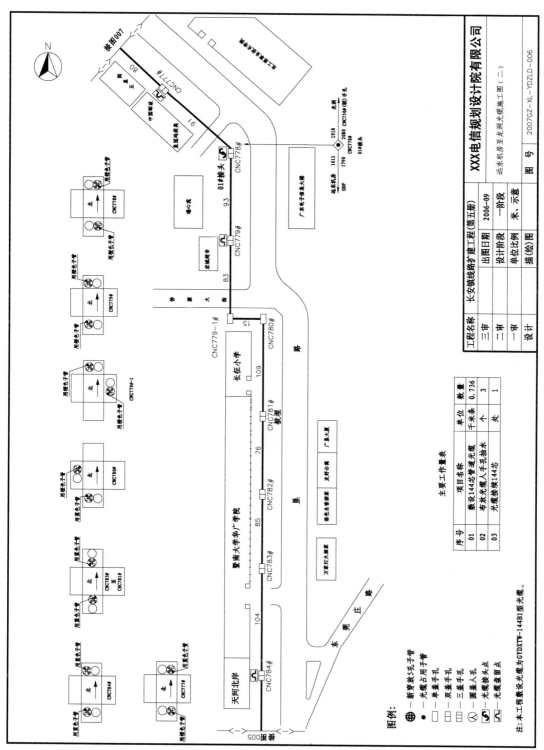

图 2-9　第 2 章课后技能训练 CAD 图纸

第 3 章　通信工程制图与工程量统计

要高质量地编制好工程概预算,有一个非常重要的前提,那就是准确识图。所谓准确识图就是要根据图例和通过其他专业课程(如通信线路工程、通信电源工程、传输工程、数据交换工程、无线基站工程、通信铁塔工程、综合布线工程等)所学到的通信工程建设专业知识认识设计图纸上的每个符号,理解其工程意义,进而很好地掌握设计者的设计意图,明确在实际施工过程中要完成哪些具体项目或任务,这是能否准确套用定额的必要前提。而要做到这一点,就必须掌握通信工程制图的基本原则和相关规范。有了良好的识图技能,"读懂"了图纸后,接下来的工作就是准确统计工程量。

本章将重点为大家介绍以下内容:

① 通信建设工程制图要求、规范;

② 图例及识图技巧;

③ 通信建设工程工程量计算的基本准则;

④ 工程量统计实例讲解。

其中,工程量统计是大家必须熟练掌握的重要内容。

3.1　通信建设工程制图

在这里我们以 YD/T 5015—2015《通信工程制图与图形符号规定》为蓝本进行介绍。

3.1.1　通信工程制图的整体要求和统一规定

1. 制图的整体要求

① 根据表述对象的性质、论述的目的与内容,选取适宜的图纸及表达手段,以便完整地表述主题内容。

② 图面应布局合理、排列均匀、轮廓清晰和便于识别。

③ 应选取合适的图线宽度,避免图中的线条过粗或过细。

④ 正确使用国标和行标规定的图形符号。派生新的符号时,应符合国标图形符号的派生规律,并应在适合的地方加以说明。

⑤ 在保证图面布局紧凑和使用方便的前提下,应选择适合的图纸幅面,使原图大小适中。

⑥ 应准确地按规定标注各种必要的技术数据和注释,并按规定进行书写和打印。

⑦ 工程设计图纸应按规定设置图衔,并按规定的责任范围签字,各种图纸应按规定顺序编号。

2．制图的统一规定

（1）图幅尺寸

① 工程设计图纸幅面和图框大小应符合国家标准 GB/T 6988.1—1997《电气技术用文件的编制 第 1 部分 ：一般要求》的规定，一般采用 A0、A1、A2、A3、A4 图纸幅面（实际工程设计中，现只采用 A4 一种图纸幅面，以利于装订和美观），见表 3-1。

表 3-1　图纸幅面和图框尺寸

单位：mm

幅面代号	A0	A1	A2	A3	A4
图框尺寸（高×宽）	1 189×841	841×594	594×420	420×297	297×210
非装订侧页边距	10			5	
装订侧页边距	25				

当上述幅面不能满足要求时，可按照 GB 4457.1—1984《机械制图-图纸幅面及格式》的规定加大幅面，也可在不影响整体视图效果的情况下分割成若干张图绘制（目前大多采用这种方式）。

② 根据表述对象的规模大小、复杂程度、所要表达的详细程度、有无图衔及注释的数量来选择较小的适合幅面。

（2）图线形式及用途

① 线形分类及用途见表 3-2。

表 3-2　线形分类及用途

图线名称	图线形式	一般用途
实线	——————	基本线条：图纸主要内容用线，可见轮廓线
虚线	— — — — — —	辅助线条：屏蔽线、机械连接线、不可见轮廓线、计划扩展内容用线
点画线	·－·－·－·－·	图框线：表示分界线、结构图框线、功能图框线、分级图框线
双点画线	——·——·——	辅助图框线：表示更多的功能组合或从某种图框中区分不属于它的功能部件

② 图线的宽度一般从以下数值中选用：0.25 mm，0.35 mm，0.5 mm，0.7 mm，1.0 mm，1.4 mm 等。

③ 通常只选用两种宽度的图线，粗线的宽度为细线宽度的两倍，主要图线粗些，次要图线细些。对复杂的图纸可采用粗、中、细 3 种线宽，线的宽度按 2 的倍数依次递增，但线宽种类不宜过多。

④ 使用图线绘图时，应使图形的比例和配线协调恰当，重点突出，主次分明，在同一张图纸上，按不同比例绘制的图样及同类图形的图线粗细应保持一致。

⑤ 细实线是最常用的线条，在以细实线为主的图纸上，粗实线主要用于主回路线、图纸的图框及需要突出的设备、线路、电路等处。指引线、尺寸线、标注线应使用细实线。

⑥ 当需要区分新安装的设备时，则粗线表示新建，细线表示原有设施，虚线表示规划预留部分。在改建的电信工程图纸上，需要表示拆除的设备及线路用"×"来标注。

⑦ 平行线之间的最小间距不宜小于粗线宽度的两倍，同时最小不能小于 0.7 mm。

（3）比例

① 对于建筑平面图、平面布置图、通信管道图、设备加固图及零部件加工图等图纸，一般应有比例要求；对于通信线路图、系统框图、电路组织图、方案示意图等类图纸则无比例要求，但应按工作顺序、线路走向、信息流向排列。

② 对平面布置图和区域规划性质的图纸，推荐的比例为 1:10、1:20、1:50、1:100、1:200、1:500、1:1 000、1:2 000、1:5 000、1:10 000、1:50 000 等，各专业应按照相关规范要求选用适合的比例。

③ 对于设备加固图及零部件加工图等图纸推荐的比例为 1:2、1:4 等。

④ 应根据图纸表达的内容深度和选用的图幅，选择适合的比例，并在图纸上及图衔相应栏目处注明。

这里要特别说明的是，对于通信线路图纸，为了更为方便地表达周围环境情况，一张图中可有多种比例，或完全按示意性图纸绘制。

（4）尺寸标注

① 一个完整的尺寸标注应由尺寸数字、尺寸界线、尺寸线（两端带箭头的线段）等组成，对于这一点，学过 AutoCAD 的读者应该非常了解，因为它们就是标注尺寸的标准三部分。

② 图中的尺寸单位，在线路图中一般以 m 为单位，其他图中均以 mm 为单位，且无须另行说明。

③ 尺寸界线用细实线绘制，由图形的轮廓线、轴线或对称中心线引出，也可利用轮廓线、轴线或对称中心线做尺寸界线。尺寸界线一般应与尺寸线垂直。

但在通信线路工程图纸中，更多的是直接用数字代表距离，而无须尺寸界线和尺寸线，如图 3-1 所示。在这张图纸中，由上往下的 35、20、23、26、12、28、19 和 15 均表示架空杆路中的架空距离，单位为 m（无须标注）。如果用 CAD 中的尺寸标注法在图上标注，就会显得线条太多，杂乱无章，使图纸很不美观，而直接用数字表示距离，简洁明了，非常美观，便于施工人员看图和施工。

图 3-1　线路工程中的尺寸标注示意

（5）字体及写法

① 图纸中书写的文字（包括汉字、字母、数字等）均应字体工整、笔画清晰、排列整齐、间隔

均匀,其书写位置应根据图面妥善安排,不能出现线压字或字压线的情况,否则会严重影响图纸质量,同时也不利于施工人员看图,要做到这一点,只要充分利用 CAD 的"剪切"(Trim)命令即可。此外,文字的大小和图线的大小一定要匹配,不能图线很大而文字很小或反之,解决这个问题的方法是利用 CAD 的"比例"(Scale)命令。

文字多时宜放在图的下面或右侧。文字书写应从左向右横向书写,标点符号占一个汉字的位置,中文书写时,应采用国家正式颁布的简化汉字,宜采用宋体或仿宋体。

② 图中的"技术要求""说明"或"注"等字样,应写在具体文字内容的左上方,并使用比文字内容大一号的字体书写,标题下均不画横线。具体内容多于一项时,应按下列顺序号排列:

- 1,2,3,…
- (1),(2),(3),…
- ①,②,③,…

③ 图中的数字均应采用阿拉伯数字表示。计量单位应使用国家颁布的法定计量单位。

(6) 图衔

图衔就是我们俗称的位于图纸右下角的"标题栏",各个设计单位都非常重视"标题栏"的设置,它们都会把精心设计的带有各自特色的"标题栏"放置在设计模板中,设计人员只能在规定模板中绘制图纸,而不能去另行设计图衔。这是为什么呢?因为这是它们的招牌,代表公司形象,就好比一个人的穿着打扮留给客人的第一印象一样,在客户心中占有比较重要的位置。

通信工程常用标准图衔为长方形,大小宜为 30 mm×180 mm(高×长)。图衔应包括图名、图号、设计单位名称、单位主管、部门主管、总负责人、单项负责人、设计人、审核人、校核人等内容。图 3-2 就是一种常见的图衔设计。从图中可以看出:第一,"设计单位名称"或"图名"占整个图衔长度的一半;第二,图衔的外框必须加粗,其线条粗细应与整个大图图框一致。

单位主管		审核		（设计单位名称）	
部门主管		校核			
总负责人		制图		（图名）	
单项负责人		单位/比例			
设计人		日期		图号	

图 3-2　常用图衔设计示意

(7) 图纸编号

① 图纸编号的编排应尽量简洁,设计阶段一般图纸编号的组成可分为 4 段,如图 3-3 所示。

工程计划号 → 设计阶段代号 → 专业代号 → 图纸编号

图 3-3　一般图纸编号组成

② 对于同计划号、同设计阶段、同专业而多册出版的图纸,为避免编号重复可按图 3-4 进

行编号。

图 3-4 图纸编号组成

③ 工程计划号：可使用上级下达、客户要求或自行编排的计划号。

④ 设计阶段代号：应符合表 3-3 的规定。

表 3-3 设计阶段代号

设计阶段	代　号	设计阶段	代　号	设计阶段	代　号
可行性研究	Y	初步设计	C	技术设计	J
规划设计	G	方案设计	F	设计投标书	T
勘察报告	K	初设阶段的技术规范书	CJ	修改设计	在原代号后加 X
引进工程询价书	YX	施工图设计一阶段设计	S		

⑤ 常用专业代号应符合表 3-4 的规定。

表 3-4 常用专业代号（均为汉语拼音缩写）

名　称	代　号	名　称	代　号
光缆线路	GL	光（电）缆线路	DL
海底光缆	HGL	通信管道	GD
光传输设备	GS	移动通信	YD
无线接入	WJ	交换	JH
数据通信	SC	计费系统	JF
网管系统	WG	微波通信	WB
卫星通信	WT	铁塔	TT
同步网	TBW	信令网	XLW
通信电源	DY	电源监控	DJK

注：① 用于大型工程中分省、分业务区编制时的区分标识，可以是数字 1、2、3 或拼音字母的字头等。

② 用于区分同一单项工程中不同的设计分册（如不同的站册），一般用数字（分册号）、站名拼音字头或相应汉字表示。

从表 3-4 中不难看出，专业代号就是汉语拼音的缩写，是比较容易掌握的。

（8）注释、标志和技术数据

① 当含义不便于用图示方法表达时，可以采用注释。当图中出现多个注释或大段说明性注释时，应当把注释按顺序放在边框附近。有些注释可以放在需要说明的对象附近；当注释不在需要说明的对象附近时，应使用指引线（细实线）指向说明对象。

② 标志和技术数据应该放在图形符号的旁边。当数据很少时，技术数据也可以放在矩形符号的方框内（如继电器的电阻值）；当数据较多时，可以用分式表示，也可以用表格形式列出。当用分式表示时，可采用以下模式：

$$N\frac{A\text{-}B}{C\text{-}D}F$$

其中：N 为设备编号，一般靠前或靠上放；A、B、C、D 为不同的标注内容，可增可减；F 为敷设方式，应靠后放；当设计中需表示本工程前后有变化时，可采用斜杠方式：(原有数)/(设计数)；当设计中需表示本工程前后有增加时，可采用加号方式：(原有数)＋(增加数)。

常用的标注方式见表 3-5。

表 3-5　常用标注方式

序 号	标注方式	说 明
1		直接配线区的标注方式(外圆圈一定要加粗) 注：图中的文字符号应以工程数据代替(下同) 其中： N——主干光(电)缆编号，如 0101 表示 01 光(电)缆上第一个直接配线区 P——主干光(电)缆容量(初设为对数，施设为线序) P_1——现有局号用户数 P_2——现有专线用户数，当有不需要局号的专线用户时，再用＋(对数)表示 P_3——设计局号用户数 P_4——设计专线用户数
2		交接配线区的标注方式(外圆圈一定要加粗) 其中： N——交接配线区编号，如 J22001 表示 22 局第一个交接配线区 n——交接箱容量，如 2 400(对) P、P_1、P_2、P_3、P_4——含义同 1
3		对管道扩容的标注 其中： m——原有管孔数，可附加管孔材料符号 n——新增管孔数，可附加管孔材料符号 L——管道长度 N_1、N_2——人孔编号
4		对市话光(电)缆的标注(典型标注如 HYA1-0.4) 其中： L——光(电)缆长度 H^*——光(电)缆型号(如 HYA) P_n——光(电)缆百对数 d——光(电)缆芯线线径
5		对架空杆路的标注 其中： L——杆路长度，单位为 m N_1、N_2——起止电杆编号 可加注杆材类别的代号

序　号	标注方式	说　明
6	L $H^*P_n\text{-}d$ $N\text{-}X$ N_1　　　N_2	对管道光(电)缆的简化标注 其中: L——光(电)缆长度 H^*——光(电)缆型号 P_n——光(电)缆百对数 d——光(电)缆芯线线径 X——线序 斜向虚线——人孔的简化画法 N_1 和 N_2——表示起止人孔编号 N——主干光(电)缆编号
7	$\dfrac{N\text{-}B}{C}\ \ \dfrac{d}{D}$	分线盒标注方式 其中: N——编号 B——容量 C——线序 d——现有用户数 D——设计用户数
8	$\dfrac{N\text{-}B}{C}\ \ \dfrac{d}{D}$	分线箱标注方式 注:字母含义同 7
9	$\dfrac{WN\text{-}B}{C}\ \ \dfrac{d}{D}$	壁龛式分线箱标注方式 注:W 表示墙壁,其余字母含义同 7

③ 通信工程设计中,由于文件名称和图纸编号多已明确,在项目代号和文字标注方面可适当简化,推荐如下:平面布置图中可主要使用位置代号或顺序号加表格说明;系统方框图中可使用图形符号或方框加文字符号来表示,必要时也可两者兼用;接线图应符合 GB/T 6988.3—1997《电气技术用文件的编制 第 3 部分:接线图和接线表》的规定。

④ 对安装方式的标注应符合表 3-6 的规定。

表 3-6　安装方式的标注

序　号	代　号	安装方式	英文说明
1	W	壁装式	Wall mounted type
2	C	吸顶式	Ceiling mounted type
3	R	嵌入式	Recessed type
4	DS	管吊式	Conduit suspension type

⑤ 对敷设部位的标注应符合表 3-7 的规定。

表 3-7　对敷设部位的标注

序　号	代　号	安装方式	英文说明
1	M	钢索敷设	Supported by messenger wire
2	AB	沿梁或跨梁敷设	Along or across beam
3	AC	沿柱或跨柱敷设	Along or across column
4	WS	沿墙面敷设	On wall surface
5	CE	沿天棚面、顶板面敷设	Along ceiling or slab
6	SC	吊顶内敷设	In hollow spaces of ceiling
7	BC	暗敷设在梁内	Concealed in beam
8	CLC	暗敷设在柱内	Concealed in column
9	BW	墙内埋设	Burial in wall
10	F	地板或地板下敷设	In floor
11	CC	暗敷设在屋面或顶板内	In ceiling or slab

3.1.2　通信线路常用图例

从大的方面讲,通信线路工程图例是通信工程图例中最复杂和数量最多的,它主要包括通信光缆、通信线路、线路设施与分线设备、通信杆路以及通信管道等 5 个部分。但要说明的是,实际上任何图例都不可能是完整的,因为技术、工艺在不断地创新和进步,新产品、新工艺、新流程在层出不穷,设计人员还会不断地创造出各种各样的图例来表达其设计意图和设计理念,所以笔者以为,只要在所设计的图纸中以图例形式加以说明,使用什么样的图形或符号来表示并不重要。

1. 通信光缆

通信光缆图例见表 3-8。

表 3-8　通信光缆常用图例

序　号	名　称	图　例	说　明
1	光缆及其参数标注	⊘ a/b/c	a——光缆型号 b——光缆中的光纤芯数 c——光缆长度(m)
2	光纤永久接头	●	
3	光纤可拆卸固定接头	◇	
4	光纤连接器 (插头—插座)	⊘(—⊘	

2. 通信线路

通信线路图例见表 3-9。

表 3-9　通信线路常用图例

序　号	名　称	图　例	说　明
1	墙壁吊挂式		
2	墙壁卡子式		
3	通信线路一般符号		
4	直埋线路一般符号		适用于路由图
5	架空杆路一般符号		适用于路由图
6	管道线路一般符号		适用于路由图
7	充气或注油堵头		
8	具有旁路的充气或注油堵头		
9	水底或海底线路		适用于路由图

3. 线路设施与分线设备

线路设施与分线设备图例见表 3-10。

表 3-10　线路设施与分线设备常用图例

序　号	图形符号	名称及说明
1		埋式光缆、光(电)缆铺砖、铺水泥盖板保护
2		埋式光缆、光(电)缆穿管保护
3		埋式光缆、光(电)缆上方敷设排流线
4		埋式光(电)缆旁边敷设防雷消弧线
5		光缆、光(电)缆预留
6		光缆、光(电)缆蛇形敷设
7		光(电)缆充气点
8		直埋线路标石的一般符号
9		光缆、光(电)缆盘留
10		水线房

序 号	图形符号	名称及说明
11		单杆及双杆水线标牌
12		通信线路巡房
13		光(电)缆交接间
14		架空光(电)缆交接箱
15		落地式光(电)缆交接箱
16		落地式光缆交接箱

4. 通信杆路

通信杆路图例见表 3-11。

表 3-11　通信杆路常用图例

序 号	图形符号	名称及说明
1		电杆的一般符号
2		单接杆
3		品接杆
4		H 形杆
5		L 形杆
6		A 形杆
7		三角杆
8		四角杆(井形杆)
9		带撑杆的电杆
10		高桩拉线
11		带撑杆拉线的电杆
12		引上杆
13		通信电杆上装设避雷线
14		通信电杆上装设放电器
15		电杆保护用围桩

5. 通信管道

通信管道图例见表 3-12。

表 3-12　通信管道常用图例

序　号	图形符号	名称及说明
1		直通型人孔
2		手孔（双页）
3		局前人孔
4		直角人孔
5		斜通型人孔
6		分歧人孔
7		埋式双页手孔

3.1.3　通信设备常用图例

通信设备工程图例主要包括传输设备、移动通信和通信电源 3 个部分。

1. 传输设备

传输设备图例见表 3-13。

表 3-13　传输设备常用图例

序　号	名　称	图　例	说　明
1	告警灯		
2	告警铃		
3	设备内部时钟		
4	大楼综合定时系统		
5	网管设备		
6	ODF（光纤配线架）/ DDF（数字配线架）		
7	WDM 终端型波分复用设备		16/32/40/80 波等
8	WDM 光线路放大器		
9	WDM 光分插复用器		16/32/40/80 波等
10	SDH 中继器		

2．移动通信

移动通信图例见表 3-14。

表 3-14　移动通信常用图例

序　号	名　称	图　例	说　明
1	基站		可加注如 BTS 基站、GSM 基站、CDMA 基站或 NodeB 基站、WCDMA 基站、TD-SCDMA 基站等
2	全向天线	● 俯视　　正视	Tx：发射天线 Rx：接收天线 Tx/ Rx：收发共用天线
3	板状定向天线	俯视　正视　背视 侧视1　侧视2	Tx：发射天线 Rx：接收天线 Tx/ Rx：收发共用天线
4	八木天线		
5	吸顶天线	Tx/Rx	
6	抛物面天线		
7	馈线		
8	泄漏光（电）缆		
9	二功分器		
10	三功分器		
11	耦合器		
12	干线放大器		

3．通信电源

通信电源图例见表 3-15。

表 3-15　通信电源常用图例

序　号	名　称	图　例
1	规划的变电所/配电所	○
2	运行的变电所/配电所	◉
3	规划的杆上变压器	○○
4	运行的杆上变压器	◉○
5	规划的发电站	□
6	运行的发电站	■
7	负荷开关	○

3.1.4　识图举例

通信工程图纸是通过前述的各种图形符号、文字符号、文字说明及标注表达的。专业人员通过图纸了解工程规模、工程内容，统计出工程量，编制出工程概算、预算文件。阅读图纸的过程就称为识图。

1. 通信线路工程图纸识读举例

图 3-5 是某光缆线路工程的一部分(因为没有图衔，同时图中有 A—A′接图符号)，现在我们来运用前面学到的制图知识以及其他专业知识来详细识读它。

① 对图纸进行整体观察，看它具备哪些要素，是否突出了主题。该图除了图衔没有外，其他要素基本是全的。它有指北针(这是线路工程图纸必不可少的，因为它能帮助施工人员辨明方向，使其正确快速地找到施工位置)；主要参照物——围墙、道路及建筑物(如图书馆、体育馆等)齐全；光缆(怎么知道是光缆？因为最左边有"GYTA-12B2"字样)敷设路由采用粗线条表示，距离数据齐全，所以主题突出；技术说明和主要工程量表齐全，为编制施工图预算创造了条件，同时也为施工技术人员掌握设计意图，从而快速施工提供了详细的资料。

② 细读图纸，看是否能直接指导施工。我们从 A—A′接图符号处开始看图。12 芯的室外单模光缆自东向西敷设至 7♯双页手井，通过套 PVC 管直埋 2 m 后从图书馆的西南角沿墙引上〔这里要注意的技术问题是：如果图书馆旁边有水沟(一般都会有)，则 PVC 管应埋在水沟沟底以下 30 cm 处，此外，沿墙引上高度至少要在 3.5 m 以上，ϕ16 mm 引上钢管保护长度不得低于 2.5 m 且其上管口要封堵〕，引上后采用墙壁吊挂式施工形式沿图书馆、体育馆的西墙一直敷设到体育馆的正西北角，然后沿图书馆外墙引下，墙壁吊挂式的总敷设长度为 41＋10＋58＋1(天桥处引下 1 m)＝110 m。这中间有两个技术问题要看清楚，一是在图书馆和体育馆之间要做吊线假终结，这是因为施工规范规定建筑物墙壁间间距大于 6 m 时必须加固吊线，而此处的间距为 10 m；二是天桥处画的虚线表示光缆从天桥下穿过，而不是走天桥上方。光缆从图书馆西北角沿墙通过 ϕ16 mm 引下钢管(保护高度同样不得低于 2.5 m 且上管口要封堵)引下后，通过 30 m(8 m＋22 m)的直埋(套 PVC 管保护)到达原有电杆 P1 再引上，这中间有 8 m 要开挖混凝土路面(因为是校内车道)，其余 22 m 是普通土。从 P1 杆引上后沿着原有杆路(为

什么是原有杆路？因为图中的电杆圆圈是没有加粗的,是细实线)架空敷设 26＋18＋20＝64 m 后到达基站机房墙壁,因为光缆的加挂增加了杆路负荷,所以在 P1 处新增 7/2.6 mm 卸力拉线 1 条,而 P3 处的拉线利旧(细线条表示),整个杆路架空长度内采用的吊线为 7/2.2 mm(见说明)。架空到达基站墙壁后要沿墙直接进入基站机房内(因为目前机房均采用上走线形式),注意高度不得低于 3.5 m,同时应与室内走线架高度相匹配,进入机房前应留滴水弯,防止雨水进入机房。最后这 12 根光纤在机房内的传输机架上与 1、2 两排法兰盘连接,每排上纤 6 芯,第 1 排上 1♯ 到 6♯ 纤,第 2 排上 7♯ 到 12♯ 纤。

至此,我们将全部图纸阅读完毕,那么,现在请想想,如果依据此图来进行施工和编制预算,还会有问题吗？

2. 通信设备工程图纸识读举例

图 3-6 是某移动通信基站设备平面布局图纸的一部分(因为没有图衔),现在我们按照上述方法来详细识读它。

① 对图纸进行整体观察,了解它的设计意图及布局是否合理。本设计图纸有设备平面布置、图例、设备配置表、指北针及说明等,要素基本齐全。同时,新增、预留和其他配套专业设备以及设备正反面表示明晰,主题突出。

② 细读图纸,看是否能直接指导施工。

a. 看设备是否定位:此次施工新增了 1(BBU)、2(综合柜)、3(综合开关电源)、4(蓄电池组)、5(交流配电箱)以及 7(室内直流防雷箱)等 6 个设备,它们的长、宽以及间距(含彼此间距、墙间间距等)均已标出,表明定位正确。

b. 看设备摆放是否合理:蓄电池紧扣新建隔墙放置,若隔墙下方有梁加固则是可行的,如果没有则不可行。预留空位(图中虚线框)在 BBU 之前,这不利于缩短射频馈线光(电)缆或光缆(4G 后全为光缆),降低建设成本,所以应将预留位与 3 号设备对调,同时让 1 号、2 号、3 号设备尽可能靠近南墙,这样以后增加设备更方便。

c. 门窗是否符合移动基站建设要求:门的净空要便于设备进出,此处设计为高 2 400 mm、宽 1 400 mm,符合要求。整个机房没有窗户,由空调调节温度、湿度,符合要求。

d. 接地设计是否合理:本设计中,室内设置了 1♯ 和 2♯ 接地排,其中 1♯ 接地排主要是为了方便蓄电池接地,2♯ 接地排主要是为了方便其他设备接地,同时缩短了接地线的长度和成本。室外接地排主要是为了馈线的接地及防雷,同时内外接地排应是连通并共用接地体的。

e. 墙壁上安装的设备是否定位:本设计中在墙壁上安装的设备有 5♯(交流配电箱)和 7♯(室内直流防雷箱),其中前者在本设计前已定位,后者在设计中要求离地 1 200 mm(见说明),但没有标明其离东墙或西墙的间距,所以没有定位,将导致无法施工。

f. 墙洞是否定位:本次设计中要求在南北墙上各开一个墙洞,其中南墙的是馈窗洞,北墙的是中继光缆进线洞,虽然图上已画出,但没有标明高度和间距,没有定位,同样会导致无法施工。

g. 新建隔墙的具体要求是否明确:新建隔墙的具体技术要求(如墙厚、材料、粉刷等)不明确,施工将无法进行。

h. 辅助设施无须在设计图中定位:空调、照明开关等辅助设施应在具体施工前完成,在本设计图中无须定位。

由以上两个具体实例可以看出,一个设计图纸是否合理,最关键的是要看它能否直接指导实际施工,这是我们设计的根本目的,如果它设计不到位,无法指导施工,那么设计就是不成功的,这也是判断一个设计是否可行的关键所在,所以请大家一定切记。

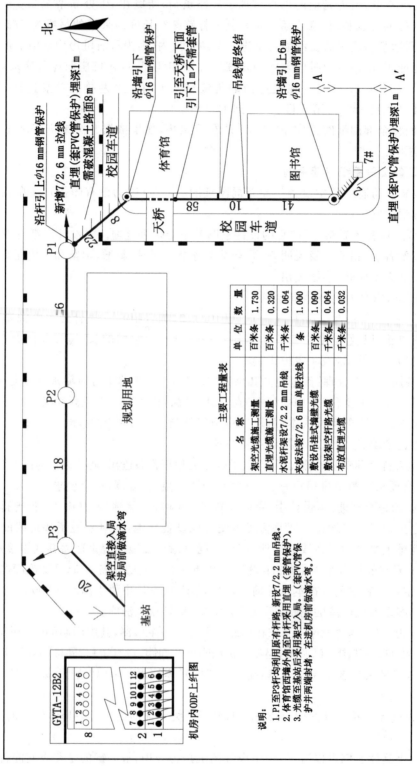

图 3-5 线路工程图纸示意举例

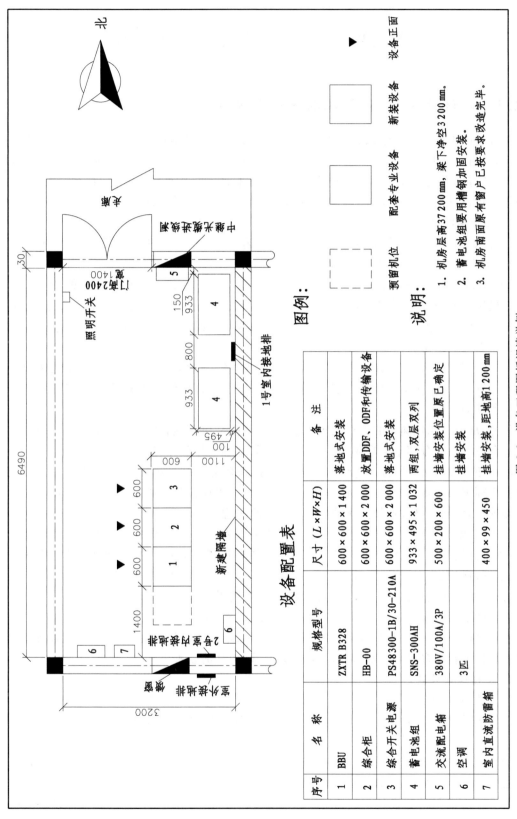

设备配置表

序号	名 称	规格型号	尺寸 (L×W×H)	备 注
1	BBU	ZXTR B328	600×600×1400	落地式安装
2	综合柜	HB-00	600×600×2000	放置DDF、ODF和传输设备
3	综合开关电源	PS48300-1B/30~210A	600×600×2000	落地式安装
4	蓄电池组	SNS-300AH	933×495×1032	两组,双层双列
5	交流配电箱	380V/100A/3P	500×200×600	挂墙安装位置原已确定
6	空调	3匹		挂墙安装
7	室内直流防雷箱		400×99×450	挂墙安装,距地高1200 mm

图例：

新装设备

配套专业设备

预留机位

▶ 设备正面

说明：

1. 机房层高37 200 mm,梁下净空3 200 mm。
2. 蓄电池组要用槽钢加固安装。
3. 机房南面原有窗户已按要求改造完毕。

图 3-6　设备工程图纸识读举例

3.2 通信工程工程量的计算及举例

3.2.1 工程量统计、计算规则和统计顺序

工程量的准确统计对于编制好概预算至关重要。实际编制过程中，统计工程量的方法各种各样，如有的编制人员习惯从图纸的左上角开始逐一统计，有的习惯于按照定额目录顺序进行统计，还有的习惯于按施工顺序进行统计，等等，不管用哪一种统计方法，只要能准确地、不多不漏地把设计图纸所要反映的工程量统计出来，就达到了我们的目的。

1. 工程量统计

① 必须依图统计，有依有据。就是说要对应施工图纸来统计出其主要工程量，不能超越其范畴，更不能凭空加入一些子虚乌有的工程量。

② 熟练阅读图纸是概预算人员所必须具备的基本功。在实际工作中，如果概预算人员既有施工经历又有设计经历，那就最好不过了。为什么这么说呢？因为很多的设计图纸（除了亲自设计并了解现场情况之外）所表达的施工条件及现场状况并不齐全，而只有到现场进行了现场查勘的人才会清楚。

这里我们以图 3-6 中统计接地线的工程量来说，图中虽然画出了两个室内接地排和一个室外接地排，但由于接地排位置不定，接地线线径未明，走线架位置也未明，所以是无法计算接地线工程量的。

因此，从基于职业岗位的工作流程来说，我们主张从事概预算编制的人员至少应该先到施工公司和设计单位分别干上半年到 1 年，才能更好地胜任概预算编制工作。

③ 概预算人员必须认真研读定额并熟练掌握预算定额中定额项目的"工作内容"的说明、注释及定额项目设置，特别是定额项目的计算单位等，以便换算出的工程量与预算定额的计量单位相统一，做到严格按预算定额的内容要求计算工程量。

④ 施工经验（经历）是概预算编制人员的重要财富。适当的施工或施工组织以及设计经验，可以大大提高统计工程量的速度和准确度。如果具有相关专业的施工经验，如架空线路施工、通信管道工程施工、综合布线工程施工、铁塔工程施工、电源设备安装等，则在统计相关工程量时，就能做到成竹在胸、不漏不加、不多不少，使建设方和施工方均满意。

⑤ 仔细进行检查、复核，发现问题及时修改。检查、复核要有针对性，对容易出错的工程量应重点复核，发现问题及时修正，并做详细记录，采取必要的纠正措施，以预防类似问题的再次出现。初学者要多多向前辈请教，不断积累经验，提高编制水平。

2. 工程量计算规则

① 工程量的计算应按工程量的计算规则进行。

② 工程量的计量单位有物理计量单位和自然计量单位，要正确区分这两种计量单位的不同。

③ 通信建设工程无论是初步设计，还是施工图设计，都应依据设计图纸统计并计算工程量。按实物工程量编制通信建设工程概预算（这一点务必切记）。

④ 工程量计算应以设计规定的所属范围和设计分界线为准，布线走向和部件设置应以国家有关部门已公布实施的各种施工验收技术规范为准，工程量的计量单位必须与定额计量单

位相一致。

⑤ 工程量应以施工安装数量为准，所用材料数量不能作为安装工程量。

3. 不同专业的工程量统计顺序(与定额目录一致)

(1) 通信电源设备安装工程

① 安装与调试高、低压供电设备。

② 安装与调试发电机设备。

③ 安装交直流、不停电电源及配套设备。

④ 敷设电源母线、电力光(电)缆及终端制作。

⑤ 接地装置。

⑥ 安装附属设施及其他。

(2) 有线通信设备安装工程

① 安装机架、缆线及辅助设备。

② 安装、调测光纤数字传输设备。

③ 安装、调测程控交换设备。

④ 安装、调测数据通信设备。

(3) 移动通信设备安装工程

① 安装机架、缆线及辅助设备。

② 安装移动通信设备。

③ 安装微波通信设备。

④ 安装卫星地球站设备。

(4) 通信线路工程

① 开挖(填)土(石)方。

② 通信管道工程。

③ 光(电)缆敷设。

④ 光(电)缆保护与防护。

(5) 通信管道工程

① 安装通信电源设备。

② 安装铁架及其他。

③ 布放设备光(电)缆及导线。

④ 安装程控电话交换设备。

⑤ 安装测试光纤通信数字设备。

⑥ 安装移动通信设备。

⑦ 微波天、馈线安装及测试。

⑧ 卫星地球站安装、调测。

从以上不难看出，这里所讲的统计顺序实际上就是定额的目录顺序。

3.2.2　工程量统计及举例

1. 统计规则

如何统计通信线路工程的主要工程量呢？一般统计通信线路工程的主要工程量分五步进行。

第一步:单张图纸主要工程量的统计。

第二步:合并同类项目,数量相加。

第三步:列预算项目工程量明细表。

第四步:填写预算项目工程量明细表数量。

第五步:检查、核对。

(1) 单张图纸主要工程量的统计

统计主要工程量的方法有两种。第一种,按项目统计。在统计工程量的纸张上列出所需项目后,以出局(或出交接箱)光(电)缆的编号或方向为顺序,再沿一条光(电)缆将该项目的数量顺次累加,将每一条光(电)缆所得结果再累加,计算结果即为该项目在该张图纸的工程量。第二种,按光(电)缆顺序统计。以出局(或出交接箱)光(电)缆的编号或方向为顺序,将该光(电)缆所需项目结果相加后再合并相同的项目,其结果即为该项目在该张图纸的工程量。两种方法所统计的工程量是一样的。下面以第一种方法为例来说明本地网光缆线路工程工程量的统计方法。

① 统计局内光缆成端图:局内光缆成端图统计主要工程量的项目一般有成端光缆芯数及条数、成端光缆接头、纤芯接续。

② 统计主干光缆图:主干光缆图中一般为新设出局主干光缆一条或几条,在统计主干光缆长度时应沿一条主干光缆顺次统计各式光缆的长度,统计完第一条光缆后再统计第二条光缆,直到将主干光缆全部统计完成。最后将各式光缆统计后的长度进行累加,累加后的数值为该张图纸最终的光缆长度值,将该数值抄写在统计工程量纸张的此项目列上。统计的项目一般有以下几项:各式新设、拆除光缆长度,各式管道光缆的接头,纤芯接续,新立、更换各式交接箱,各条引上光缆,绑扎、拆除各式交接箱上线光缆,铺钢管或塑管,安装引上管(杆上、墙上)等。

③ 统计配线光缆图:配线光缆图一般为从光交接箱中新出一条或几条配线光缆,对原有配线进行调整或覆盖。统计配线光缆的方法与统计主干光缆的方法基本一样,但统计的项目有所不同。一般配线光缆需统计的项目有:各式新设、拆除光缆的长度(小区管道配线光缆图中有各式管道光缆长度,架空配线光缆图中有各式架空光缆长度,楼层配线光缆图中有各式墙壁光缆长度),各式光缆接头,纤芯接续(芯线改接),绑扎、拆除各式交接箱上纤光缆,各式引上光缆。

④ 统计杆路图:杆路图纸中的主要工程量的项目一般有:新立、更换水泥杆,拉线或撑杆,各式吊线长度,楼层明暗配线杆路图纸中还有各种住宅楼层明暗配线数,综合布线点数等。

(2) 合并同类项目

合并同类项目的工作就是将各单张图纸相同项目工程量的数量进行相加,各项目相加后的结果就是该工程主要工程量的全部内容。统计完工程图纸的主要工程量后,统计工程量的任务并没有结束,还需要列预算项目工程量明细表。

(3) 列预算项目工程量明细表

统计工程主要工程量以后,列预算项目工程量明细表的工作很重要。如果这个工作步骤完成不好,就会使工程预算编制产生漏项或错项,使整个工程设计缺乏严谨性。

列预算项目一般是按概预算工程定额手册中的项目一项一项地查看、摘录,这样做的好处是避免产生预算漏项。

（4）填写预算项目工程量明细表数量

将预算项目工程量明细表中的每一项内容按照统计后的主要工程量的结果，一项一项地填写（其中有的项目的数量比较直观、明确）即可。

主要工程量之外的工程量（无图例可供统计，隐含在主要工程量中，如开挖土方）在列预算项目工程量明细表时绝不能省略。

（5）检查、核对

检查、核对的过程是在工程中最容易被省去的一步，但实际上这一步的工作是整个工程最主要、最不可缺少的关键环节。它应该渗透在整个过程中，每一步工作后都应该进行一次检查，尤其是对预算编制项目的检查和对其数量及套用的计量单位的检查。它是对下一步运用概预算专用软件进行概预算编制能否正确输出结果的根本保证。

2. 实例分析

下面列举的多个实例主要是为了帮助大家从图纸出发，找出应该统计的项目和相应定额子目编号，所以没有考虑定额所设定的各种调整系数。

（1）直埋管道工程工程量统计

通信直埋管道（一般指不做基础的管道）工程的主要工作量包括施工测量及开挖路面，挖填管道沟及人（手）孔坑，制作、支撑、拆除挡土板，人（手）孔（或管道沟）抽水，混凝土管道基础，铺设管（水泥管、塑料管、钢管）孔，管道包封，砖砌人（手）孔及其他的一些工程量〔如混凝土管道基础加筋、人（手）孔防水等〕。

通信直埋管道工程工程量的统计是一个较繁琐的过程。因为在施工设计图纸上能直接反映出来的工程量只是较少的一部分，另一部分工程量必须通过相关定额来查找或统计，而通信直埋管道工程工程量的定额全部在第五册。此外，当一些特殊情况无法套用定额时，要自行根据图纸通过数学分析来进行计算，如开挖土（石）方工程量的计算。

下面以一个简单的管道工程来说明工程量的统计过程。图 3-7 是一段直埋管道施工图（图中施工时的放坡系数均设为 0.33，且图中沟深 1.3 m 是指混凝土路面以下的深度），从图上可以直接看出（或反映出）的工程量有：新建两个小号直通型人孔，破水泥路面 120 m（厚度为 150 mm），铺设塑料管道（4 孔）120 m，8 cm 水泥包封等。还有一些工程量，如开挖土方量等，必须通过定额或计算才能知道。为了便于计算，我们假定这段管道的人孔尺寸、管道沟尺寸均为标准管孔形式，这样我们就可以直接套用定额第 5 册后面的附录了，与本题有关的附录主要是附录七到附录十一。这里我们举例为大家说明。

① 计算开挖混凝土路面面积：查附录十得到开挖定型人孔（小号直通）上口路面面积为 $26.38 \times 2 = 52.76$ m^2，查附录九得到开挖 120 m 长管道沟上口路面面积为 $161.8 \times 1.2 = 194.16$ m^2，两项相加为 299.68 m^2。

② 开挖土方工程量：查附录十得知小号直通为 $51.4 \times 2 = 102.8$ m^3，120 m 管道沟为 $154.6 \times 1.2 = 185.52$ m^3，两项相加为 $102.8 + 185.52 = 288.32$ m^3。注意这里的 154.6 是从附录八中查到的。

③ 回填土方工程量：这里说明一点，本题设计的是直径为 110 mm 的塑管，但不做基础，所以我们近似套用附录四"水泥管管道每百米管群体积参考表"，所以管群体积为 $9.43 \times 1.2 = 11.316$ m^3，于是回填土方工程量为 $288.32 - 11.316 = 277.004$ m^3。

④ 通信管道混凝土包封：与③同样的原因，我们近似套用附录十一，得知应为 $8.00 \times 1.2 = 9.60$ m^3。

⑤ 防水沙浆抹面面积：为了计算出面积值，我们这里要先介绍一下小号直通型人孔的尺寸，如图 3-8 所示。由图可知，小号直通型人孔的内长为 1.5 m，宽为 0.8 m，其净空我们依一般惯例取 1.8 m，于是 1 个人孔内抹面面积为 $1.5 \times 0.8 \times 2 + [(1.5 + 0.8) \times 2 \times 1.8] = 10.68 \ m^2$，外抹面面积为 $(1.5 + 0.48) \times 1.2 + [(1.98 + 1.2) \times 2 \times (1.8 + 0.48)] = 16.876\ 8 \ m^2$，两项合计为 $10.68 + 16.876\ 8 = 27.556\ 8 \ m^2$，而本题是两个人孔，所以水泥抹面的总面积为 $27.556\ 8 \times 2 = 55.113\ 6 \ m^2$。

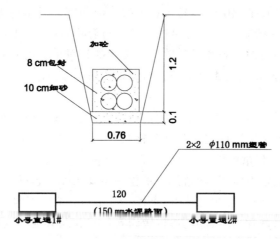

图 3-7　直埋通信管道工程量计算示例

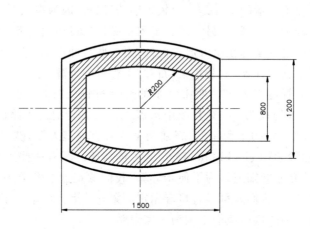

图 3-8　小号直通型人孔尺寸

将上述计算出来的数据用工程量表格表示就如表 3-16 所示（套用定额第五册）。

表 3-16　施工设计图 3-7 中的主要工作量统计表

序　号	定额编号	项目名称	定额单位	数　量
1	TGD1-001	施工测量	100 m	1.20
2	TGD1-003	人工开挖路面（混凝土 150 mm 以下）	100 m²	3.00
3	TGD1-017	开挖管道沟及人（手）孔坑（普通土）	100 m³	2.88
4	TGD1-028	回填土方（夯填原土）	100 m³	2.77
5	TGD2-089	铺设塑料管道（4 孔 2×2）	100 m	1.20
6	TGD2-136	通信管道的混凝土包封（C15）	m³	9.60

续 表

序　号	定额编号	项目名称	定额单位	数　量
7	TGD3-001	砖砌人孔(小号直通型,现场浇筑上覆))	个	2.00
8	TGD4-002	防水沙浆抹面(五层)砖墙面	m²	55.11

(2) 架空线路工程量统计

架空线路工程量的统计相对于管道而言,要直观、简单一些,基本在图上就可以看出其包含的主要工程量。架空线路工程量的主要内容包括立电杆、电杆加固及保护(其中主要为装设各种拉线)、架设架空吊线、各种辅助吊线及架挂光(电)缆等。这部分工程量在第四册上的定额范围为 TXL3-001 至 TXL3-222。

图 3-9 是一段新建架空线路〔因为图中的电杆、拉线、光(电)缆均为粗线条,即表示全为新建〕,从图中可以看出,其主要工程量为施工测量(该项是每个线路工程或管道工程项目均要计算的)、立水泥电杆、装设拉线、架设 7/2.2 mm 吊线、架设辅助吊线和架挂 HYA100×2×0.4 光(电)缆等。下面逐一进行讲解。

① 施工测量:将图中各杆间距相加即可,55+90+55+40+50+55+55＝400 m。

② 立水泥电杆:因为定额中是"立 9 m 以下水泥杆",所以图中的 7 m、8 m 杆不必分开统计,显然为 8 根。

③ 装设拉线:由图 3-9 可知,在 P01 和 P08 处各装设一条 7/2.6 mm 的终端拉线,而在 P04 和 P06 处各装设一条 7/2.2 mm 的角杆拉线(请大家想一想:这里的架空吊线程式是 7/2.2 mm,为什么角杆拉线的程式也是 7/2.2 mm? 或者说,在什么条件下,吊线和拉线的程式一样? 请到施工验收规范中去查找答案)。

④ 架设 7/2.2 mm 吊线:长度为 400 m。

⑤ 架设辅助吊线:图中在 P02 和 P03 之间,由于池塘的影响,使得杆距达到了 90 m,比正常杆距大了很多,所以在此处要求架设辅助吊线,正好和定额 TXL3-180 子目对应。

⑥ 架设架空 200 对光(电)缆:从定额的子目中可以看出,架设架空光(电)缆不分地域(但架空光缆分地域),只分形式(吊线式和自承式),所以此处为架设吊线式架空光(电)缆(200 对)400 m。

此外,从图纸给定的杆距、参照物等因素可以初步判定本工程施工地域应为丘陵区或山区,下面列出的工程量我们按丘陵区取定。

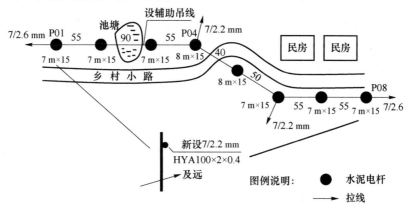

图 3-9　架空线路工程量计算示例

将上述计算出来的数据用工程量表格表示，就如表 3-17 所示（套用定额第四册）。

表 3-17　施工图 3-9 中的主要工程量统计表

序　号	定额编号	项目名称	定额单位	数　量
1	TXL1-002	架空光（电）工程施工测量	100 m	4.00
2	TXL3-001	立 9 m 以下水泥杆（设为综合土）	根	8.00
3	TXL3-051	装 7/2.2 mm 单股拉线（设为综合土且采用夹板法）	条	2.00
4	TXL3-054	装 7/2.6 mm 单股拉线（设为综合土且采用夹板法）	条	2.00
5	TXL3-169	水泥杆架设 7/2.2 mm 钢吊线（丘陵区）	千米条	0.40
6	TXL3-180	架设 100 m 以内辅助吊线	条档	1.00
7	TXL3-219	架设吊线式架空电缆（200 对）	千米条	0.4

（3）光缆线路工程工程量统计

这里以图 3-5 为例来进行说明。我们从 7♯双页手孔处开始沿线路路由来进行统计。根据前面所做的介绍，其主要工作内容和工程量依次如下。

① 直埋光缆施工测量：长度为 2＋8＋22＝32 m。

② 架空光缆施工测量：长度为 6＋41＋10＋58＋1＋5＋6（沿 P1 引上）＋20＋10＋00 ＝191 m。

③ 在 7♯双页手孔壁上开墙洞：1 个。

④ 挖松填光缆沟：2 m。

⑤ 埋式光缆铺塑料管保护：2＋8＋22＝32 m。

⑥ 墙上安装引上钢管：2 根。

⑦ 穿放引上光缆：3 条（图书馆西南墙角、体育馆西北墙角和 P1 杆处）。

⑧ 架设吊线式墙壁光缆（含吊线架设）：41＋10＋58＋1＝110 m。

⑨ 人工开挖混凝土路面（250 mm 以下）：长为 8 m，查第五册附录九知面积为 138×0.08＝11.04 m²。

⑩ 挖夯填光缆沟：8 m。

⑪ 挖松填光缆沟：22 m（该项与④是同类项）。

⑫ 杆上安装引上钢管：1 根。

⑬ 城区敷设埋式光缆（36 芯以下）：8＋22＋2＝32 m。

⑭ 水泥杆夹板法安装 7/2.6 mm 单股拉线：1 条。

⑮ 城区水泥杆架设 7/2.2 mm 吊线：26＋18＋20＝64 m。

⑯ 城区架设架空光缆（36 芯以下）：26＋18＋20＝64 m。

⑰ 在基站机房墙壁上打穿楼墙洞（砖墙）：1 个。

⑱ 进局光缆防水封堵（TXL4-048）：1 处。

⑲ 桥架内明布光缆（TXL5-074）：长度由基站室内桥架长度确定，图 3-5 中未给定。

⑳ 安装光纤连接盘（TXL7-003）：2 块。

㉑ 熔接法完成单模光纤成端（TXL6-005）：12 芯。

由本例的分析过程我们可以得到如下几点。

　　第一,不要以为图的内容不多,就不会有多少工作项目。这里所讨论的图 3-5 看上去内容并不多,可工作项目却总共有 20 项之多,如果对施工流程不熟悉或不了解,就不可能准确确定工作项目。

　　第二,按照图纸顺序同样可以清楚地将工程量统计出来,但要注意及时合并同类项。

　　为了让大家有个更明确的理解,我们将上面统计的工程量用表 3-18 表示,表中标注为"另行计算"的项目是因为图 3-5 给定的设计参数或数据还不全面,无法计算出对应的工程量数值。

表 3-18　施工图 3-5 中的主要工程量统计表

序　号	定额编号	项目名称	定额单位	数　量
1	TXL1-001	直埋光缆施工测量	100 m	0.22
2	TXL1-002	架空光缆施工测量	100 m	2.01
3	TXL4-033	手孔壁上开墙洞(砖砌人孔)	处	1.00
4	TXL2-001	挖松填光缆沟(普通土)	100 m³	长为 24 m,体积另行计算
5	TXL2-109	埋式光缆铺塑料管保护	m	22.00
6	TXL4-044	墙上安装引上钢管(φ50 mm 以下)	根	2.00
7	TXL4-050	穿放引上光缆	条	3.00
8	TXL4-053	架设吊线式墙壁光缆(含吊线架设)	百米条	1.10
9	TXL1-009	人工开挖混凝土路面(250 以下)	100 m²	0.11
10	TXL2-007	挖夯填光缆沟(普通土)	100 m³	长度为 8 m,体积另行计算
11	TXL4-043	杆上安装引上钢管(φ50 mm 以下)	根	1.00
12	TXL2-021	城区敷设埋式光缆(36 芯以下)	千米条	0.032
13	TXL3-054	水泥杆夹板法安装 7/2.6 mm 单股拉线(综合土)	条	1.00
14	TXL3-171	城区水泥杆架设 7/2.2 mm 吊线	千米条	0.064
15	TXL3-192	城区架设架空光缆(36 芯以下)	千米条	0.064
16	TXL4-037	在基站机房墙壁上打穿楼墙洞(砖墙)	个	1.00
17	TXL4-048	进局光缆防水封堵	处	1.00
18	TXL5-074	桥架内明布光缆	百米条	长度由基站室内桥架长度确定,图 3-5 中未给出
19	TXL7-003	安装光纤连接盘	块	2.00
20	TXL6-005	熔接法完成单模光纤成端	芯	12.00

　　(4) 基站设备工程工程量统计

　　图 3-10 是某学院教学楼 8 楼楼顶 TD-SCDMA 基站天馈设备部分安装施工图。下面我们以此为例来说明基站设备安装工程工程量统计的技巧与方法。

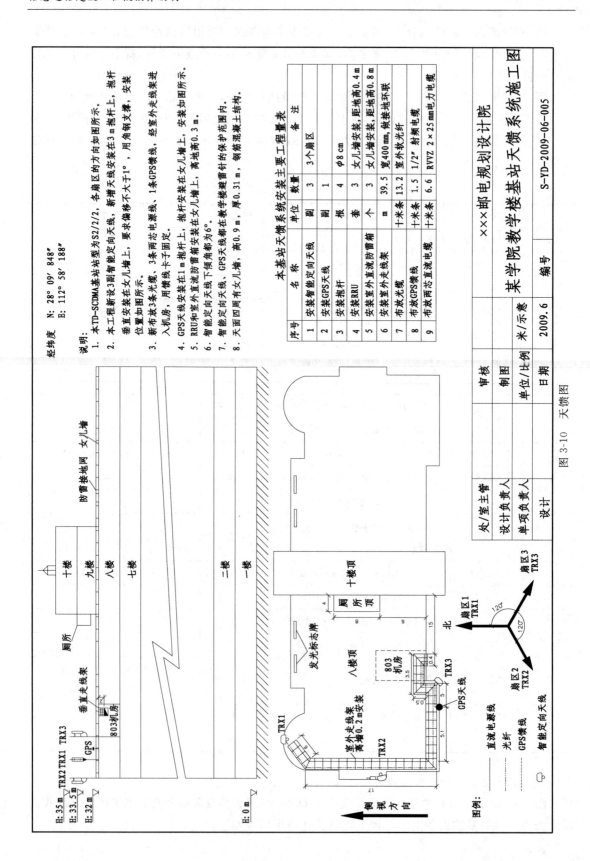

图 3-10 天馈图

为了让大家更好地看清图 3-10 所表达的设计内容和意图,我们把图中的核心部分分别用图 3-11 和图 3-12 表示如下。

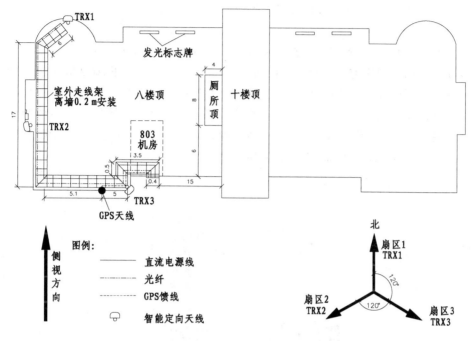

图 3-11　天馈图 3-10 中的楼顶缆线布放部分一

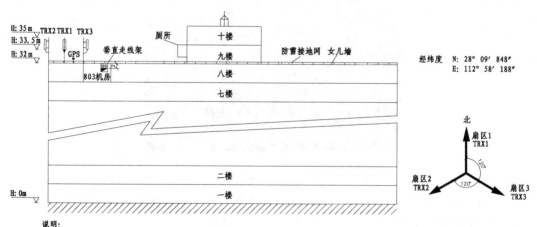

说明:
1. 本 TD-SCDMA 基站站型为 S2/2/2,各扇区的方向如图所示。
2. 本工程新设 3 副智能定向天线,新增天线安装在 3 m 抱杆上,抱杆垂直安装在女儿墙上,要求偏移不大于 1°,用角钢支撑,安装位置如图所示。
3. 新布放 3 条光缆,3 条两芯电源线、1 条 GPS 馈线,经室外走线架进入机房,用馈线卡子固定。
4. GPS 天线安装在 1 m 抱杆上,抱杆安装在女儿墙上,安装如图所示。
5. RRU 和室外直流防雷箱安装在女儿墙上,离地高 0.3 m。
6. 智能定向天线下倾角都为 6°。
7. 智能定向天线、GPS 天线都在教学楼避雷针的保护范围内。
8. 天面四周有女儿墙,高 0.9 m,厚 0.31 m,钢筋混凝土结构。

图 3-12　天馈图 3-10 中的楼顶缆线布放部分二

我们首先来认真读图 3-11。图中设计的 TD 天线(包括 GPS 天线)安装在教学楼 8 楼顶部西侧,分别为 TRX1、TRX2、TRX3 和 GPS 天线。因教学楼正中部是九楼和十楼及架空厕所,所以天线不能面向这些障碍物,故天线取向分别为:TRX1 为正北;逆时针转 120°为TRX2;再逆时针转 120°为 TRX3。而对于 GPS 天线,为了减少射频光(电)缆用量,直接设置在 803 机房正上方,同时所有天线均安装在女儿墙上。为了完成安装,由 803 机房馈窗出来后要安装垂直走线架,到达楼顶后需安装水平走线架;走线架中布放的线缆有连接 GPS 的射频馈线、连接 TD 天线的光缆和为 TD 天线提供电源的直流电源线。

我们再来认真读图 3-12。该图详细告诉了我们 4 副天线的具体位置和安装标高,采用抱杆安装法,为了帮助大家理解,我们这里对 TD 智能天线结构做简要介绍。图 3-13 是 TD 智能定向天线在女儿墙上利用抱杆进行安装的实物图,天线的下方是 RRU(射频拉远单元),它的主要作用是将由 TD 基站设备通过光纤传来的光信号变成电信号后,再通过短段射频电缆连接到定向天线或反之(目前的 4G 网络中有部分厂家的产品已将此短段射频电缆与天线合二为一了),也就是 O/E 或 E/O 变换,上面提到的电源线则为 RRU 提供工作电源。而 GPS 信号则是直接由射频光(电)缆传输,所以无须电源线。

图 3-13　TD 智能天线女儿墙抱杆安装

此外,虽然教学楼楼顶已建有环形避雷网,但天线的避雷不能与此共用,所以每根全向天线的下方均要安装直流防雷箱(见图 3-10 中的主要工程量表)。

明白了图纸的设计含义后,我们来开始统计工程量。显然,这里主要使用第三册无线通信设备安装工程定额,下面我们按照定额的顺序来进行统计。

① 沿外墙垂直安装室外馈线走道(TSW1-005):数量因图中未标明,无法确定。

② 沿楼顶水平安装室外馈线走道(TSW1-004):长度为 0.5+3.5+0.5+5+5.1+17+6=37.6 m。

③ 布放射频拉远单元用光缆(TWS1-057):每个 RRU 两条,共计 6 条,每条平均长度设为 22 m,共计 6×22=132 米条。

④ 室外布放双芯电力光(电)缆(25 m²,TSW1-068):数量为 3 条,具体长度因机房内部及沿墙引下长度不知,不能确定,定额单位为十米条。

⑤ 布放射频 1/2″同轴光(电)缆(由基站设备连接至 GPS 天线,TSW2-027 和 TSW2-028):1 根,长 15 m(4 m+11 m)。

⑥ 布放射频 1/2″同轴光(电)缆(由 RRU 连接至 TD 定向天线,TSW2-027):每个 RRU 需要安装 9 条,共计 9×3=27 条。

⑦ 封堵光(电)缆洞(TSW1-086):两处(6 条馈线光缆 1 处,GPS 馈线 1 处)。

⑧ 抱杆上安装定向天线(TSW2-016):3 副。

⑨ 安装调测 GPS 天线(TWS2-023):1 副。

⑩ 抱杆上安装射频拉远设备 RRU(TSW2-060):6 套。

⑪ 1/2 宏基站天、馈线系统调测(TSW2-044):28 条。

⑫ CDMA 基站系统调测(6 个"扇·载")(TSW2-076):1 站。

将上面统计的工程量用表格表示则如表 3-19 所示。要说明的是,为了让大家看得更清楚一些,有些同类项没有合并。

表 3-19　施工图 3-10 中的主要工程量统计表

序 号	定额编号	项目名称	定额单位	数 量
1	TSW1-005	沿外墙垂直安装室外馈线走道	m	数量因图中未标明,无法确定
2	TSW1-004	沿楼顶水平安装室外馈线走道	m	37.60
3	TWS1-057	布放射频拉远单元用光缆	米条	132.00
4	TSW1-068	室外布放双芯电力光(电)缆(25 m²)	十米条	3 条,具体长度因机房内部及沿墙引下长度不知,不能确定
5	TSW2-028	布放射频 1/2″同轴光(电)缆(由基站设备连接至 GPS 天线)	十米条	4.00 m+11.00 m
6	TSW2-027	布放射频 1/2″同轴光(电)缆	条	27.00
7	TSW1-086	封堵光(电)缆洞	处	2.00
8	TSW2-016	抱杆上安装定向天线	副	3.00
9	TWS2-023	安装调测 GPS 天线	副	1.00
10	TSW2-060	抱杆上安装射频拉远设备 RRU	套	6.00
11	TSW2-044	1/2 宏基站天、馈线系统调测	条	28.00
12	TSW2-076	CDMA 基站系统调测(6 个"扇·载")	站	1.00

本 章 小 结

① 通信工程制图执行的标准是 YD/T 5015—2015——《通信工程制图与图形符号规定》。高质量的标准图纸应具备以下几个特征。

a. 主题突出,主次分明。线路路由、新增设备等应采用粗线条表示,参照物用细线条表示。

b. 有完整的图框(加粗)和规范的图衔。

c. 符号、文字、数字等比例协调,大小合适。

d. 图纸中的符号规范,如果没有使用规范符号,就应该有详细的图例说明。

e. 字型、字体选择合适,没有任何字压线或线压字以及毛刺现象。

f. 整个图纸做工精细、表达到位,给人以美的感受。

② 认真、准确地读懂施工图纸是统计好工程量、编制好工程概预算的重要前提,要做到这一点,必须具备以下两个条件:

a. 熟悉常用符号的含义和制图标准规范;

b. 有扎实的专业知识和丰富的现场施工经验。

③ 工程量的准确统计是本章学习的重点和难点。常用的统计方法有定额顺序法、图纸顺序法、施工顺序法等,而其中的关键是如何做到不漏、不多、不错。本书为大家分别列举了直埋管道工程、架空光(电)缆线路工程、光缆线路工程和基站设备工程的工程量统计,请大家认真领会每个实例中工作项目的确定和工程量数量计算的方法与技巧,这对大家学好工程概预算编制至关重要。

应 知 测 试

一、判断题

1. 通信工程制图执行的标准是 YD/T 5015—2015《通信工程制图与图形符号规定》。( )

2. 工程设计图纸应按规定设置图衔,并按规定的责任范围签字,图衔的位置是图纸的左下角。( )

3. 用 A4 纸绘制图纸时,其装订侧和非装订侧的页边距分别为 25 mm 和 5 mm。( )

4. 设计图中的粗实线一般用来表示原有,细实线表示新建。( )

5. 设计图纸中常用的线形有实线、虚线、单点画线和双点画线。( )

6. 虚线多用于设备工程设计中,表示为将来需要新增的设备。( )

7. 单点画线在设计图中一般用作图纸的分界线。( )

8. 设计图纸中的线宽最大为 1.4 mm,最小为 0.25 mm。( )

9. 若设计图纸中只涉及两种线宽,则粗线线宽一般应为细线线宽的 1.5 倍。( )

10. 若设计图纸中只涉及 3 种线宽,则线宽数值由细到宽应按 2 的倍数递增。( )

11. 设计图纸上的"×"表示不要,无须统计其工程量。( )

12. 设计图纸中平行线之间的最小间距不宜小于粗线宽度的两倍,同时最小不能小于 0.7 mm。( )

13. 架空光缆线路工程图纸一般可不按比例绘制,且其长度单位均为 m。( )

14. 通信线路或通信管道工程图纸上一定要有指北针。( )

15. 一个完整的尺寸标注应由尺寸、尺寸界线和尺寸线三部分组成,但在通信线路工程图纸中一般直接用数值表示尺寸。( )

16. 为了保证图纸上无毛刺,应灵活运用 CAD 的"剪切"(Trim)命令来修剪毛刺。( )

17. 为了使设计图纸中文字的大小和图线的大小相匹配,应灵活运用 CAD 的"比例"(Scale)命令来进行调整。( )

18. 设计图中的"技术要求""说明"或"注"等字样,应写在具体文字内容的左上方,并使用比文字内容小一号的字体书写。( )

19. 设计图纸中的"说明"等内容编号等级由大到小应为第一级 1,2,3,…,第 2 级(1),(2),(3),…,第 3 级①,②,③,…。(　　)

20. 图衔外框的线宽应与整个图框的线宽一致。(　　)

21. 若某设计图纸中挖光(电)缆沟时需要开挖混凝土路面(路面施工完后需要恢复),则一定有挖、夯填光(电)缆沟工作项目。(　　)

22. 定额中的"施工测量"子目是任何施工图设计中都应有的工程量。(　　)

23. 在线路工程定额中,"沿墙引上"和"沿杆引上"是同一个子目。(　　)

24. 墙壁光缆的架设形式有吊挂式和钉固式两种。(　　)

25. 确定设备设计图纸中预留空位的方法是哪里有空位就留哪里。(　　)

26. 无人值守移动基站机房应设计窗户,以利于空气流通,设备散热。(　　)

27. 在 TD-SCDMA 基站中必须设置 GPS,其主要作用是完成移动用户定位。(　　)

28. 在 WCDMA 基站中无须设置 GPS,因为它无须对移动用户进行定位。(　　)

29. 在 TD-SCDMA 基站中 RRU 的作用是完成电/光互换。(　　)

二、单选题

1. 交换设备硬件测试时,155 Mbit/s 中继线(电口)需要套用(　　)定额。
A. TSY4-009　　　　　　　　　B. TSY4-010
C. TSY4-011　　　　　　　　　D. TSY4-017

2. 在地面铁塔上安装 40 m 以下定向天线,需要套用(　　)定额。
A. TSW2-011　　　　　　　　　B. TSW2-012
C. TSW2-013　　　　　　　　　D. TSW2-014

3. 在无线通信设备工程中,安装室内电缆槽道需要套用(　　)定额。
A. TSW1-001　　　　　　　　　B. TSW1-002
C. TSW1-003　　　　　　　　　D. TSW1-005

4. 通信电源设备安装工程中铺防静电型的地漆布不需要的材料是(　　)。
A. 地漆布　　　　　　　　　　B. 401#胶
C. 紫铜带　　　　　　　　　　D. 橡胶布

5. 在通信电源设备安装中,发电机自动供油系统调测不需要的机械是(　　)。
A. 交流弧焊机(21 kVA)　　　　B. 燃油式空气压缩机
C. 立式钻床　　　　　　　　　D. 吊车

6. 安装测试线路侧支线路分离型光波长转换器(OTU),不需要用到的仪表是(　　)。
A. 光功率计　　　　　　　　　B. 光可变衰耗器
C. 数字传输分析仪　　　　　　D. 光时域反射仪(OTDR)

7. 通信电源设备安装工程预算定额的内容不包括(　　)。
A. 10 kV 以上的变、配线设备安装
B. 10 kV 以下的变、配线设备安装
C. 电力缆线布放
D. 接地装置及供电系统配套附属设施的安装与调试

8. 下列线宽(单位:mm)数值中,可在通信工程设计图纸中使用的是(　　)。
A. 1.8　　　　B. 1.6　　　　C. 1.4　　　　D. 0.1

9. 在安装移动通信馈线项目中,若布放 1/2″射频同轴电缆的总长度为 25 m,则其技工工

日数是( )。

　　A. 5.00　　　　　B. 0.75　　　　　C. 0.83　　　　　D. 0.95

　　10. 下列导线截面积(单位:mm²)数值中,属于现行通信电源定额定义的"电力电缆单芯相线截面积"的是( )。

　　A. 16　　　　　B. 550　　　　　C. 600　　　　　D. 650

三、请在表 3-20 的空格处填上图形符号所表示的名称

表 3-20　图形符号及其名称

序 号	图形符号	名称及字母含义
1		
2		
3	●俯视　正视	
4		
5		
6		
7		
8		
9		
10		
11		
12		
13	$\frac{N-B}{C}$　$\frac{d}{D}$	
14		
15		

四、看图统计工作项目名称(不统计数量)

　　图 3-14 为通信工程施工设计图纸,请依据图纸给出的所有信息按照从左至右、从上到下的顺序详细写出各工作项目名称(注意需与定额定义的项目名称相符,同时尽可能做到不多、不漏、不错!)。

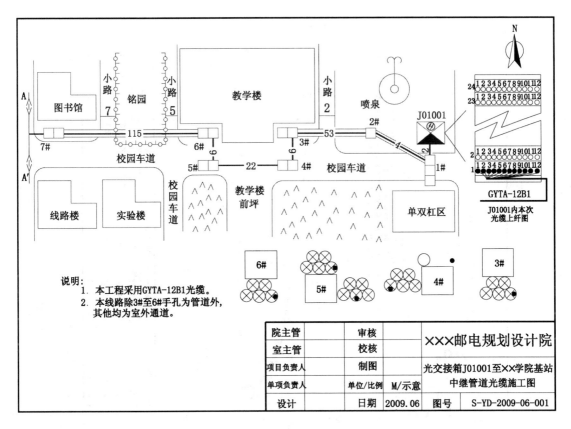

图 3-14　"应知测试"第四大题图

应会技能训练

1. 名称

通信工程设计图纸识读与工程量统计。

2. 实训目的

学会通信工程设计图纸识读方法,掌握工作项目的准确确定和工程量统计技能。

3. 实训器材或条件

给定的设计施工图纸和《信息通信建设工程预算定额》(全 5 册)。

4. 实训内容

请根据图 3-15,利用所学过的通信建设专业知识,完成以下工作:

① 详细说明图纸中所有符号、数字等含义;

② 全面准确地写出工作项目;

③ 准确统计工程量(注意与定额单位的一致);

④ 写出实训报告。

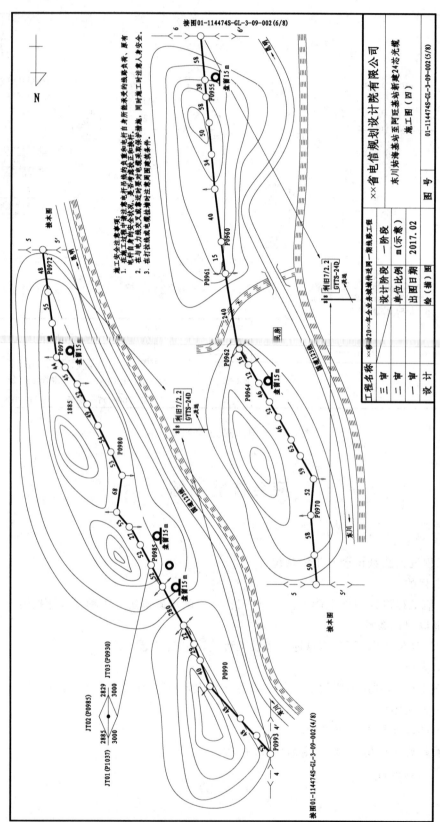

图 3-15 课后技能训练 CAD 图纸

第 4 章　信息通信建设工程费用定额

一个建设项目除了构成项目主体的人工、材料、仪表、机械台班等费用外,还有很多直接体现在构成工程主体费用之外的相关费用,如勘察设计费、青苗补偿费、销项税额等,这些费用光由定额是决定不了的,必须由相关的规定来对这些费用的取定作出规定,这个规定就是费用定额。费用定额是指工程建设过程中各项费用的计取标准,也就是我们通常所讲的费率取定。信息通信建设工程费用定额依据信息通信建设工程的特点,对其费用构成、费率及计算规则进行了相应的规定,在编写概预算文件时,必须严格执行这些规定。

本章将以《工业和信息化部关于印发信息通信建设工程预算定额、工程费用定额及工程概预算编制规程的通知》(工信部通信〔2016〕451 号)为蓝本,给大家重点介绍以下内容:

① 信息通信建设工程费用构成;

② 信息通信建设工程费用定额及计算规则;

③ 信息通信建设工程勘察设计收费标准。

其中,费用定额及计算规则以及勘察设计收费标准是大家要重点掌握的内容。

4.1　信息通信建设(单项)工程费用

4.1.1　信息通信建设(单项)工程费用总构成

信息通信建设工程项目总费用由各单项工程项目总费用构成;各单项工程总费用由工程费、工程建设其他费、预备费、建设期投资贷款利息四部分构成,如图 4-1 所示。

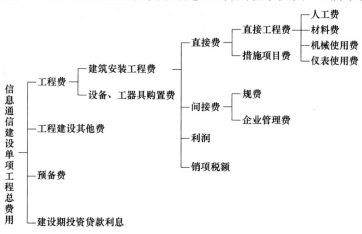

图 4-1　信息通信建设单项工程总费用构成

将图 4-1 中的各项费用进一步细化，就是信息通信建设单项工程概预算费用的具体构成，如图 4-2 所示。

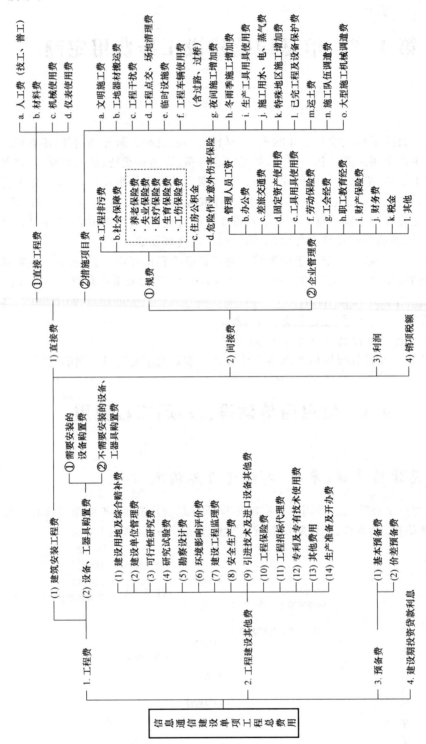

图 4-2 信息通信建设单项工程概预算费用具体构成

4.1.2　信息通信建设(单项)工程各项费用名称及定义

1. 工程费

(1) 建筑安装工程费

1) 直接费

直接费由直接工程费、措施项目费构成,具体内容如下。

① 直接工程费

直接工程费指施工过程中耗用的构成工程实体和有助于工程实体形成的各项费用,包括人工费、材料费、机械使用费、仪表使用费。

a. 人工费:指直接从事建筑安装工程施工的生产人员开支的各项费用。其内容包括如下几个方面。

> 基本工资:指发放给生产人员的岗位工资和技能工资。

> 工资性补贴:指规定标准的物价补贴,煤、燃气补贴,交通费补贴,住房补贴,流动施工津贴等。

> 辅助工资:指生产人员年平均有效施工天数以外非作业天数的工资,包括职工学习、培训期间的工资,调动工作、探亲、休假期间的工资,因气候影响的停工工资,女工哺乳期间的工资,病假在 6 个月以内的工资及产、婚、丧假期的工资。

> 职工福利费:指按规定标准计提的职工福利费。

> 劳动保护费:指规定标准的劳动保护用品的购置费及修理费,徒工服装补贴,防暑降温等保健费用。

b. 材料费:指施工过程中实体消耗的原材料、辅助材料、构配件、零件、半成品的费用和周转使用材料的摊销,以及采备材料所发生的费用总和。其内容包括如下几个方面。

> 材料原价:指供应价或供货地点价。

> 材料运杂费:指材料(或器材)自来源地运至工地仓库(或指定堆放地点)所发生的费用。

> 运输保险费:指材料(或器材)自来源地运至工地仓库(或指定堆放地点)所发生的保险费用。

> 采购及保管费:指为组织材料(或器材)采购及材料保管过程中所需要的各项费用。

> 采购代理服务费:指委托中介采购代理服务的费用。

> 辅助材料费:指对施工生产起辅助作用的材料费用。

c. 机械使用费:指施工机械作业所发生的机械使用费以及机械安拆费。其内容包括如下几个方面。

> 折旧费:指施工机械在规定的使用年限内,陆续收回其原值及购置资金的时间价值。

> 大修理费:指施工机械按规定的大修理间隔台班进行必要的大修理,以恢复其正常功能所需的费用。

> 经常修理费:指施工机械除大修理以外的各级保养和临时故障排除所需的费用。其包括为保障机械正常运转所需替换设备与随机配备工具和附具的摊销、维护费用,机械运转中日常保养所需润滑与擦拭的材料费用及机械停滞期间的维护和保养费用等。

➢ 安拆费:指施工机械在现场进行安装与拆卸所需的人工、材料、机械和试运转费用以及机械辅助设施的折旧、搭设、拆除等费用。

➢ 人工费:指机上操作人员和其他操作人员的工作日人工费及上述人员在施工机械规定的年工作台班以外的人工费。

➢ 燃料动力费:指施工机械在运转作业中所消耗的固体燃料(煤、木柴)、液体燃料(汽油、柴油)及水、电等费用。

➢ 养路费及车船使用税:指施工机械按照国家规定和有关部门规定应缴纳的养路费、车船使用税、保险费及年检费等。

d. 仪表使用费:指施工作业所发生的属于固定资产的仪表使用费。其内容包括如下几个方面。

➢ 折旧费:指施工仪表在规定的年限内,陆续收回其原值及购置资金的时间价值。

➢ 经常修理费:指施工仪表的各级保养和临时故障排除所需的费用。其包括为保证仪表正常使用所需备件(备品)的摊销和维护费用。

➢ 年检费:指施工仪表在使用寿命期间定期标定与年检费用。

➢ 人工费:指施工仪表操作人员在台班定额内的人工费。

② 措施项目费

措施项目费指为完成工程项目施工,发生于该工程前和施工过程中非工程实体项目的费用。其内容包括如下几个方面。

a. 文明施工费:指施工现场为达到环保要求及文明施工所需要的各项费用。

b. 工地器材搬运费:指由工地仓库至施工现场转运器材而发生的费用。

c. 工程干扰费:通信线路工程、通信管道工程由于受市政管理、交通管制、人流密集、输配电设施等影响工效的补偿费用。

d. 工程点交、场地清理费:指按规定编制竣工图及资料,工程点交、施工场地清理等发生的费用。

e. 临时设施费:指施工企业为进行工程施工所必须设置的生活和生产用的临时建筑物、构筑物和其他临时设施费用等。临时设施费用包括:临时设施的租用或搭设、维修、拆除或摊销费。

f. 工程车辆使用费:指工程施工中接送施工人员、生活用车等(含过路、过桥)费用。

g. 夜间施工增加费:指因夜间施工所发生的夜间补助费、夜间施工降效、夜间施工照明设备摊销及照明用电等费用。

h. 冬雨季施工增加费:指在冬雨季施工时所采取的防冻、保温、防雨等安全措施及工效降低所增加的费用。

i. 生产工具用具使用费:指施工所需的不属于固定资产的工具用具等的购置、摊销、维修费。

j. 施工用水、电、蒸气费:指施工生产过程中使用水、电、蒸气所发生的费用。

k. 特殊地区施工增加费:指在原始森林地区、海拔 2 000 m 以上高原地区、化工区、核污染区、沙漠地区、山区无人值守站等特殊地区施工所需增加的费用。

l. 已完工程及设备保护费:指竣工验收前,对已完工程及设备进行保护所需的费用。

m. 运土费:指工程施工中,需从远离施工地点取土及必须向外倒运出土方所发生的费用。

n. 施工队伍调遣费:指因建设工程的需要,应支付施工队伍的调遣费用。其内容包括调遣人员的差旅费、调遣期间的工资、施工工具与用具等的运费。

o. 大型施工机械调遣费:指大型施工机械调遣所发生的运输费用。

2)间接费

间接费由规费、企业管理费构成,各项费用均为不包括增值税可抵扣进项税额的税前造价。

① 规费

规费指政府和有关部门规定必须缴纳的费用(简称规费)。其内容包括如下几个方面。

a. 工程排污费

工程排污费指施工现场按规定缴纳的工程排污费。

b. 社会保险费

• 养老保险费:指企业按规定标准为职工缴纳的基本养老保险费。

• 失业保险费:指企业按照国家规定标准为职工缴纳的失业保险费。

• 医疗保险费:指企业按照规定标准为职工缴纳的基本医疗保险费。

• 生育保险费:指企业按照规定标准为职工缴纳的生育保险费。

• 工伤保险费:指企业按照规定标准为职工缴纳的工伤保险费。

c. 住房公积金

住房公积金指企业按照规定标准为职工缴纳的住房公积金。

d. 危险作业意外伤害保险

危险作业意外伤害保险指企业为从事危险作业的建筑安装施工人员支付的意外伤害保险费。

② 企业管理费

企业管理费指施工企业组织施工生产和经营管理所需费用。其内容包括如下几个方面。

a. 管理人员工资:指管理人员的基本工资、工资性补贴、职工福利费、劳动保护费等。

b. 办公费:指企业管理办公用的文具、纸张、账表、印刷、邮电、书报、会议、水电、烧水和集体取暖(包括现场临时宿舍取暖)用煤等费用。

c. 差旅交通费:指职工因公出差、调动工作的差旅费、住勤补助费,市内交通费和误餐补助费,职工探亲路费,劳动力招募费,职工离退休、退职一次性路费,工伤人员就医路费,工地转移费以及管理部门使用的交通工具的油料、燃料等费用。

d. 固定资产使用费:指管理和试验部门及附属生产单位使用的属于固定资产的房屋、设备仪器等的折旧、大修、维修或租赁费。

e. 工具用具使用费:指管理使用的不属于固定资产的生产工具、器具、家具、交通工具和检验、测绘、消防用具等的购置、维修和摊销费。

f. 劳动保险费:指由企业支付离退休职工的异地安家补助费、职工退职金、6 个月以上的病假人员工资、职工死亡丧葬补助费、抚恤金、按规定支付给离退休干部的各项经费。

g. 工会经费:指企业按职工工资总额计提的工会经费。

　　h. 职工教育经费:指企业为职工学习先进技术和提高文化水平,按职工工资总额计提的费用。

　　i. 财产保险费:指施工管理用财产、车辆保险等的费用。

　　g. 财务费:指企业为施工生产筹集资金或提供预付款担保、履约担保、职工工资支付担保等所发生的各种费用。

　　k. 税金:指企业按规定缴纳的城市建设维护税、教育费附加税、地方教育附加税、房产税、车船使用税、土地使用税、印花税等。

　　l. 其他:包括技术转让费、技术开发费、业务招待费、绿化费、广告费、公证费、法律顾问费、审计费、咨询费等。

　　3) 利润

　　利润指施工企业完成所承包工程获得的盈利。

　　4) 销项税额

　　销项税额指按国家税法规定应计入建筑安装工程造价内的增值税销项税额。

　　(2) 设备、工器具购置费

　　设备、工器具购置费指根据设计提出的设备(包括必需的备品备件)、仪表、工器具清单,按设备原价、运杂费、采购及保管费、运输保险费和采购代理服务费计算的费用。

　　2. 工程建设其他费

　　工程建设其他费指应在建设项目的建设投资中开支的固定资产其他费用、无形资产费用和其他资产费用。

　　(1) 建设用地及综合赔补费

　　建设用地及综合赔补费指按照《中华人民共和国土地管理法》等规定,建设项目征用土地或租用土地应支付的费用。其内容包括如下几个方面。

　　① 土地征用及迁移补偿费:经营性建设项目通过出让方式购置的土地使用权(或建设项目通过划拨方式取得无限期的土地使用权)而支付的土地补偿费、安置补偿费、地上附着物和青苗补偿费、余物迁建补偿费、土地登记管理费等;行政事业单位的建设项目通过出让方式取得土地使用权而支付的出让金;建设单位在建设过程中发生的土地复垦费用和土地损失补偿费用;建设期间临时占地补偿费。

　　② 征用耕地按规定一次性缴纳的耕地占用税;征用城镇土地在建设期间按规定每年缴纳的城镇土地使用税;征用城市郊区菜地按规定缴纳的新菜地开发建设基金。

　　③ 建设单位租用建设项目土地使用权而支付的租地费用。

　　④ 建设单位因建设项目期间租用建筑设施、场地费用;以及因项目施工造成所在地企事业单位或居民的生产、生活干扰而支付的补偿费用。

　　(2) 建设单位管理费

　　建设单位管理费指建设单位从筹建之日起至办理竣工财务决算之日止发生的管理性质开支。其包括差旅交通费、工具用具使用费、固定资产使用费、必要的办公及生活用品购置费、必要的通信设备及交通工具购置费、零星固定资产购置费、招募生产工人费、技术图书资料费、业务招待费、设计审查费、合同契约公证费、法律顾问费、咨询费、完工清理费、竣工验收费、印花税和其他管理性质开支。

如果成立筹建机构,建设单位管理费还应包括筹建人员工资类开支。

（3）可行性研究费

可行性研究费指在建设项目前期工作中,编制和评估项目建议书（或预可行性研究报告）、可行性研究报告所需的费用。

（4）研究试验费

研究试验费指为本建设项目提供或验证设计数据、资料等进行必要的研究试验及按照设计规定在建设过程中必须进行试验、验证所需的费用。

（5）勘察设计费

勘察设计费指委托勘察设计单位进行工程勘察、工程设计所发生的各项费用。

（6）环境影响评价费

环境影响评价费指按照《中华人民共和国环境保护法》《中华人民共和国环境影响评价法》等规定,为全面、详细评价本建设项目对环境可能产生的污染或造成的重大影响所需的费用,包括编制环境影响报告书（含大纲）、环境影响报告表和评估环境影响报告书（含大纲）、环境影响报告表等所需的费用。

（7）建设工程监理费

建设工程监理费指建设单位委托工程监理单位实施工程监理的费用。

（8）安全生产费

安全生产费指施工企业按照国家有关规定和建筑施工安全标准,购置施工防护用具、落实安全施工措施以及改善安全生产条件所需要的各项费用。

（9）引进技术及进口设备其他费

其费用内容如下。

① 引进项目图纸资料翻译复制费、备品备件测绘费。

② 出国人员费用:包括买方人员出国设计联络、出国考察、联合设计、监造、培训等所发生的差旅费、生活费、制装费等。

③ 来华人员费用:包括卖方来华工程技术人员的现场办公费用、往返现场交通费用、工资、食宿费用、接待费用等。

④ 银行担保及承诺费:指引进项目由国内外金融机构出面承担风险和责任担保所发生的费用,以及支付贷款机构的承诺费用。

（10）工程保险费

工程保险费指建设项目在建设期间根据需要对建筑工程、安装工程及机器设备进行投保而发生的保险费用。其包括建筑安装工程一切险、引进设备财产和人身意外伤害险等。

（11）工程招标代理费

工程招标代理费指招标人委托代理机构编制招标文件,编制标底,审查投标人资格,组织投标人踏勘现场并答疑,组织开标、评标、定标,以及提供招标前期咨询、协调合同的签订等业务所收取的费用。

（12）专利及专有技术使用费

其费用内容包括:

① 国外设计及技术资料费、引进有效专利费、专有技术使用费和技术保密费;

② 国内有效专利、专有技术使用费用;

③ 商标使用费、特许经营权费等。

（13）其他费用

根据建设任务的需要，必须在建设项目中列支的其他费用。

（14）生产准备及开办费

生产准备及开办费指建设项目为保证正常生产（或营业、使用）而发生的人员培训费、提前进场费以及投产使用初期必备的生产生活用具、工器具等购置费用。其内容包括如下几个方面。

① 人员培训费及提前进厂费：自行组织培训或委托其他单位培训的人员工资、工资性补贴、职工福利费、差旅交通费、劳动保护费、学习资料费等。

② 为保证初期正常生产、生活（或营业、使用）所必需的生产办公、生活家具用具购置费。

③ 为保证初期正常生产（或营业、使用）必需的第一套不够固定资产标准的生产工具、器具、用具购置费（不包括备品备件费）。

3. 预备费

预备费是指在初步设计阶段编制概算时难以预料的工程费用。预备费包括基本预备费和价差预备费。

（1）基本预备费

① 进行技术设计、施工图设计和施工过程中，在批准的初步设计和概算范围内所增加的工程费用。

② 由一般自然灾害所造成的损失和预防自然灾害所采取的措施费用。

③ 竣工验收为鉴定工程质量，必须开挖和修复隐蔽工程的费用。

（2）价差预备费

价差预备费即设备、材料的价差。

4. 建设期投资贷款利息

建设期投资贷款利息指建设项目贷款在建设期内发生并应计入固定资产的贷款利息等财务费用。

4.2　信息通信建设工程费用定额及计算规则

1. 工程费

（1）建筑安装工程费

1）直接费

① 直接工程费

a. 人工费

信息通信建设工程不分专业和地区工资类别，综合取定人工费。人工费单价为：技工为114元/工日；普工为61元/工日。

$$概（预）算人工费＝技工费＋普工费$$

$$概（预）算技工费＝技工单价×概（预）算技工总工日$$

$$概（预）算普工费＝普工单价×概（预）算普工总工日$$

b. 材料费

$$材料费＝主要材料费＋辅助材料费$$

$$主要材料费＝材料原价＋运杂费＋运输保险费＋采购及保管费＋采购代理服务费$$

$$辅助材料费＝主要材料费×辅助材料费系数$$

材料原价:供应价或供货地点价。

运杂费:编制概算时,除水泥及水泥制品的运输距离按 500 km 计算外,其他类型的材料运输距离按 1 500 km 计算。其编制预算时按以下公式计算:

$$运杂费＝材料原价×器材运杂费费率$$

其中的器材运杂费费率如表 4-1 所示。

运输保险费:

$$运输保险费＝材料原价×保险费费率(0.1\%)$$

采购及保管费:

$$采购及保管费＝材料原价×材料采购及保管费费率$$

其中的材料采购及保管费费率如表 4-2 所示。

采购代理服务费按实计列。

辅助材料费:

$$辅助材料费＝主要材料费×辅助材料费费率$$

其中的辅助材料费费率如表 4-3 所示。

表 4-1　器材运杂费费率表

运距 L/km	器材名称					
	光缆运杂费费率/(%)	电缆运杂费费率/(%)	塑料及塑料制品运杂费费率/(%)	木材及木制品运杂费费率/(%)	水泥及水泥构件运杂费费率/(%)	其他运杂费费率/(%)
$L \leqslant 100$	1.3	1.0	4.3	8.4	18.0	3.6
$100 < L \leqslant 200$	1.5	1.1	4.8	9.4	20.0	4.0
$200 < L \leqslant 300$	1.7	1.3	5.4	10.5	23.0	4.5
$300 < L \leqslant 400$	1.8	1.3	5.8	11.5	24.5	4.8
$400 < L \leqslant 500$	2.0	1.5	6.5	12.5	27.0	5.4
$500 < L \leqslant 750$	2.1	1.6	6.7	14.7	—	6.3
$750 < L \leqslant 1\,000$	2.2	1.7	6.9	16.8	—	7.2
$1\,000 < L \leqslant 1\,250$	2.3	1.8	7.2	18.9	—	8.1
$1\,250 < L \leqslant 1\,500$	2.4	1.9	7.5	21.0	—	9.0
$1\,500 < L \leqslant 1\,750$	2.6	2.0	—	22.4	—	9.6
$1\,750 < L \leqslant 2\,000$	2.8	2.3		23.8		10.2
$L > 2\,000$ km 时,每增 250 km 增加费率	0.3	0.2	—	1.5	—	0.6

表 4-2　材料采购及保管费费率表

工程名称	计算基础	费率/(%)
通信设备安装工程		1.0
通信线路工程	材料原价	1.1
通信管道工程		3.0

表 4-3　辅助材料费费率表

工程名称	计算基础	费率/(%)
通信设备安装工程		3.0
电源设备安装工程	主要材料费	5.0
通信线路工程		0.3
通信管道工程		0.5

注：凡由建设单位提供的利旧材料，其材料费不计入工程成本，但作为计算辅助材料费的基础。

c. 机械使用费

$$机械使用费＝机械台班单价×概算、预算的机械台班量$$

d. 仪表使用费

$$仪表使用费＝仪表台班单价×概算、预算的仪表台班量$$

② 措施项目费

a. 文明施工费

$$文明施工费＝人工费×文明费费率$$

其中的文明费费率如表 4-4 所示。

表 4-4　文明费费率表

工程名称	计算基础	费率/(%)
无线通信设备安装工程		1.10
通信线路工程、通信管道工程	人工费	1.50
有线传输设备安装工程、电源设备安装工程		0.80

b. 工地器材搬运费

$$工地器材搬运费＝人工费×工地器材搬运费费率$$

其中的工地器材搬运费费率如表 4-5 所示。

表 4-5　工地器材搬运费费率表

工程名称	计算基础	费率/(%)
通信设备安装工程		1.10
通信线路工程	人工费	3.40
通信管道工程		1.20

注：因施工场地条件限制造成一次搬运不能到达工地仓库时，可按实计列相关费用。

c. 工程干扰费

$$工程干扰费＝人工费×工程干扰费费率$$

其中的工程干扰费费率如表 4-6 所示。

表 4-6　工程干扰费费率表

工程名称	计算基础	费率/(%)
通信线路工程、通信管道工程(干扰地区)	人工费	6.0
无线通信设备安装工程(干扰地区)		4.0

注:干扰地区指城区、高速公路隔离带、铁路路基边缘等施工地带。城区的界定以当地规划部门规划文件为准。

d. 工程点交、场地清理费

$$工程点交、场地清理费＝人工费×工程点交、场地清理费费率$$

其中的工程点交、场地清理费费率如表 4-7 所示。

表 4-7　工程点交、场地清理费费率表

工程名称	计算基础	费率/(%)
通信设备安装工程	人工费	2.5
通信线路工程		3.3
通信管道工程		1.4

e. 临时设施费

临时设施费按施工现场与企业的距离划分为 35 km 以内(包括 35 km)、35 km 以外两档。

$$临时设施费＝人工费×临时设施费费率$$

其中的临时设施费费率如表 4-8 所示。

表 4-8　临时设施费费率表

工程名称	计算基础	费率/(%) 距离≤35 km	费率/(%) 距离>35 km
通信设备安装工程	人工费	3.8	7.6
通信线路工程		2.6	5.0
通信管道工程		6.1	7.6

f. 工程车辆使用费

$$工程车辆使用费＝人工费×工程车辆使用费费率$$

其中的工程车辆使用费费率如表 4-9 所示。

表 4-9　工程车辆使用费费率表

工程名称	计算基础	费率/(%)
无线通信设备安装工程、通信线路工程	人工费	5.0
有线通信设备安装工程、通信电源设备安装工程、通信管道工程		2.2

g. 夜间施工增加费

$$夜间施工增加费＝人工费×夜间施工增加费费率$$

其中的夜间施工增加费费率如表 4-10 所示。

表 4-10　夜间施工增加费费率表

工程名称	计算基础	费率/(%)
通信设备安装工程	人工费	2.1
通信线路工程(城区部分)、通信管道工程		2.5

注:此项费用不考虑施工时段,均按相应费率计取。

h. 冬雨季施工增加费

冬雨季施工增加费＝人工费×冬雨季施工增加费费率

其中的冬雨季施工增加费费率如表 4-11 所示,冬雨季施工地区分类如表 4-12 所示。

表 4-11　冬雨季施工增加费费率表

工程名称	计算基础	费率/(%)		
		Ⅰ	Ⅱ	Ⅲ
通信设备安装工程(室外部分)	人工费	3.6	2.5	1.8
通信线路工程、通信管道工程				

注:此项费用不分施工所处季节,均按相应费率计取;如工程跨越多个地区分类档,按高档计取该项费用;线路工程室内部分不计取该项费用。

表 4-12　冬雨季施工地区分类表

地区分类	省、自治区、直辖市名称
Ⅰ	黑龙江、青海、新疆、西藏、辽宁、内蒙古、吉林、甘肃
Ⅱ	陕西、广东、广西、海南、浙江、福建、四川、宁夏、云南
Ⅲ	其他地区

i. 生产工具用具使用费

生产工具用具使用费＝人工费×生产工具用具使用费费率

其中的生产工具用具使用费费率如表 4-13 所示。

表 4-13　生产工具用具使用费费率表

工程名称	计算基础	费率/(%)
通信设备安装工程	人工费	0.8
通信线路工程、通信管道工程		1.5

j. 施工用水、电、蒸气费

信息通信建设工程依照施工工艺要求按实计列施工用水、电、蒸气费。

k. 特殊地区施工增加费

特殊地区施工增加费＝特殊地区补贴金额×总工日

特殊地区分类及补贴如表 4-14 所示。

表 4-14　特殊地区分类及补贴表

地区分类	补贴金额/(元·工日⁻¹)
高海拔地区 4 000 m(包括 4 000 m)以下	8.00
高海拔地区 4 000 m 以上	25.00
原始森林、沙漠、化工、核工业、山区无人值守站	17.00

注:如工程所在地同时存在上述多种情况,按高档计取该项费用。

l. 已完工程及设备保护费

已完工程及设备保护费＝人工费×已完工程及设备保护费费率

其中的已完工程及设备保护费费率如表 4-15 所示。

表 4-15　已完工程及设备保护费费率表

工程专业	计算基础	费率/(%)
通信线路工程	人工费	2.0
通信管道工程		1.8
无线通信设备安装工程		1.5
有线通信及电源设备安装工程(室外部分)		1.8

m. 运土费

运土费＝工程量(吨·千米)×运费单价[元/(吨·千米)]

工程量由设计按实计列,运费单价按工程所在地运价计算。

n. 施工队伍调遣费

施工队伍调遣费按调遣费定额计算。施工现场与企业的距离在 35 km 以内时,不计取此项费用。

施工队伍调遣费＝单程调遣费定额×调遣人数×2

施工队伍单程调遣费定额如表 4-16 所示,调遣人数见表 4-17 的规定。

表 4-16　施工队伍单程调遣费定额表

调遣里程 L/km	调遣费/元	调遣里程 L/km	调遣费/元
35<L≤100	141	1 800<L≤2 000	675
100<L≤200	174	2 000<L≤2 400	746
200<L≤400	240	2 400<L≤2 800	918
400<L≤600	295	2 800<L≤3 200	979
600<L≤800	356	3 200<L≤3 600	1 040
800<L≤1 000	372	3 600<L≤4 000	1 203
1 000<L≤1 200	417	4 000<L≤4 400	1 271
1 200<L≤1 400	565	L>4 400 km 时,每增加 200 km 增加调遣费	48
1 400<L≤1 600	598		
1 600<L≤1 800	634		

注:调遣里程依据铁路里程计算,铁路无法到达的里程部分,依据公路、水路里程计算。

表 4-17 施工队伍调遣人数定额表

工　程	概(预)算技工总工日	调遣人数/人
通信设备安装工程	500 工日以下	5
	1 000 工日以下	10
	2 000 工日以下	17
	3 000 工日以下	24
	4 000 工日以下	30
	5 000 工日以下	35
	5 000 工日以上,每增加 1 000 工日增加调遣人数	3
通信线路工程、通信管道工程	500 工日以下	5
	1 000 工日以下	10
	2 000 工日以下	17
	3 000 工日以下	24
	4 000 工日以下	30
	5 000 工日以下	35
	6 000 工日以下	40
	7 000 工日以下	45
	8 000 工日以下	50
	9 000 工日以下	55
	10 000 工日以下	60
	15 000 工日以下	80
	20 000 工日以下	95
	25 000 工日以下	105
	30 000 工日以下	120
	30 000 工日以上,每增加 5 000 工日增加调遣人数	3

o. 大型施工机械调遣费

大型施工机械调遣费＝2×调遣用车运价×调遣运距

大型施工机械调遣吨位如表 4-18 所示,调遣用车吨位及运价如表 4-19 所示。

表 4-18 大型施工机械调遣吨位表

机械名称	吨　位	机械名称	吨　位
光缆接续车	4 t	水下光(电)缆沟挖冲机	6 t
光(电)缆拖车	5 t	液压顶管机	5 t
微管微缆气吹设备	6 t	微控钻孔敷管设备	25 t 以下
气流敷设吹缆设备	8 t	微控钻孔敷管设备	25 t 以上

表 4-19　调遣用车吨位及运价表

名　称	吨位/t	运价/(元·千米⁻¹)	
		单程运输距离≤1 000 km	单程运输距离>1 000 km
工程机械运输车	5	10.8	7.2
工程机械运输车	8	13.7	9.1
工程机械运输车	15	17.8	12.5

2）间接费

间接费包括规费与企业管理费两项内容。

① 规费

a. 工程排污费：根据施工所在地政府部门相关规定确定。

b. 社会保障费：

$$社会保障费＝人工费×相关费率$$

c. 住房公积金：

$$住房公积金＝人工费×相关费率$$

d. 危险作业意外伤害保险费：

$$危险作业意外伤害保险费＝人工费×相关费率$$

其中的相关费率如表 4-20 所示。

表 4-20　规费费率表

费用名称	工程名称	计算基础	费率/(%)
社会保障费	各类通信工程	人工费	28.50
住房公积金			4.19
危险作业意外伤害保险费			1.00

② 企业管理费

$$企业管理费＝人工费×企业管理费费率$$

其中的企业管理费费率如表 4-21 所示。

表 4-21　企业管理费费率表

工程专业	计算基础	费率/(%)
各类通信工程	人工费	27.4

3）利润

$$利润＝人工费×利润费率$$

其中的利润费率如表 4-22 所示。

表 4-22　利润费率表

工程专业	计算基础	费率/(%)
各类通信工程	人工费	20.0

4）销项税额

销项税额＝（人工费＋乙供主材费＋辅材费＋机械使用费＋仪表使用费＋

措施项目费＋规费＋企业管理费＋利润）×11％＋甲供主材费（税前）×

适应税率（一般为 17％）

注：甲供主材适应税率为材料采购税率，乙供主材指建筑服务方提供的材料。

（2）设备、工器具购置费

设备、工器具购置费＝设备原价＋运杂费＋运输保险费＋采购及保管费＋采购代理服务费

① 设备原价为供应价或供货地点价。

② 运杂费＝设备原价×设备运杂费费率。其中的设备运杂费费率如表 4-23 所示。

表 4-23　设备运杂费费率表

运输里程 L/km	取费基础	费率/(%)	运输里程 L/km	取费基础	费率/(%)
$L \leqslant 100$	设备原价	0.8	$1\,000 < L \leqslant 1\,250$	设备原价	2.0
$100 < L \leqslant 200$	设备原价	0.9	$1\,250 < L \leqslant 1\,500$	设备原价	2.2
$200 < L \leqslant 300$	设备原价	1.0	$1\,500 < L \leqslant 1\,750$	设备原价	2.4
$300 < L \leqslant 400$	设备原价	1.1	$1\,750 < L \leqslant 2\,000$	设备原价	2.6
$400 < L \leqslant 500$	设备原价	1.2	$L > 2\,000$ 时，每增 250 km 增加的费率	设备原价	0.1
$500 < L \leqslant 750$	设备原价	1.5			
$750 < L \leqslant 1\,000$	设备原价	1.7			

③ 运输保险费＝设备原价×保险费费率（0.4%）。

④ 采购及保管费＝设备原价×采购及保管费费率。其中的采购及保管费费率如表 4-24 所示。

表 4-24　采购及保管费费率表

项目名称	计算基础	费率/(%)
需要安装的设备	设备原价	0.82
不需要安装的设备（仪表、工器具）		0.41

⑤ 采购代理服务费按实计列。

⑥ 进口设备（材料）的国外运输费、国外运输保险费、关税、增值税、外贸手续费、银行财务费、国内运杂费、国内运输保险费、引进设备（材料）国内检验费、海关监管手续费等按引进货价计算后计入相应的设备材料费中。单独引进软件不计关税，只计增值税。

2．工程建设其他费

（1）建设用地及综合赔补费

① 根据应征建设用地面积、临时用地面积，按建设项目所在省、市、自治区人民政府制定颁发的土地征用补偿费标准、安置补助费标准和耕地占用税标准、城镇土地使用税标准计算。

② 建设用地上的建（构）筑物如需迁建，其迁建补偿费应按迁建补偿协议计列或按新建同类工程造价计算。

（2）建设单位管理费

建设单位管理费参照《关于印发〈基本建设财务管理规定〉的通知》（财建〔2002〕394 号，见本书附录一文件 1）和《财政部关于解释〈基本建设财务管理规定〉执行中有关问题的通知》（财建〔2003〕724 号，见本书附录一文件 2）的规定执行，且应符合建设单位管理费总额控制数费率表 4-25 的规定。

表 4-25　建设单位管理费总额控制数费率表

工程总概算/万元	费率/（%）	计算举例	
		工程总概算/万元	建设单位管理费/万元
≤1 000	1.5	1 000	1 000×1.5%＝15
>1 000～5 000	1.2	5 000	15＋（5 000－1 000）×1.2%＝63
>5 000～10 000	1.0	10 000	63＋（10 000－5 000）×1.0%＝113
>10 000～50 000	0.8	50 000	113＋（50 000－10 000）×0.8%＝433
>50 000～100 000	0.5	100 000	433＋（100 000－50 000）×0.5%＝683
>100 000～200 000	0.2	200 000	683＋（200 000－100 000）×0.2%＝883
>200 000	0.1	280 000	883＋（280 000－200 000）×0.1%＝963

如建设项目采用工程总承包方式，其总包管理费由建设单位与总包单位根据总包工作范围在合同中商定，从建设单位管理费中列支。

（3）可行性研究费

可行性研究费参照《国家计委关于印发〈建设项目前期工作咨询收费暂行规定〉的通知》（计价格〔1999〕1283 号，见本书附录一文件 3）的规定执行。

（4）研究试验费

① 根据建设项目研究试验内容和要求进行编制。

② 研究试验费不包括以下项目：

a. 应由科技三项费用（即新产品试制费、中间试验费和重要科学研究补助费）开支的项目；

b. 应在建筑安装费用中列支的施工企业对材料、构件进行一般鉴定、检查所发生的费用及技术革新的研究试验费；

c. 应由勘察设计费或工程费中开支的项目。

（5）勘察设计费

勘察设计费参照《国家计委、建设部关于发布〈工程勘察设计收费管理规定〉的通知》（计价格〔2002〕10 号）的规定执行，详见本书 4.3.2 节和 4.3.3 节。根据《国家发展改革委关于进一步放开建设项目专业服务价格的通知》（发改价格〔2015〕299 号）文件的要求，建设工程监理费收费实行市场调节价。

（6）环境影响评价费

环境影响评价费参照《国家计委、环境保护部关于规范环境影响咨询收费有关问题的通知》（计价格〔2002〕125 号，见本书附录一文件 5）的规定执行。

（7）建设工程监理费

建设工程监理费参照《国家发展改革委、建设部关于印发〈建设工程监理与相关服务收费管理规定〉的通知》（发改价格〔2007〕670 号，见本书附录一文件 6）进行计算。

根据《国家发展改革委关于进一步放开建设项目专业服务价格的通知》（发改价格〔2015〕299 号）文件的要求，建设工程监理费收费实行市场调节价。

【例 4-1】 某卫星地球站位于华北地区，C 波段上行系统改造工程总概算投资为 900 万元，税前建筑安装工程费为 350 万元，税前设备购置费为 210 万元。监理范围包括监控机房、功放室及天馈线工程。发包人委托监理人对该建设工程项目进行施工阶段的监理服务，请计算工程监理费。

解：

$$施工监理服务收费基准价＝施工监理服务收费基价×专业调整系数×$$
$$工程复杂程度调整系数×高程调整系数$$

① 计算施工监理服务收费计费额

a. 工程概算投资额＝建筑安装工程费＋设备购置费＋联合试运转费＝350＋210＋0＝560.00 万元。

b. 确定设备购置费和联合试运转费占工程概算投资额的比例：(设备购置费＋联合试运转费)/工程概算投资额＝(210＋0)/560＝37.5%＜40%。

c. 确定施工监理服务收费的计费额：由于设备购置费和联合试运转费占工程概算投资额的比例未达到 40%，故施工监理服务收费计费额＝建筑安装工程费＋设备购置费＋联合试运转费＝350＋210＋0＝560.00 万元。

② 计算施工监理服务收费基价

根据内插法有：

$$施工监理服务收费基价＝16.5＋(30.1－16.5)/(1\,000－500)×(560－500)＝18.132\ 万元$$

③ 确定相关调整系数

查《国家发展改革委、建设部关于印发〈建设工程监理与相关服务收费管理规定〉的通知》(附录一文件 6)可知，广播电视工程专业调整系数为 1.0；地球站工程复杂程度属于 Ⅱ 级，工程复杂程度调整系数为 1.0；该建设工程项目所处位置海拔高程小于 2\,001 m，所以高程调整系数为 1.0。

④ 计算施工监理服务收费基准价

$$施工监理服务收费基准价＝施工监理服务收费基价×专业调整系数×$$
$$工程复杂程度调整系数×高程调整系数$$
$$＝18.132×1.0×1.0×1.0＝18.132\ 万元$$

结论：该建设工程项目的施工监理服务收费基准价为 18.132 万元。若该建设工程项目属于依法必须实行监理的，监理人和发包人应在此基础上，在上下 20% 浮动范围内，协商确定该建设工程项目的施工监理服务收费合同额。(注：根据发改价格〔2015〕299 号文件的规定，可不受 20% 限制，已完全市场化。)

【例 4-2】 某高原地区(海拔 3\,650 m)布放光缆 46 条公里，折合 3\,370 芯公里。工程概算 350 万元，其中，税前建筑安装工程费为 230 万元，税前设备购置费和税前联合试运转费未列。发包人委托监理人对该建设工程项目进行施工阶段的监理服务。试确定施工监理服务收费额。

解：

$$施工监理服务收费基准价＝施工监理服务收费基价×专业调整系数×$$
$$工程复杂程度调整系数×高程调整系数$$

① 确定工程概算投资额

因本工程未列设备购置费、联合试运转费，因此，工程概算投资额就等于税前建筑安装工程费，即 230 万元。

② 确定施工监理服务收费的计费额

$$施工监理服务收费计费额＝税前建筑安装工程费＝230.00 万元$$

③ 计算施工监理服务收费基价

根据发改价格〔2007〕670 号文件，计费额在 500 万元以下，未包括在附录二文件 6 的附表二中，其收费基价由双方协商确定。经双方协商，该工程按 5% 计取施工监理服务收费基价：施工监理服务收费基价＝230×5%＝11.50 万元。

④ 确定相关调整系数

查本书附录一可知，电信工程专业调整系数为 1.0；电信工程复杂程度属于 Ⅱ 级，工程复杂程度调整系数取 1.0；该工程项目所处位置海拔高程 3 650 m，高程调整系数为 1.3。

⑤ 计算施工监理服务收费基准价

$$施工监理服务收费基准价＝施工监理服务收费基价×专业调整系数×$$
$$工程复杂程度调整系数×高程调整系数$$
$$＝11.5×1.0×1.0×1.3＝14.95 万元$$

结论：该建设工程项目的施工监理服务收费基准价为 14.95 万元。若该建设工程项目属于依法必须实行监理的，监理人和发包人应在此基础上，根据本标准规定，在上下 20% 浮动范围内，确定该建设工程项目的施工监理服务收费合同额。（注：根据发改价格〔2015〕299 号文件的规定，可不受 20% 限制，已完全市场化。）

【例 4-3】　某市通信运营商安装数据交换设备工程（海拔高程 65 m），工程概算 2 800 万元，其中，税前建筑安装工程费 840 万元，税前设备购置费 1 960 万元，税前联合试运转费未列。发包人委托监理人对该建设工程进行施工阶段的监理服务。试确定施工监理服务收费额。

解：

$$施工监理服务收费基准价＝施工监理服务收费基价×专业调整系数×$$
$$工程复杂程度调整系数×高程调整系数$$

① 计算施工监理服务收费计费额

a. 工程概算投资额＝建筑安装工程费＋设备购置费＋联合试运转费＝840＋1 960＋0＝2 800.00 万元。

b. 确定设备购置费和联合试运转费占工程概算投资额的比例：（设备购置费＋联合试运转费）/工程概算投资额＝（1 960＋0）/2 800＝70.0%＞40%。

c. 确定施工监理服务收费的计费额：由于设备购置费和联合试运转费占工程概算投资额的比例超过了 40%，则施工监理服务收费计费额应按如下方式确定。

若该建设工程项目的设备购置费和联合试运转费按 40% 的比例计入计费额，则：

$$施工监理服务收费计费额＝建筑安装工程费＋（设备购置费＋联合试运转费）×40\%$$
$$＝840＋（1 960＋0）×40\% \tag{1}$$
$$＝1 624.00 万元$$

若建设工程项目 B 的建筑安装工程费与该建设工程项目相同，而设备购置费和联合试运转费等于工程概算投资额的 40%，则：

$$B 项目的施工监理服务收费计费额＝建筑安装工程费/（1－40\%）$$
$$＝840/（1－40\%） \tag{2}$$
$$＝1 400.00 万元$$

从以上计算可以看出,该建设工程项目按(1)式计算出的计费额大于项目 B 的计费额,符合收费标准 1.0.8 条(附录一文件 6)的规定,故取 1 624.00 万元为该建设工程项目的施工监理服务收费计费额。

② 计算施工监理服务收费基价

根据内插法有:

施工监理服务收费基价＝30.1＋(78.1－30.1)/(3 000－1 000)×(1 624－1 000)
＝45.076 万元

③ 确定相关系数

查本书附录一可知,电信工程专业调整系数为 1.0;电信工程复杂程度属于Ⅱ级,工程复杂程度调整系数为 1.0;该建设工程项目所处位置海拔高程小于 2 001 m,所以高程调整系数为 1.0。

④ 计算施工监理服务收费基准价

施工监理服务收费基准价＝45.076×1.0×1.0×1.0＝45.076 万元

该建设工程项目的施工监理服务收费基准价为 45.076 万元。若该建设工程项目属于依法必须实行监理的,监理人和发包人应在此基础上,在上下 20% 浮动范围内,协商确定该建设工程项目的施工监理服务收费合同额。(注:根据发改价格〔2015〕299 号文件的规定,可不受 20%限制,已完全市场化。)

(8) 安全生产费

安全生产费参照《财政部 安全监管总局关于印发〈企业安全生产费用提取和使用管理办法〉的通知》(财企〔2012〕16 号)的规定执行。安全生产费按税前建筑安装工程费的 1.5% 计取。

(9) 引进技术及进口设备其他费

① 引进项目图纸资料翻译复制费:根据引进项目的具体情况计列或按引进设备到岸价的比例估列。

② 出国人员费用:依据合同规定的出国人次、期限和费用标准计算。生活费及制装费按照财政部、外交部规定的现行标准计算,旅费按中国民用航空局公布的国际航线票价计算。

③ 来华人员费用:应依据引进合同有关条款规定计算。引进合同价款中已包括的费用内容不得重复计算。来华人员接待费用可按每人次费用指标计算。

④ 银行担保及承诺费:应按担保或承诺协议计取。

(10) 工程保险费

① 不投保的工程不计取此项费用。

② 不同的建设项目可根据工程特点选择投保险种,根据投保合同计列保险费用。

(11) 工程招标代理费

工程招标代理费参照《招标代理服务收费管理暂行办法》(计价格〔2002〕1980 号)和《国家发展改革委办公厅关于招标代理服务收费有关问题的通知》(发改办价格〔2003〕857 号)的规定执行。

(12) 专利及专有技术使用费

① 按专利使用许可协议和专有技术使用合同的规定计列。

② 专有技术的界定应以省、部级鉴定机构的批准为依据。

③ 项目投资中只计取需要在建设期支付的专利及专有技术使用费。协议或合同规定在

生产期支付的使用费应在成本中核算。

（13）其他费用

其他费用根据工程实际计列。

（14）生产准备及开办费

新建项目按设计定员为基数计算，改扩建项目按新增设计定员为基数计算：

$$生产准备费＝设计定员×生产准备费指标（元/人）$$

其中，生产准备费指标由投资企业自行测算。

3. 预备费

$$预备费＝（工程费＋工程建设其他费）×预备费费率$$

其中的预备费费率如表 4-26 所示。

表 4-26 预备费费率表

工程名称	计算基础	费率/（%）
通信设备安装工程	工程费＋工程建设其他费	3.0
通信线路工程		4.0
通信管道工程		5.0

4. 建设期投资贷款利息

建设期投资贷款利息按银行当期利率计算。

为了方便大家准确掌握费用定额中的相关要求，我们将费用定额中涉及的相关文件列成表 4-27，部分文件的具体内容请参见本书附录一。

表 4-27 通信工程费用定额中涉及的文件列表

序　号	文件编号	文件名称	关联费用
1	财建〔2002〕394 号 财建〔2003〕724 号	《关于印发〈基本建设财务管理规定〉的通知》 《财政部关于解释〈基本建设财务管理规定〉执行中有关问题的通知》	建设单位管理费
2	计价格〔1999〕1283 号	《国家计委关于印发〈建设项目前期工作咨询收费暂行规定〉的通知》	可行性研究费
3	计价格〔2002〕10 号	《国家计委、建设部关于发布〈工程勘察设计收费管理规定〉的通知》	勘察设计费
4	计投资〔1999〕1340 号	《国家计委关于加强对基本建设大中型项目概算中"价差预备费"管理有关问题的通知》	价差预备费
5	计价格〔2002〕125 号	《国家计委、环境保护部关于规范环境影响咨询收费有关问题的通知》	环境影响评价费
6	发改价格〔2007〕670 号	《国家发展改革委、建设部关于印发〈建设工程监理与相关服务收费管理规定〉的通知》	建设工程监理费
7	工信厅通〔2009〕22 号	《关于停止计列通信建设工程质量监督费和工程定额测定费的通知》	工程质量监督费 工程定额测定费
8	发改价格〔2015〕299 号	《国家发展改革委关于进一步放开建设项目专业服务价格的通知》	可行性研究费、环境影响评价费、建设工程监理费、勘察设计费、工程招标代理费

4.3 信息通信建设工程勘察设计收费标准

4.3.1 工程勘察设计收费管理规定

本节内容摘自《国家计委、建设部关于发布〈工程勘察设计收费管理规定〉的通知》(计价格〔2002〕10号)文件。

工程勘察设计收费管理规定

第一条 为了规范工程勘察设计收费行为,维护发包人、勘察人和设计人的合法权益,根据《中华人民共和国价格法》以及有关法律、法规,特制定本规定及《工程勘察收费标准》和《工程设计收费标准》。

第二条 本规定及《工程勘察收费标准》和《工程设计收费标准》,适应于中华人民共和国境内建设项目的工程勘察和工程设计收费。

第三条 工程勘察设计的发包与承包应当遵循公开、公平、公正、自愿和诚实信用的原则。依据《中华人民共和国招标投标法》和《建设工程勘察设计管理条例》,发包人有权自主选择勘察人、设计人,勘察人、设计人自主决定是否接受委托。

第四条 发包人和勘察人、设计人应当遵守国家有关价格法律、法规的规定,维护正常的价格秩序,接受政府价格主管部门的监督、管理。

第五条 工程勘察和工程设计收费根据建设项目投资额的不同情况,分别实行政府指导价和市场调节价。建设项目总投资估算额500万元及以上的工程勘察和工程设计收费实行政府指导价;500万元以下的实行市场调节价。

第六条 实行政府指导价的工程勘察和工程设计费,其基准价根据《工程勘察收费标准》或者《工程设计收费标准》计算,除本规定第七条另有规定者外,浮动幅度为上下20%。发包人和勘察人、设计人应当根据建设项目的实际情况在规定的浮动幅度内协商确定收费额。实行市场调节价的工程勘察和工程设计费,由发包人和勘察人、设计人协商确定收费额。

第七条 工程勘察和工程设计收费,应当体现优质优价的原则。工程勘察和工程设计费实行政府指导价的,凡在工程勘察设计中采用新技术、新工艺、新设备、新材料,有利于提高建设项目经济效益、环境效益和社会效益的,发包人和勘察人、设计人可以在上浮25%的幅度内协商确定收费额。

第八条 勘察人和设计人应当按照《关于商品和服务实行明码标价的规定》,告知发包人有关服务项目、服务内容、服务质量、收费依据,以及收费标准。

第九条 工程勘察和工程设计费的金额以及支付方式,由发包人和勘察人、设计人在《工程勘察合同》或者《工程设计合同》中约定。

第十条　勘察人或者设计人提供的勘察设计文件或者设计文件,应当符合国家规定的工程技术质量标准,满足合同约定的内容、质量等要求。

第十一条　由于发包人原因造成工程勘察、工程设计工作量增加或者工程勘察现场停工、窝工的,发包人应当向勘察人、设计人支付相应的工程勘察费或者工程设计费。

第十二条　工程勘察或者工程设计质量达不到本规定第十条规定的,勘察人或设计人应当返工。由于返工增加工作量的,发包人不另支付费用。由于勘察人或设计人工作失误给发包人造成经济损失的,应当按照合同约定承担赔偿责任。

第十三条　勘察人、设计人不得欺骗发包人或者与发包人互相串通,以增加工程勘察工作量或者提高工程设计标准等方式,多收工程勘察费或者工程设计费。

第十四条　违反本规定和国家有关价格法律、法规规定的,由政府价格主管部门依据《中华人民共和国价格法》《价格违法行为行政处罚规定》予以处罚。

第十五条　本规定及所附《工程勘察收费标准》和《工程设计收费标准》,由国家发展计划委员会负责解释。

第十六条　本规定自 2002 年 3 月 1 日起施行。

4.3.2　信息通信建设工程勘察收费基价及计算办法

1. 工程勘察收费总则

① 工程勘察收费是指勘察人根据发包人的委托,收集已有资料,现场踏勘,制订勘察纲要,进行测绘、勘探、取样、试验、测试、检测、监测等勘察作业,以及编制工程勘察文件和岩土工程设计文件等收取的费用。

② 工程勘察收费标准分为通用工程勘察收费标准和专业工程勘察收费标准。

a. 通用工程勘察收费标准适用于工程测量、岩土工程勘察、岩土工程设计与检测监测、水文地质勘察、工程水文气象勘察、工程物探、室内试验等工程勘察的收费。

b. 专业工程勘察收费标准分别适用于煤炭、水利水电、电力、长输管道、铁路、公路、通信、海洋工程等工程勘察的收费。专业工程勘察中的一些项目可以执行通用工程勘察收费标准。

③ 通用工程勘察收费采取实物工作量定额计费方法计算,由实物工作收费和技术工作收费两部分组成。专业工程勘察收费方法和标准,分别在《工程勘察收费标准》煤炭、水利水电、电力、长输管道、铁路、公路、通信、海洋工程等章节中规定。

④ 通用工程勘察收费按照下列公式计算:

工程勘察收费＝工程勘察收费基准价×(1±浮动幅度值)

工程勘察收费基准价＝工程勘察实物工作收费＋工程勘察技术工作收费

工程勘察实物工作收费＝工程勘察实物工作收费基价×实物工作量×附加调整系数

工程勘察技术工作收费＝工程勘察实物工作收费×技术工作收费比例

⑤ 工程勘察收费基准价是按照工程勘察收费标准计算出的工程勘察基准收费额,发包人和勘察人可以根据实际情况在规定的浮动幅度内协商确定工程勘察收费合同额。

⑥ 工程勘察实物工作收费基价是完成每单位工程勘察实物工作内容的基本价格。工程勘察实物工作收费基价在《工程勘察收费标准》相关章节的"实物工作收费基价表"中查找确定。

⑦ 实物工作量由勘察人按照工程勘察规范、规程的规定和勘察作业实际情况在勘察纲要中提出,经发包人同意后,在工程勘察合同中约定。

⑧ 附加调整系数是对工程勘察的自然条件、作业内容和复杂程度差异进行调整的系数。附加调整系数分别列于《工程勘察收费标准》总则和各章节中。附加调整系数为两个或者两个以上的,附加调整系数不能连乘。将各附加调整系数相加,减去附加调整系数的个数,加上定值1,作为附加调整系数值。

⑨ 在气温(以当地气象台、站的气象报告为准)大于等于 35 ℃或者小于等于−10 ℃条件下进行勘察作业时,气温附加调整系数为 1.2。

⑩ 在海拔高程超过 2 000 m 地区进行工程勘察作业时,高程附加调整系数如下:

a. 海拔高程 2 000～3 000 m 为 1.1;

b. 海拔高程 3 001～3 500 m 为 1.2;

c. 海拔高程 3 501～4 000 m 为 1.3;

d. 海拔高程 4 001 m 以上的,高程附加调整系数由发包人与勘察人协商确定。

⑪ 建设项目工程勘察由两个或者两个以上勘察人承担的,其中对建设项目工程勘察合理性和整体性负责的勘察人,按照该建设项目工程勘察收费基准价的 5%加收主体勘察协调费。

⑫ 工程勘察收费基准价不包括以下费用:办理工程勘察相关许可,以及购买有关资料费;拆除障碍物,开挖以及修复地下管线费;修通至作业现场道路,接通电源、水源以及平整场地费;勘察材料以及加工费;水上作业用船、排、平台以及水监费;勘察作业大型机具搬运费;青苗、树木以及水域养殖物赔偿费等。发生以上费用的,由发包人另行支付。

⑬ 工程勘察组日、台班收费基价如下:

a. 工程测量、岩土工程验槽、检测监测、工程物探 1 000 元/组日;

b. 岩土工程勘察 1 360 元/台班;

c. 水文地质勘察 1 680 元/台班。

⑭ 勘察人提供工程勘察文件的标准份数为 4 份。发包人要求增加勘察文件份数的,由发包人另行支付印制勘察文件工本费。

⑮《工程勘察收费标准》不包括本节"1. 工程勘察收费总则"的①以外的其他服务收费。其他服务收费,国家有收费规定的,按照规定执行;国家没有收费规定的,由发包人与勘察人协商确定。

2. 信息通信管道及光(电)缆线路工程勘察收费基价

信息通信管道及光(电)缆线路工程勘察收费基价如表 4-28 所示。

表 4-28　信息通信管道及光(电)缆线路工程勘察收费基价

序　号	项　目		计费单位	收费基价/元	内插值/元
1	通信管道	$L \leqslant 0.2$	km	1 000	起价
		$0.2 < L \leqslant 1.0$		1 000	3 200
		$1.0 < L \leqslant 3.0$		3 560	2 733
		$3.0 < L \leqslant 5.0$		9 026	1 867
		$5.0 < L \leqslant 10.0$		12 760	1 467
		$10.0 < L \leqslant 50.0$		20 095	1 200
		$L > 50.0$		68 095	933
2	埋式光(电)缆线路、长途架空光(电)缆线路	$L \leqslant 1.0$	km	2 500	起价
		$1.0 < L \leqslant 50.0$		2 500	1 140
		$50.0 < L \leqslant 200.0$		58 360	990
		$200.0 < L \leqslant 1 000.0$		206 860	900
		$L > 1 000.0$		926 860	830
3	管道光(电)缆线路、市内架空光(电)缆线路	$L \leqslant 1.0$	km	2 000	起价
		$1.0 < L \leqslant 10.0$		2 000	1 530
		$10.0 < L \leqslant 50.0$		15 770	1 130
		$L > 50.0$		60 970	1 000
4	水底光(电)缆线路	$L \leqslant 1.0$	km	3 130	起价
		$1.0 < L \leqslant 5.0$		3 130	2 470
		$5.0 < L \leqslant 20.0$		13 010	2 000
		$L > 20.0$		43 010	1 800
5	海底光(电)缆线路	$L \leqslant 5.0$	km	8 500	起价
		$5.0 < L \leqslant 20.0$		8 500	1 500
		$20.0 < L \leqslant 50.0$		3 100	1 370
		$50.0 < L \leqslant 100.0$		72 100	1 300
		$L > 100.0$		137 100	1 170

注:① 本表按照内插法计算收费;

　　② 通信工程勘察的坑深均按照地面以下 3 m 以内计,超过 3 m 的收费另议;

　　③ 通信管道穿越桥、河及铁路的,穿越部分附加调整系数为 1.2;

　　④ 长途架空光(电)缆线路工程利用原有杆路架设光(电)缆的,附加调整系数为 0.8。

3. 微波、卫星及移动通信设备安装工程勘察收费基价

微波、卫星及移动通信设备安装工程勘察收费基价如表 4-29 所示。

表 4-29 微波、卫星及移动通信设备安装工程勘察收费基价

序 号	项 目		计费单位	收费基价/元
1	微波站	容量 16×2 Mbit/s 以下	站	4 250
		其他容量		6 500
2	卫星通信(微波设备安装)站	Ⅰ、Ⅱ类站	站	30 000
		Ⅲ、Ⅳ类站		12 000
		单收站		4 000
		VSAT 中心站		12 000
3	移动通信基站	全向、三扇区、六扇区	站	4 250

注:① 寻呼基站工程勘察费按照移动通信基站计算收费;
② 微蜂窝基站工程勘察费按照移动通信基站的 80%计算收费。

4. 勘察费计算方法及举例

(1)管道及线路工程

① 计算公式(内插法)

$$收费额＝基价＋内插值×相应差值$$

其中:

a. 基价,根据已知工程量查表得到,如 8 km 通信管道勘察,8 km 在 5.0 km＜L≤10.0 km 范围内,应以 5 km 为起点,基价为 12 760 元;

b. 内插值,为与已知工程量相对应的内插值,如 8 km 通信管道的内插值为 1 467 元;

c. 相应差值,已知工程量减去基价所对应的值,如 8 km 通信管道的相应差值为 8 km－5 km＝3 km。

② 举例

【例 4-4】 某通信管道勘察,线路长 8 km,试确定工程勘察收费额。

解:

a. 确定收费基价:查表 4-28,8 km 通信管道工程勘察工作量在 5.0 km＜L≤10 km 范围内,其基价为 12 760 元。

b. 确定内插值:在表 4-28 中可直接查到对应内插值为 1 467 元。

c. 计算 8 km 通信管道工程勘察收费基价:工程勘察收费基价＝收费基价＋内插值×(实际工程量－基价对应工程量)＝12 760＋1 467×(8－5)＝17 161 元。

d. 确定收费额:该建设项目工程勘察收费基价为 17 161 元,勘察人与发包人在此基础上,在上下 20%的浮动幅度内,协商确定该项工程勘察收费合同额。

【例 4-5】 敷设 500 km 长途架空光缆线路工程,其中 400 km 新建杆路和 100 km 利用原有杆路(即利旧),试确定工程勘察收费额。

解:

a. 计算新建 500 km 长途架空线路的工程勘察费:查表 4-28 得,工程勘察收费＝206 860＋900×(500－200)＝476 860 元。

b. 新建杆路部分占线路全长的比例为 4/5,利旧部分为 1/5,由表 4-28 的注④得知利旧部分的附加调整系数为 0.8。

c. 计算该工程勘察收费基价:工程勘察收费基价＝(476 860×4/5)＋(476 860×1/5×0.8)≈457 786 元。

d. 确定收费额:该建设项目工程勘察收费基价为 457 786 元,勘察人与发包人在此基础上,在上下 20%的浮动幅度内,协商确定该项工程勘察收费合同额。

③ 关于内插值中的起价

小于起价栏所对应的工程量的勘察收费均为起价栏内所对应的收费基价。例如:0.1 km 在 $L \leq 0.2$ km 范围内,0.1 km 通信管道勘察收费为 $L \leq 0.2$ km 所对应的勘察收费,为 1 000 元;同理 0.02 km 的通信管道勘察收费也是 1 000 元。

(2) 设计文件中勘察费的计算

① 线路及管道工程

一阶段设计:勘察费＝[基价＋内插值×相应差值]×80%。

二阶段设计:初步设计勘察费＝[基价＋内插值×相应差值]×40%;施工图设计勘察费＝[基价＋内插值×相应差值]×60%。

② 微波、卫星及移动通信设备安装工程

一阶段设计:勘察费＝基价×80%。

二阶段设计:初步设计勘察费＝基价×60%;施工图设计勘察费＝基价×40%,且勘察费总和需计列在初步设计概算内。

4.3.3 信息通信建设工程设计收费基价及计算办法

1. 工程设计收费总则

① 工程设计收费是指设计人根据发包人的委托,提供编制建设项目初步设计文件、施工图设计文件、非标准设备设计文件、施工图预算文件、竣工图文件等服务所收取的费用。

② 工程设计收费采取按照建设项目单项工程概算投资额分档定额计费方法计算收费。

③ 工程设计收费按照下列公式计算:

工程设计收费＝工程设计收费基准价×(1±浮动幅度值)

工程设计收费基准价＝基本设计收费＋其他设计收费

基本设计收费＝工程设计收费基价×专业调整系数×工程复杂程度调整系数×附加调整系数

④ 工程设计收费基准价是按照《工程设计收费标准》计算出的工程设计基准收费额。发包人和设计人根据实际情况,在规定的浮动幅度内协商确定工程设计收费合同额。

⑤ 基本设计收费是指在工程设计中提供编制初步设计文件、施工图设计文件收取的费用,并相应提供设计技术交底,解决施工中的设计技术问题,参加试车考核和竣工验收等服务。

⑥ 其他设计收费是指根据工程设计实际需要或者发包人要求提供相关服务收取的费用,包括总体设计费、主体设计协调费、采用标准设计和复用设计费、非标准设备设计文件编制费、施工图预算编制费、竣工图编制费等。

⑦ 工程设计收费基价是完成基本服务的价格。工程设计收费基价在《工程设计收费标准》的"工程设计收费基价表"中查找确定,计费额处于两个数值区间的,采用直线内插法确定工程设计收费基价。

⑧ 工程设计收费计费额为经过批准的建设项目初步设计概算中的建筑安装工程费、设备

与工器具购置费和联合试运转费之和。

工程中有利用原有设备的,以签订工程设计合同时同类设备的当期价格作为工程设计收费的计费额;工程中有缓配设备,但按照合同要求以既配设备进行工程设计并达到设备安装和工艺条件的,以既配设备的当期价格作为工程设计收费的计费额;工程中有引进设备的,按照购进设备的离岸价折换成人民币作为工程设计收费的计费额。

⑨ 工程设计收费标准的调整系数包括专业调整系数、工程复杂程度调整系数和附加调整系数。

a. 专业调整系数是对不同专业建设项目的工程设计复杂程度和工作量差异进行调整的系数。计算工程设计收费时,专业调整系数在《工程设计收费标准》的"工程设计收费专业调整系数表"中查找确定。

b. 工程复杂程度调整系数是对同一专业不同建设项目的工程设计复杂程度和工作量差异进行调整的系数。工程复杂程度分为一般、较复杂和复杂 3 个等级,其调整系数分别为:一般(Ⅰ级),0.85;较复杂(Ⅱ级),1.0;复杂(Ⅲ级),1.15。计算工程设计收费时,工程复杂程度在《工程设计收费标准》的"工程复杂程度表"中查找确定。

c. 附加调整系数是对专业调整系数和工程复杂程度调整系数尚不能调整的因素进行补充调整的系数。附加调整系数为两个或两个以上的,附加调整系数不能连乘。将各附加调整系数相加,减去附加调整系数的个数,加上定值 1,作为附加调整系数值。

⑩ 非标准设备设计收费按照下列公式计算:

$$非标准设备设计费 = 非标准设备计费额 \times 非标准设备设计费费率$$

非标准设备计费额为非标准设备的初步设计概算。非标准设备设计费费率在《工程设计收费标准》的"非标准设备设计费费率表"中查找确定。

⑪ 单独委托工艺设计、土建以及公用工程设计、初步设计、施工图设计的,按照其占基本服务设计工作量的比例计算工程设计收费。

⑫ 改扩建和技术改造建设项目,附加调整系数为 1.1~1.4,根据工程设计复杂程度确定适当的附加调整系数,计算工程设计收费。

⑬ 初步设计之前,根据技术标准的规定或者发包人的要求,需要编制总体设计的,按照该建设项目基本设计收费的 5% 加收总体设计费。

⑭ 建设项目工程设计由两个或者两个以上设计人承担的,其中对建设项目工程设计合理性和整体性负责的设计人,按照该建设项目基本设计收费的 5% 加收主体设计协调费。

⑮ 工程设计中采用标准设计或者复用设计的,按照同类新建项目基本设计收费的 30% 计算收费;需要重新进行基础设计的,按照同类新建项目基本设计收费的 40% 计算收费;需要对原设计做局部修改的,由发包人和设计人根据设计工作量协商确定工程设计收费。

⑯ 编制工程施工图预算的,按照该建设项目基本设计收费的 10% 收取施工图预算编制费;编制工程竣工图的,按照该建设项目基本设计收费的 8% 收取竣工图编制费。

⑰ 工程设计中采用设计人自有专利或者专有技术的,其专利和专有技术收费由发包人与设计人协商确定。

⑱ 工程设计中的引进技术需要境内设计人配合设计的,或者需要按照境外设计程序和技术质量要求由境内设计人进行设计的,工程设计收费由发包人与设计人根据实际发生的设计

工作量,参照本标准协商确定。

⑲ 由境外设计人提供设计文件,需要境内设计人按照国家标准规范审核并签署确认意见的,按照国际对等原则或者实际发生的工作量,协商确定审核确认费。

⑳ 设计人提供设计文件的标准份数,初步设计、总体设计分别为 10 份,施工图设计、非标准设备设计、施工图预算、竣工图分别为 8 份。发包人要求增加设计文件份数的,由发包人另行支付印制设计文件工本费。工程设计中需要购买标准设计图的,由发包人支付购图费。

㉑《工程设计收费标准》不包括本节"1. 工程设计收费总则"的①以外的其他服务收费。其他服务收费,国家有收费规定的,按照规定执行;国家没有收费规定的,由发包人与设计人协商确定。

2. 基价

信息通信建设工程设计收费基价如表 4-30 所示。

表 4-30　信息通信建设工程设计收费基价

单位:万元

序　号	计费额/元	收费基价/元	内插值/元
1	200	9.0	起价
2	500	20.9	0.039 7
3	1 000	38.8	0.035 8
4	3 000	103.8	0.032 5
5	5 000	163.9	0.030 1
6	8 000	249.6	0.028 6
7	10 000	304.8	0.027 6
8	20 000	566.8	0.026 2
9	40 000	1 054.0	0.024 4
10	60 000	1 515.2	0.023 1
11	80 000	1 960.1	0.022 2
12	100 000	2 393.4	0.021 7
13	200 000	4 450.8	0.020 6
14	400 000	8 276.7	0.019 1
15	600 000	11 897.5	0.018 0
16	800 000	15 391.4	0.016 9
17	1 000 000	18 793.8	0.015 2
18	2 000 000	34 948.9	0.014 1

注:计费额>2 000 000 万元的,以计费额乘以 1.6% 的收费率计算收费基价。

3. 计算方法及举例

(1) 计费额

① 计费额＝建筑安装工程费＋设备、工器具购置费＋联合试运转费。例如,对于通信线路的大多数工程,其计费额实际上就是建筑安装工程费(即建安费)。

② 利旧设备工程的计费额:以签订工程设计合同时同类设备的当期价格作为工程设计收

费的计费额。

③ 引进设备工程的计费额：按照购进设备的离岸价(不含关税和增值税)折换成人民币作为工程设计收费的计费额。

(2) 按设计阶段计算设计费(直线内插法)

① 一阶段设计。计费额低于200万元的设计费＝计费额×0.045；计费额大于200万元的设计费＝(基价＋内插值×相应差值)×100%。

② 二阶段设计。设计费总和需计列在初步设计概算内：设计费＝(基价＋内插值×相应差值)×100%。分配如下：初步设计的设计费＝设计费＝(基价＋内插值×相应差值)×60%，施工图设计的设计费＝设计费＝(基价＋内插值×相应差值)×40%。

本 章 小 结

① 信息通信建设单项工程项目总费用由工程费、工程建设其他费、预备费以及建设期投资贷款利息四部分组成；而工程费由建筑安装工程费和设备、工器具购置费组成；工程建设其他费则由建设用地及综合赔补费、建设单位管理费等14项费用构成。由此我们可以看到，本章为大家重点介绍了费用定额。目先机为大家详细介绍了费用总构成，大家要以图4-2为重点加以掌握。

② 各项费用的准确定义和名称是编制概预算时判断某项费用是否计取的重要知识，与计算公式一样重要，请大家认真掌握。

③ 对于勘察设计收费，目前执行的文件是计价格〔2002〕10号和发改价格〔2015〕299号文件，这两个文件将设计费与勘察费分开计列并采用基价＋内插值的直线斜率法进行计算。计价格〔2002〕10号文件有两点要提醒大家：a. 由于勘察费与设计费分开计列，所以设计单位可以委托他人或其他公司进行查勘，自己只做设计；b. 发改价格〔2015〕299号文件规定，勘察设计收费等多项费用均实行市场调节价，也就是说本书所讲的"基价＋内插值"的方法确定的是计价基础依据，具体价格是由甲乙双方在合同中协商确定的。

应 知 测 试

一、判断题

1. 人工费包括施工生产人员的基本工资、工资性补贴、辅助工资、职工福利费和劳动保护费。(   )

2. 在编制信息通信建设工程概算时，主要材料费运距均按1 500 km计算。(   )

3. 信息通信建设工程不分专业均可计取冬雨季施工增加费。(   )

4. 在海拔2 000 m以上的高原施工时，可计取特殊地区施工增加费。(   )

5. 利润是指按规定应计入建筑安装工程造价中的施工单位必须获取的利润。(   )

6. 施工队伍调遣费、大型施工机械调遣费和运土费是建筑安装工程费的组成部分。(   )

7. 在编制通信工程概预算时，工程质量监督费包含在建设单位管理费中。(   )

8. 直接工程费就是直接费。(   )

9. 凡是施工图设计的预算都应计列预备费。（　　）

10. 工程所在地施工企业基地为 30 km 比距离为 25 km 的施工队伍调遣费要多。（　　）

11. 通信线路工程都应计列工程干扰费。（　　）

12. 夜间施工增加费只有必须在夜间施工的工程才计列。（　　）

13. 凡是通信线路工程都应计列冬雨季施工增加费。（　　）

14. 计算销项税额时,乙供主材和甲供主材的税率是一样的。（　　）

15. 施工图预算需要修改时,应由设计单位修改,由建设单位报主管部门审批。（　　）

16. 信息通信建设工程计费依据中的人工费,包含着技工费和普工费。（　　）

17. 措施项目费是指为完成工程项目施工,发生于该工程前和施工过程中非工程实体项目的费用。（　　）

18. 施工队伍调遣费是指因建设工程的需要,应支付施工队伍的调遣费用。无论本地网还是长途网的信息通信建设工程均应计取该项费用。（　　）

19. 环境影响评价费,除大功率无线发射站外,其他信息通信建设工程一般不发生。（　　）

20. 工程质量监督费是指建设单位委托工程监理单位实施工程监理的费用。（　　）

二、单选题

1. 在编制概预算时（　　）作为运营费处理。

A. 生产准备费、维护用工器具购置费

B. 研究试验费、供电贴费

C. 赔补费、新技术培训费

D. 仪器仪表使用费、建设单位管理费

2. 设备购置费是指（　　）。

A. 设备采购时的实际成交价

B. 设备采购和安装的费用之和

C. 设备在工地仓库出库之前所发生的费用之和

D. 设备在运抵工地之前发生的费用之和

3. 下列选项中（　　）不包括在材料预算价格中。

A. 材料原价　　　　　　　　　B. 材料包装费

C. 材料采购及保管费　　　　　D. 工地器材搬运费

4. 下列选项中,不应归入措施项目费中的是（　　）。

A. 临时设施费　　　　　　　　B. 特殊地区施工增加费

C. 建设单位管理费　　　　　　D. 工程车辆使用费

5. 工程干扰费是指通信线路工程在市区施工受到（　　）所需采取的安全措施及降效补偿的费用。

A. 工程对外界的干扰　　　　　B. 相互干扰

C. 外界对施工的干扰　　　　　D. 电磁干扰

6. 某通信线路工程在位于海拔 2 000 m 以上的原始森林地区进行室外施工,如果根据工程量统计的工日为 1 000 工日,海拔 2 000 m 以上和原始森林调整系数分别为 1.13 和 1.3,则总工日应为（　　）。

A. 1 130   B. 1 469   C. 2 430   D. 1 300

7. 编制竣工图纸和资料所发生的费用已含在（　　　）中。

A. 工程点交、场地清理费   B. 企业管理费

C. 现场管理费   D. 建设单位管理费

8. 依照费用定额的规定，下列费用中不能作为销项税额计费基础的是（　　　）。

A. 直接费   B. 利旧光缆   C. 间接费   D. 利润

9. 下列选项中不属于间接费的是（　　　）。

A. 财务费   B. 职工养老保险费

C. 企业管理人员工资   D. 生产人员工资

10. 工程监理费应在（　　　）中单独计列。

A. 工程建设其他费   B. 建设单位管理费

C. 工程质量监督费   D. 建筑安装工程费

三、多选题

1. 下列不属于直接费的是（　　　）。

A. 直接工程费   B. 安全生产费   C. 措施费   D. 财务费

2. 建设项目静态投资应计入（　　　）。

A. 设备购置费   B. 建筑安装工程费

C. 基本预备费   D. 工程造价调整预备费

3. 计算器材运杂费时材料按光缆、电缆、塑料及塑料制品、木材及木制品、（　　　）各类分别计算。

A. 电线   B. 地方材料

C. 水泥及水泥制品   D. 其他

4. 机械使用费包括大修理费、经常维修费、安拆费、燃料动力费、（　　　）等。

A. 机械调遣费   B. 包装费

C. 养路费及车船使用税   D. 折旧费

5. 措施项目费中含有（　　　）。

A. 冬雨季施工增加费   B. 工程干扰费

C. 新技术培训费   D. 仪器仪表使用费

6. 对概预算进行修改时，如果需要安装的设备费有所增加，那么对（　　　）产生影响。

A. 建筑安装工程费   B. 工程建设其他费

C. 预备费   D. 运营费

7. 预备费包括（　　　）等。

A. 一般自然灾害造成工程损失和预防自然灾害所采取措施的费用

B. 竣工验收时为鉴定工程质量对隐蔽工程进行必要的挖掘和修复的费用

C. 旧设备拆除费用

D. 割接费

8. 夜间施工增加费是为确保工程顺利实施，需要在夜间施工而增加的费用，下列可以计取夜间施工增加费的工作内容有（　　　）。

A. 敷设管道　　　　　　　　　　B. 通信设备的联调

C. 城区开挖路面　　　　　　　　D. 赶工期

9. 临时设施费主要内容包括临时设施的(　　)拆除费和摊销费。

A. 搭设　　　　B. 维修　　　　C. 租用　　　　D. 材料

10. 下列费用中属于建设单位管理费的是(　　)。

A. 可行性研究费　　　　　　　　B. 差旅交通费

C. 印花税　　　　　　　　　　　D. 固定资产使用费

11. 下列选项中与计划利润计算有关的是(　　)。

A. 工程类别　　B. 计划利润率　　C. 人工费　　D. 施工企业资质等级

12. 工程建设其他费包括(　　)等内容。

A. 勘察设计费　　　　　　　　　B. 施工队伍调遣费

C. 企业管理费　　　　　　　　　D. 建设单位管理费

13. 下列选项中属于建设用地及综合赔补费的是(　　)。

A. 征地费　　　B. 耕地占用税　　C. 安置补助费　　D. 土地清理费

14. 直接费由(　　)构成。

A. 直接工程费　　B. 间接工程费　　C. 预备费　　D. 措施项目费

15. 工程费由(　　)构成。

A. 建筑安装工程费　　　　　　　B. 设备、工器具购置费

C. 工程建设其他费　　　　　　　D. 预备费

16. 间接费由(　　)构成。

A. 规费　　　B. 企业管理费　　C. 机械使用费　　D. 仪表使用费

17. 下列属于仪表使用费的是(　　)。

A. 折旧费　　　B. 修理费　　　C. 人工费　　　D. 年检费

18. 规费包括(　　)。

A. 工程排污费　　　　　　　　　B. 社会保障费

C. 住房公积金　　　　　　　　　D. 危险作业意外伤害保险

19. 下列费用中,在计取通信线路工程销项税额时必须核减的是(　　)。

A. 利旧通信电缆　　　　　　　　B. 直接工程费

C. 工程建设其他费　　　　　　　D. 利旧通信光缆

20. 下列预备费中属于费用定额定义的预备费的是(　　)。

A. 工伤预备费　　B. 基本预备费　　C. 价差预备费　　D. 材料预备费

四、数字题

1. 请将表 4-31 补充完整。

表 4-31　材料采购及保管费费率表

工程名称	计算基础	费率/(%)
通信设备安装工程		
通信线路工程		
通信管道工程		

2. 通信设备工程预备费费率一般为(　　)。

A. 2.0%　　　　B. 2.5%　　　　C. 3.0%　　　　D. 3.5%

3. 通信建设工程定额用于扩建工程时,其人工工时系数按(　　)计取。

A. 1.0　　　　B. 1.1　　　　C. 1.2　　　　D. 1.3

4. 在通信设备工程中,线缆桥架安装为双层时,按相应定额的(　　)倍计取。

A. 1　　　　B. 1.5　　　　C. 2　　　　D. 3

5. 在有线通信工程中,仅安装总配线架铁架时,按相应定额的(　　)计取相应子目人工定额。

A. 0.6　　　　B. 0.7　　　　C. 0.8　　　　D. 0.9

6. 甲供主材的销项税税率一般按(　　)计取。

A. 6%　　　　B. 11%　　　　C. 17%　　　　D. 3%

7. 安全生产费按税前建筑安装工程费的(　　)计取。

A. 0.8%　　　　B. 1.0%　　　　C. 1.2%　　　　D. 1.5%

8. 建设单位管理费在工程总概算 1000 万元以下时,费率应按(　　)计取。

A. 0.8%　　　　B. 1.0%　　　　C. 1.2%　　　　D. 1.5%

9. 施工队伍调遣费的计算与施工现场距企业的距离有关,一般在(　　)以内时可以不计取此项费用。

A. 35 km　　　　B. 200 km　　　　C. 400 km　　　　D. 600 km

10. 在通信设备安装工程中,施工队伍调遣人数在概预算技工总工日 1 000 工日以下时,调遣人数应为(　　)人。

A. 5　　　　B. 10　　　　C. 17　　　　D. 24

11. 数字分配架是按标准机柜宽度考虑的,若为超宽机柜,按人工定额乘以系数(　　)计算。

A. 0.9　　　　B. 1.1　　　　C. 1.2　　　　D. 1.3

12.《信息通信建设工程费用定额》规定,在编制概算时,运杂费的计取,除水泥及水泥制品外,其他类型的材料运输距离按(　　)计算。

A. 200 km　　　　B. 500 km　　　　C. 1 000 km　　　　D. 1 500 km

13.《信息通信建设工程费用定额》规定,工程材料在计算运输保险费时,保险费费率取(　　)。

A. 0.1%　　　　B. 0.2%　　　　C. 0.3%　　　　D. 0.4%

14.《信息通信建设工程费用定额》规定,对于通信设备安装工程中的需要安装的设备,采购及保管费费率取(　　)。

A. 0.82%　　　　B. 1.0%　　　　C. 1.1%　　　　D. 3.0%

15.《信息通信建设工程费用定额》规定,对有线通信设备安装工程,辅助材料费费率计取(　　)。

A. 0.3%　　　　B. 0.5%　　　　C. 3.0%　　　　D. 5.0%

16.《信息通信建设工程费用定额》规定,对无线通信设备安装工程,文明施工费费率计取(　　)。

　　A. 1.0%　　　　　B. 1.1%　　　　　C. 1.4%　　　　　D. 1.5%

17.《信息通信建设工程费用定额》规定,对通信设备安装工程,工地器材搬运费费率计取(　　)。

　　A. 1.1%　　　　　B. 1.6%　　　　　C. 2.0%　　　　　D. 5.0%

18.《信息通信建设工程费用定额》规定,在通信设备安装工程中,在距离≤35 km 时临时设施费费率计取(　　)。

　　A. 2.6%　　　　　B. 6.1%　　　　　C. 3.8%　　　　　D. 12.0%

19.《信息通信建设工程费用定额》规定,施工队伍调遣里程超过 35 km,但是不超过 100 km 时,单程调遣费为(　　)元。

　　A. 106　　　　　B. 141　　　　　C. 212　　　　　D. 302

20. 通信电源设备安装工程预算定额在用于拆除交直流电源设备、不间断电源设备及配套装置(不需入库)工程时,拆除工程人工系数为(　　)。

　　A. 0.4　　　　　B. 0.50　　　　　C. 0.55　　　　　D. 1.0

五、综合题

1. 已知通信管道的勘察收费基价如表 4-32 所示,求:① 长为 4.8 km 的通信管道工程的一阶段设计的勘察收费基价;② 长为 5 km 的通信管道工程的二阶段设计的施工图设计勘察收费基价。

表 4-32　通信管道的勘察收费基价

项　　目		计费单位	收费基价/元	内插值/元
通信管道	3.0<L≤5.0	km	9 026	1 867
	5.0<L≤10.0		12 760	1 467

2. 已知通信线路工程设计收费基价如表 4-33 所示,若某通信线路工程的计费额为 668 万元,且为一阶段设计,问该工程的设计收费基价为多少?

表 4-33　通信线路工程设计收费基价

计费额/万元	收费基价/万元	内插值/万元
500	20.9	0.039 7
1 000	38.8	0.035 8

3. 请将图 4-3 括号中的内容补充完整。

4. 请将图 4-4 括号中的内容补充完整。

5. 已知某一通信线路单项工程材料费的预算价格是 100.3 万元,试求该项工程的主要材料费和辅助材料费各为多少。

6. 按照下面所提供的已知条件计算给定工程的下列费用:①人工费;②直接费;③直接工程费;④工程建设其他费;⑤建安费;⑥利润。

　　工程已知条件:

　　① 本工程为"×××市新建光缆线路工程";

　　② 工程中的机械为 5 t 汽车起重机和 5 t 载重汽车挂拖车(吨位为 8 t),台班单价请参见本书第 3 章相关内容;

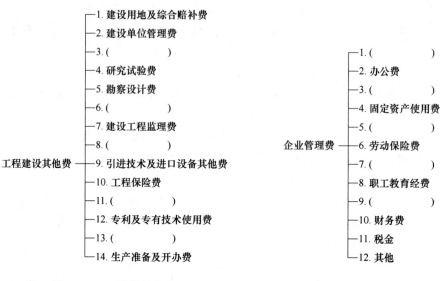

图 4-3　工程建设其他费　　　　　　　图 4-4　企业管理费

③ 本工程施工地点在城区,建设单位为××市电信分公司,不购买工程保险;

④ 施工企业距施工所在地 400 km,水泥及水泥制品、塑料及塑料制品运距为 300 km,其他为 800 km;

⑤ 施工用水、电、蒸气费为 3 000 元;

⑥ 建设用地及综合赔偿费为 30 000 元;

⑦ 工程招标代理服务费为 10 000 元;

⑧ 工程建设其他费中,不计取可行性研究费、研究试验费、环境影响评价费、生产准备费、引进技术和引进设备其他费以及专利及专有技术使用费。

本工程主要工程量表及主要材料表分别如表 4-34 和表 4-35 所示。

表 4-34　本工程主要工程量表

序　号	项目名称	单　位	数　量
1	挖夯填光缆沟(普通土)	m³	90
2	立 8.5 m 水泥电杆(综合土)	根	5
3	机械敷设通道光缆(24 芯)	千米条	3.00
4	敷设墙壁吊挂式光缆(12 芯)	百米条	0.800
5	拆除架空自承式光缆(8 芯)	千米条	0.700
6	光缆接续	头	5.00

注:本工程其他工程量用工,技工 240 工日,普工 270 工日。

表 4-35　本工程主要材料表

序　号	材料名称	单　位	数　量	出厂单价/元
1	通信光缆(24 芯)	m	3 045.00	2.00
2	通信光缆(12 芯)	m	80.56	1.60
3	8.5 m 水泥电杆	根	5.01	168.40

注:其他主要材料费预算价格为 25 558.86 元。

应会技能训练

1. 名称

通信单项工程工程量统计和费用计算。

2. 实训目的

学会通过通信工程设计图纸统计工程量的方法,掌握概预算编制中费用定额规定的各项费用计取技能。

3. 实训器材或条件

给定的施工图纸如图 4-5 所示(或教师另行选定图纸)。

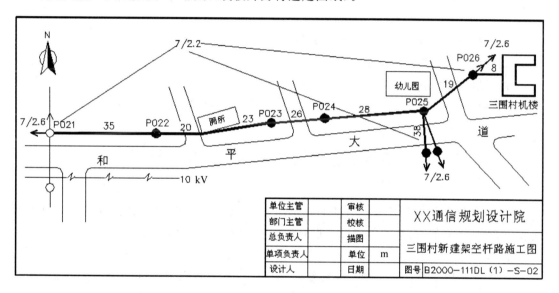

图 4-5　第 4 章课后技能训练图纸

4. 实训内容

请根据图 4-5 完成以下工作。

① 准确确定工作项目并统计工程量。

② 根据费用定额计算下列费用值:人工费、材料费、机械使用费、措施项目费、利润、销项税额、(税后)建筑安装工程费。

第5章　概预算文件的组成及编制实例详解

概预算文件是我们前述所学各章内容的灵活运用和实际体现,也是我们最终要看到的结果,前面学习的4章内容都是为了在这一章中的运用,那就是编制标准的概预算文件,显然,它是我们学习这门课程的具体技能体现,所以毫无疑问本章是全书的重中之重。

本章将重点为大家介绍以下内容:

① 国家职能部门颁布的通信工程概预算编制规程;

② 概预算文件的组成和编制程序;

③ 各通信工程专业编制实例详解。

其中 各编制实例的编制过程和方法是大家学习的重点内容。

5.1　信息通信建设工程概预算编制规程

由《工业和信息化部关于印发信息通信建设工程预算定额、工程费用定额及工程概预算编制规程的通知》下发的《信息通信建设工程概预算编制规程》部分内容如下。

1. 总则

① 本规程适用于信息通信建设项目新建和扩建工程的概算、预算的编制;改建工程可参照使用。

信息通信建设项目涉及土建工程时(铁塔基础施工工程除外),应按各地区有关部门编制的土建工程的相关标准编制工程概算、预算。

② 信息通信建设工程概算、预算应包括从筹建到竣工验收所需的全部费用,其具体内容、计算方法、计算规则应依据现行信息通信建设工程定额及其他有关计价依据进行编制。

③ 概算、预算的编制和审核以及从事信息通信工程造价的相关工作人员必须熟练掌握《信息通信建设工程预算定额》等文件。通信主管部门应通过信息化手段加强对从事概算、预算编制及工程造价从业人员的监督管理。

2. 设计概算、施工图预算的编制

① 信息通信建设工程概算、预算的编制,应按相应的设计阶段进行。当建设项目采用两阶段设计时,初步设计阶段编制设计概算,施工图设计阶段编制施工图预算。采用一阶段设计时,应编制施工图预算,并计列预备费、建设期利息等费用。建设项目按三阶段设计时,在技术设计阶段编制修正概算。

信息通信建设工程概算、预算应按单项工程编制。单项工程项目划分见表5-1。

表 5-1　信息通信建设单项工程项目划分表

专业类别		单项工程名称	备　注
电源设备安装工程		××电源设备安装工程(包括专用高压供电线路工程)	
有线通信设备安装工程	传输设备安装工程	××数字复用设备及光、电设备安装工程	
	交换设备安装工程	××通信交换设备安装工程	
	数据通信设备安装工程	××数据通信设备安装工程	
	视频监控设备安装工程	××视频监控设备安装工程	
无线通信设备安装工程	微波通信设备安装工程	××微波通信设备安装工程(包括天线、馈线)	
	卫星通信设备安装工程	××地球站通信设备安装工程(包括天线、馈线)	
	移动通信设备安装工程	1．××移动控制中心设备安装工程 2．基站设备安装工程(包括天线、馈线) 3．分布系统设备安装工程	
	铁塔安装工程	××铁塔安装工程	
通信线路工程		1．××光、电缆线路工程 2．××水底光、电缆工程(包括水线房建筑及设备安装) 3．××用户线路工程(包括主干及配线光、电缆，交接及配线设备,集线器,杆路等) 4．××综合布线系统工程 5．××光纤到户工程	进局及中继光(电)缆工程可按每个城市作为一个单项工程
通信管道工程		××路(××段)、××小区通信管道工程	

②　设计概算是初步设计文件的重要组成部分。编制设计概算应在投资估算的范围内进行。

施工图预算是施工图设计文件的重要组成部分。编制施工图预算应在批准的设计概算范围内进行。对于一阶段设计,编制施工图预算应在投资估算的范围内进行。

③　设计概算的编制依据:

a．批准的可行性研究报告;

b．初步设计图纸及有关资料;

c．国家相关管理部门发布的有关法律、法规、标准规范;

d．《信息通信建设工程预算定额》(目前通信工程用预算定额代替概算定额编制概算)、《信息通信建设工程费用定额》及其有关文件;

e．建设项目所在地政府发布的土地征用和赔补费等有关规定;

f．有关合同、协议等。

④　施工图预算的编制依据:

a．批准的初步设计概算或可行性研究报告及有关文件;

b．施工图、标准图、通用图及其编制说明;

c．国家相关管理部门发布的有关法律、法规、标准规范;

d．《信息通信建设工程预算定额》《信息通信建设工程费用定额》及其有关文件;

e．建设项目所在地政府发布的土地征用和赔补费用等有关规定;

f．有关合同、协议等。

⑤ 设计概算由编制说明和概算表组成。

a. 编制说明包括的内容。

➢ 工程概况、概算总价值。

➢ 编制依据及采用的取费标准和计算方法的说明。

➢ 工程技术经济指标分析：主要分析各项投资的比例和费用构成，分析投资情况，说明设计的经济合理性及编制中存在的问题。

➢ 其他需要说明的问题。

b. 概算表（见本书 5.2 节）。

⑥ 施工图预算由编制说明和预算表组成。

a. 编制说明包括的内容：

➢ 工程概况、预算总价值；

➢ 编制依据及采用的取费标准和计算方法的说明；

➢ 工程技术经济指标分析；

➢ 其他需要说明的问题。

b. 预算表（见本书 5.2 节）。

⑦ 设计概算、施工图预算的编制应按下列程序进行：

a. 收集资料，熟悉图纸；

b. 计算工程量；

c. 套用定额，选用价格；

d. 计算各项费用；

e. 复核；

f. 写编制说明；

g. 审核出版。

⑧ 进口设备工程的概算、预算除应包括本规程和费用定额规定的费用外，还应包括关税等国家规定应计取的其他费用，其计取标准和办法应参照相关部门的规定。外币表现形式可用美元或进口国货币。编制表格还应包括：进口器材概算、预算表〔见 5.2.2 节的（表四）乙〕、进口设备工程建设其他费概算、预算表〔见 5.2.2 节的（表五）乙〕。

5.2　概预算文件的组成

概预算文件由编制说明和概预算表格组成。

5.2.1　编制说明

1. 编制说明的内容

① 工程概况。说明工程项目的规模、用途、概（预）算总价值、产品品种、生产能力、公用工程及项目外工程的主要情况等。

② 编制依据。主要说明编制时所依据的技术和经济文件、各种定额、材料和设备价格、地

方政府有关主管部门未作统一规定的费用计算依据和说明。

③ 投资分析。主要说明各项投资的比例及与类似工程投资额的比较,分析投资额高低的原因、工程设计的经济合理性、技术的先进性及其适宜性等。

④ 其他需要说明的问题。如建设项目的特殊条件和特殊问题,需要上级主管部门和有关部门帮助解决的其他有关问题等。

2. 编制说明举例

这里以一个一阶段设计预算编制为例进行说明。

(1) 概述

本预算为《2017 年中国电信广东省汕头市上海远东证券客户接入工程一阶段设计》预算,工程投资预算值为 19 843 元。

(2) 编制依据

① 《工业和信息化部关于印发信息通信建设工程预算定额、工程费用定额及工程概预算编制规程的通知》(工信部通信〔2016〕451 号)。

② 《信息通信建设工程预算定额》第四册通信线路工程。

③ 《国家计委、建设部关于发布〈工程勘察设计收费管理规定〉的通知》(计价格〔2002〕10号)。

④ 中国电信(集团)有限公司文件,粤通管〔2009〕92 号,《关于发布通信工程建设监理费计费标准规定(试行)的通知》。

⑤ 中国电信(集团)有限公司汕头市分公司工程设计委托书,委托号为:DXWT20160026。

⑥ 中国电信(集团)有限公司汕头市分公司提供的《中国电信(集团)有限公司汕头市分公司接入网点工程规范书》。

⑦ 中国电信(集团)有限公司汕头市分公司提供的材料报价。

(3) 相关费率的取定

① 预备费费率:4%。

② (表五)相关费用的计算:

$$勘察费 = [2\ 000 + (测量长度 - 1) \times 1\ 530] \times 0.8 \times 0.7$$
$$设计费 = (标准建筑安装工程费 + 设备费) \times 4.5\% \times 0.75 \times 0.7(折扣系数)$$
$$施工监理费 = 工程费 \times 4.0\% \times 0.8$$

(4) 技术经济指标分析

技术经济指标分析见表 5-2。

表 5-2　技术经济指标分析表

序　号	项　目		单　位	技术经济分析	
				数　量	指　标
1	总投资		元	19 843	100.00%
2	工程费		元	14 899	75.08%
2.1	其中	1. 建筑安装工程费	元	5 395	27.18%
2.2		2. 设备费	元	9 504	47.89%
3	预备费		元	769	3.87%
4	工程建设其他费		元	4 175	21.04%

续 表

序 号	项 目		单 位	技术经济分析	
				数 量	指 标
4.1	其中	1. 勘察设计费	元	1 497	7.54%
4.2		2. 监理费	元	493	2.48%
4.3		3. 质量监督费	元	23	0.11%
4.4		4. 建设单位管理费	元	162	0.82%
4.5		5. 赔补费	元	2 000	10.1%
5	光缆皮长公里		公里	1.098	
6	光缆芯公里		公里	8.784	
7	单位造价		元/芯公里	2 259	

5.2.2　概预算表格及填写方法

信息通信建设工程概预算表格统一使用下面 6 种(全套共 10 个)表格。表格填写总说明如下。

① 本套表格供编制工程项目概算或预算使用,各类表格的标题中的"____"应根据编制阶段明确填写"概"或"预"。

② 本套表格的表首填写具体项目或单项工程的相关内容。

③ 本套表格中的"增值税"栏目中的数值,均为建设方应支付的进项税额。在计算乙供主材时,表四中的"增值税"及"含税价"栏可不填写。

④ 本套表格的编码规则见表 5-3 和表 5-4。

表 5-3　表格编码表

表格名称		表格编号
汇总表		专业代码-总
表一		专业代码-1
表二		专业代码-2
表三	表三甲	专业代码-3 甲
	表三乙	专业代码-3 乙
	表三丙	专业代码-3 丙
表四甲	主要材料表	专业代码-4 甲 A
	需要安装的设备表	专业代码-4 甲 B
	不需要安装的设备、仪表、工器具表	专业代码-4 甲 C
表四乙	主要材料表	专业代码-4 乙 A
	需要安装的设备表	专业代码-4 乙 B
	不需要安装的设备、仪表、工器具表	专业代码-4 乙 C
表五	表五甲	专业代码-5 甲
	表五乙	专业代码-5 乙

表 5-4　专业代码编码表

专业名称	专业代码
通信电源设备安装工程	TSD
有线通信设备安装工程	TSY
无线通信设备安装工程	TSW
通信线路工程	TXL
通信管道工程	TGD

6 种表格如下。下面介绍各表的结构及填写方法。

建设项目总＿＿＿算表（汇总表）

建设项目名称：　　　　建设单位名称：　　　　表格编号：　　　　　　　　第　　页

序号	表格编号	单项工程名称	小型建筑工程费	需要安装的设备费	不需要安装的设备、工器具费	建筑安装工程费	其他费用	预备费	总价值			生产准备及开办费	
			(元)						除税价	增值税	含税价	其中外币（　）	(元)
Ⅰ	Ⅱ	Ⅲ	Ⅳ	Ⅴ	Ⅵ	Ⅶ	Ⅷ	Ⅸ	Ⅹ	Ⅺ	Ⅻ	ⅩⅢ	ⅩⅣ

设计负责人：　　　　审核：　　　　编制：　　　　编制日期：　　　年　　月

（汇总表）填写说明：① 本表供编制建设项目总概算（预算）使用，建设项目的全部费用在本表中汇总；② 第Ⅱ栏根据各单项工程相应总表（表一）编号填写；③ 第Ⅲ栏根据建设项目的各单项工程名称依次填写；④ Ⅳ—Ⅸ栏填写各单项工程概算或预算（表一）相应各栏的费用合计，费用均为除税价；⑤ 第Ⅹ栏为Ⅳ—Ⅸ栏的各项费用之和；⑥ 第Ⅺ栏填写Ⅳ—Ⅸ栏各项费用建设方应支付的进项税之和；⑦ 第Ⅻ栏填写第Ⅹ、第Ⅺ栏之和；⑧ 第ⅩⅢ栏填写以上各列费用中以外币支付的合计；⑨ 第ⅩⅣ栏填写各工程项目需单列的"生产准备及开办费"金额；⑩ 当工程有回收金额时，应在费用项目总计下列出"其中回收费用"，其金额填入第ⅩⅢ栏。此费用不冲减总费用。

工程____算总表(表一)

建设项目名称:

单项工程名称:　　　　　　　　建设单位名称:　　　　表格编号:　　　　　　第　　页

序号	表格编号	费用名称	小型建筑工程费	需要安装的设备费	不需要安装的设备、工器具费	建筑安装工程费	其他费用	预备费	总价值			
			元						除税价	增值税	含税价	其中外币(　)
I	II	III	IV	V	VI	VII	VIII	IX	X	XI	XII	XIII

设计负责人:　　　　　审核:　　　　　编制:　　　　　编制日期:　　　年　月

　　(表一)填写说明:① 本表供编制单项(单位)工程概算(预算)使用;②表首"建设项目名称"填写立项工程项目全称;③ 第Ⅱ栏填写本工程各类费用概算(预算)表格编号;④ 第Ⅲ栏填写本工程概算(预算)各类费用名称;⑤ Ⅳ—Ⅸ栏填写相应各类费用合计,费用均为除税价;⑥ 第Ⅹ栏填写Ⅳ—Ⅸ栏之和;⑦ 第Ⅺ栏填写Ⅳ—Ⅸ栏各项费用建设方应支付的进项税之和;⑧ 第Ⅻ栏填写第Ⅹ、第Ⅺ栏之和;⑨ 第ⅩⅢ栏填写本工程引进技术和设备所支付的外币总额;⑩ 当工程有回收金额时,应在费用项目总计下列出"其中回收费用",其金额填入第Ⅷ栏。此费用不冲减总费用。

建筑安装工程费用＿＿算表(表二)

单项工程名称：　　　　　　建设单位名称：　　　　　　表格编号：　　　　　　第　　页

序　号	费用名称	依据和计算方法	合计/元	序　号	费用名称	依据和计算方法	合计/元
Ⅰ	Ⅱ	Ⅲ	Ⅳ	Ⅰ	Ⅱ	Ⅲ	Ⅳ
	建安工程费(含税价)			7	夜间施工增加费		
	建安工程费(除税价)			8	冬雨季施工增加费		
一	直接费			9	生产工具用具使用费		
(一)	直接工程费			10	施工用水、电、蒸气费		
1	人工费			11	特殊地区施工增加费		
(1)	技工费			12	已完工程及设备保护费		
(2)	普工费			13	运土费		
2	材料费			14	施工队伍调遣费		
(1)	主要材料费			15	大型施工机械调遣费		
(2)	辅助材料费			二	间接费		
3	机械使用费			(一)	规费		
4	仪表使用费			1	工程排污费		
(二)	措施项目费			2	社会保障费		
1	文明施工费			3	住房公积金		
2	工地器材搬运费			4	危险作业意外伤害保险费		
3	工程干扰费			(二)	企业管理费		
4	工程点交、场地清理费			三	利润		
5	临时设施费			四	销项税额		
6	工程车辆使用费						

设计负责人：　　　　审核：　　　　编制：　　　　编制日期：　　　年　　月

(表二)填写说明：① 本表供编制建筑安装工程费使用；② 第Ⅲ栏根据《信息通信建设工程费用定额》相关规定，填写第Ⅱ栏各项费用的计算依据和方法；③ 第Ⅳ栏填写第Ⅱ栏各项费用的计算结果。

建筑安装工程量____算表(表三)甲

单项工程名称：　　　　　建设单位名称：　　　　表格编号：　　　　　　第　　页

序　号	定额编号	项目名称	单　位	数　量	单位定额值/工日		合计值/工日	
					技　工	普　工	技　工	普　工
I	II	III	IV	V	VI	VII	VIII	IX

设计负责人：　　　　审核：　　　　编制：　　　　编制日期：　　　年　　月

　　(表三)甲填写说明：①本表供编制工程量，并计算技工和普工总工日数量使用；②第Ⅱ栏根据《信息通信建设工程预算定额》，填写所套用预算定额子目的编号，若需临时估列工作内容子目，在本栏中标注"估列"两字，两项以上"估列"条目，应编列序号；③第Ⅲ、第Ⅳ栏根据《信息通信建设工程预算定额》分别填写所套定额子目的名称、单位；④第Ⅴ栏填写根据定额子目的工作内容所计算出的工程量数值；⑤第Ⅵ、第Ⅶ栏填写所套定额子目的工日单位定额值；⑥第Ⅷ栏为第Ⅴ栏与第Ⅵ栏的乘积；⑦第Ⅸ栏为第Ⅴ栏与第Ⅶ栏的乘积。

建筑安装工程机械使用费____算表(表三)乙

单项工程名称：　　　　　　建设单位名称：　　　　　表格编号：　　　　　　　　第　页

序　号	定额编号	项目名称	单　位	数　量	机械名称	单位定额值		合计值	
						消耗量/台班	单价/元	消耗量/台班	合价/元
Ⅰ	Ⅱ	Ⅲ	Ⅳ	Ⅴ	Ⅵ	Ⅶ	Ⅷ	Ⅸ	Ⅹ

设计负责人：　　　　审核：　　　　编制：　　　　编制日期：　　　年　　月

（表三）乙填写说明：①本表供计算机械使用费使用；②第Ⅱ、第Ⅲ、第Ⅳ和第Ⅴ栏分别填写所套用定额子目的编号、名称、单位，以及该子目工程量数值；③第Ⅵ、第Ⅶ栏分别填写定额子目所涉及的机械名称及此机械台班的单位定额值；④第Ⅷ栏填写根据《信息通信建设工程施工机械、仪表台班单价》查找到的相应机械台班单价值；⑤第Ⅸ栏填写第Ⅶ栏与第Ⅴ栏的乘积；⑥第Ⅹ栏填写第Ⅷ栏与第Ⅸ栏的乘积。

建筑安装工程仪器仪表使用费＿＿＿算表(表三)丙

单项工程名称：　　　　　　　建设单位名称：　　　　表格编号：　　　　　　第　　页

序　号	定额编号	项目名称	单　位	数　量	仪表名称	单位定额值		合计值	
						消耗量/台班	单价/元	消耗量/台班	合价/元
Ⅰ	Ⅱ	Ⅲ	Ⅳ	Ⅴ	Ⅵ	Ⅶ	Ⅷ	Ⅸ	Ⅹ

设计负责人：　　　　审核：　　　　编制：　　　　编制日期：　　年　　月

(表三)丙填写说明：① 本表供计算仪表费使用；② 第Ⅱ、第Ⅲ、第Ⅳ和第Ⅴ栏分别填写所套用定额子目的编号、名称、单位，以及该子目工程量数值；③ 第Ⅵ、第Ⅶ栏分别填写定额子目所涉及的仪表名称及此仪表台班的单位定额值；④ 第Ⅷ栏填写根据《信息通信建设工程施工机械、仪表台班单价》查找到的相应仪表台班单价值；⑤ 第Ⅸ栏填写第Ⅶ栏与第Ⅴ栏的乘积；⑥ 第Ⅹ栏填写第Ⅷ栏与第Ⅸ栏的乘积。

<h2 align="center">国内器材____算表(表四)甲</h2>

(　　　　)表

单项工程名称:　　　　　　建设单位名称:　　　　　　表格编号:　　　　　　　第　页

序　号	名　称	规格程式	单　位	数　量	单价/元	合计/元			备　注
					除税价	除税价	增值税	含税价	
I	II	III	IV	V	VI	VII	VIII	IX	X

设计负责人:　　　　审核:　　　　编制:　　　　编制日期:　　　年　月

(表四)甲填写说明:① 本表供编制本工程的主要材料、设备和工器具的数量和费用使用;② 本表可根据需要拆分成主要材料表,需要安装的设备表和不需要安装的设备、仪表、工器具表,表格标题下方圆括号内分别填写"主要材料""需要安装的设备"和"不需要安装的设备、仪表、工器具"字样;③第Ⅱ、第Ⅲ、第Ⅳ、第Ⅴ、第Ⅵ栏分别填写主要材料或需要安装的设备或不需要安装的设备、仪表、工器具的名称、规格程式、单位、数量、单价,第Ⅵ栏为不含税单价;④第Ⅶ栏填写第Ⅵ栏与第Ⅴ栏的乘积,第Ⅷ、第Ⅸ栏分别填写合计的增值税及含税价;⑤第Ⅹ栏填写需要说明的有关问题;⑥依次填写上述信息后还需计取小计、运杂费、运输保险费、采购及保管费、采购代理服务费、合计;⑦用于主要材料表时,应将主要材料分类后按第 6 点计取相关费用,然后进行总计。

进口器材____算表(表四)乙

( )表

单项工程名称: 建设单位名称: 表格编号: 第 页

序 号	中文名称	外文名称	单 位	数 量	单 价		合 价			
					外币 ( )	折合 人民币/元	外币 ( )	折合人民币/元		
						除税价		除税价	增值税	含税价
I	II	III	IV	V	VI	VII	VIII	IX	X	XI

设计负责人: 审核: 编制: 编制日期: 年 月

(表四)乙填写说明:① 本表供编制进口的主要材料、设备和工器具费使用;② 本表可根据需要拆分成主要材料表,需要安装的设备表和不需要安装的设备、仪表、工器具表,表格标题下方圆括号内分别填写"主要材料""需要安装的设备"和"不需要安装的设备、仪表、工器具"字样;③ 第Ⅵ、第Ⅶ、第Ⅷ、第Ⅸ、第Ⅹ、第Ⅺ栏分别填写对应的外币金额及折算人民币的金额,并按引进工程的有关规定填写相应费用,其他填写方法与(表四)甲基本相同。

工程建设其他费＿＿＿算表(表五)甲

单项工程名称：　　　　　　建设单位名称：　　　　　表格编号：　　　　　　　　第　　页

序　号	费用名称	计算依据及方法	金额/元			备　注
			除税价	增值税	含税价	
Ⅰ	Ⅱ	Ⅲ	Ⅳ	Ⅴ	Ⅵ	Ⅶ
1	建设用地及综合赔补费					
2	建设单位管理费					
3	可行性研究费					
4	研究试验费					
5	勘察设计费					
6	环境影响评价费					
7	建设工程监理费					
8	安全生产费					
9	引进技术及进口设备其他费					
10	工程保险费					
11	工程招标代理费					
12	专利及专有技术使用费					
13	其他费用					
	总　计					
14	生产准备及开办费(运营费)					

设计负责人：　　　　审核：　　　　编制：　　　　编制日期：　　　年　　月

（表五)甲填写说明：① 本表供编制国内工程计列的工程建设其他费使用；② 第Ⅲ栏根据《信息通信建设工程费用定额》相关费用的计算规则填写；③ 第Ⅶ栏根据需要填写补充说明的内容事项。

进口设备工程建设其他费用＿＿＿算表(表五)乙

单项工程名称:　　　　　　　　建设单位名称:　　　　表格编号:　　　　　　第　　页

序　号	费用名称	计算依据及方法	金　额				备　注
			外币（　）	折合人民/元			
				除税价	增值税	含税价	
I	II	III	IV	V	VI	VII	VIII

设计负责人:　　　　审核:　　　　编制:　　　　编制日期:　　　年　　月

（表五）乙填写说明:① 本表供编制进口设备工程计列的工程建设其他费使用;② 第III栏根据国家及主管部门的相关规定填写;③ 第IV、第V、第VI、第VII栏分别填写各项费用的外币与人民币数值;④ 第VIII栏根据需要填写补充说明的内容事项。

5.3　信息通信建设工程概预算的编制程序及实例详解

5.3.1　信息通信建设工程概预算编制流程

根据本书 5.1 节所述"2.设计概算、施工图预算的编制"的第 7 条可知,通信工程概预算编制程序如图 5-1 所示。

图 5-1　概预算编制程序

1. 收集资料,熟悉图纸

在编制概预算前,针对工程具体情况和所编概预算内容收集有关资料是动手编制概预算的前提,这些资料包括概预算定额、费用定额以及材料和设备价格等。这里特别要告诉大家的是,因为现有定额是量价分离的,也就是说,定额中只有"量",没有"价",那么"价"要到哪里去找呢? 因为我国是实行市场经济的国家,各地价格均不同,所以"价"要到市场去询,一般由各省级定额编制管理部门定期发布。

此外,要对设计图纸进行一次全面的检查,看其是否完整(尤其是与概预算编制紧密相关的数据、新旧设备等),明确设计意图,检查各部分尺寸是否有误,有无施工说明及主要工程量表。

总之,通过阅图、读图,要做到对施工流程、内容和技术要求心中有数,甚至连一些图上表达得不是十分明确的东西也要通过图例、设计说明及图纸相关要素来分析并判断清楚,才能着手概预算编制,切忌盲目动手编制。

2. 计算工程量

相关内容我们已在本书的第 3 章给大家做了详尽介绍,在此不再重复。

3. 套用定额,选用价格

工程量经复核后方可套用定额。套用定额时应核对工程内容与定额内容是否一致,以防误套。这里再一次强调,套用定额时,一定要注意两点:一是定额所描述的"工作内容"是否与所选定的"工作项目"一致;二是定额的总说明、册说明、章节说明以及定额项目表下方的"注"是套用定额的重要条件,一定要仔细看清楚。

套用定额后要选用价格,也就是到定额编制管理部门公布的价格表中查找所需要材料、设备等的价格。这里要告诉大家的是,价格有两种,一种是"原价",另一种是"预算价格",由询价表中查到的价格是"原价",不包括运杂费、运保费、采保费及采购代理服务费等费用,而"预算价格"是包括了这些费用后的价格。

4. 计算各项费用

根据工信部通信〔2016〕451 号文下发的费用定额所规定的计算规则、标准分别计算各项费用,并按照信息通信建设工程概预算表格的填写要求填写表格。这个过程中一定要特别注意工程给定的各种各样的条件及建设环境等因素,以保证"计算准确"。

5. 复核

对上述表格内容进行一次全面检查。检查所列项目、工程量、计算结果、套用定额、选用单价、取费标准以及计算数值等是否正确。

检查的顺序应按照填写表格的顺序来进行。例如,对于通信线路工程,其检查的顺序是(表三)甲→(表三)乙→(表三)丙→(表四)甲→(表五)甲→(表二)→(表一)→(汇总表)。

6. 写编制说明

复核无误后,进行对比、分析,凡概预算表格不能反映的一些事项以及编制中必须说明的问题,都应用文字表达出来,以供审批单位审查。

7. 审核出版

对编制的概预算进行审核,经领导签字后,印刷出版。

5.3.2　信息通信建设工程概预算编制填表顺序

现行信息通信建设工程概预算表格一共有 10 个,这 10 个表格的填写顺序如图 5-2 所示。

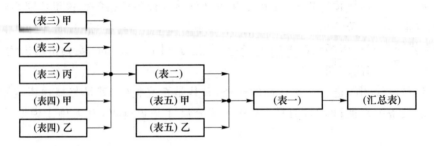

图 5-2　信息通信建设工程建设项目概(预)算表格填写顺序

需要说明的是,如果是单个单项工程,汇总表就没有,只有由多个单项工程组成一个建设项目时才会有汇总表。例如,对于通信线路工程,(表三)丙、(表四)乙及(表五)乙一般是没有的。

5.3.3　通信线路工程概预算文件编制实例详解(一)

实例名称:××学院移动通信基站中继光缆线路单项工程一阶段设计预算。

1. 已知条件

① 本设计为××学院移动通信基站中继光缆线路单项工程一阶段设计,具体图纸见图 5-3(a)和图 5-3(b)。

② 本工程建设单位为××市移动分公司,不委托监理,不购买工程保险,不实行工程招标。核心机房的 ODF 已安装完毕,本次工程的中继传输光缆只需上架成端即可。

③ 施工企业距离工程所在地 200 km,施工地点地区类别为Ⅱ类;敷设通道光缆用材视同敷设管道光缆。

④ 国内配套主材的运距为 400 km,按不需要中转(即无须采购代理)考虑。

⑤ 施工用水、电、蒸气费和综合赔补费分别按 2 000 元和 10 000 元计取。

⑥ 本工程不计取已完工程及设备保护费、运土费、工程排污费、建设期投资贷款利息、可行性研究费、研究试验费、环境影响评价费、专利及专有技术使用费和生产准备及开办费等费用。

⑦ 计算建设单位管理费时计费基础为工程费(税前)。

⑧ 要求编制一阶段设计预算,精确到小数点后两位,并撰写编制说明。

⑨ 工程中用到的部分外线工程材料原价请见表 5-5。

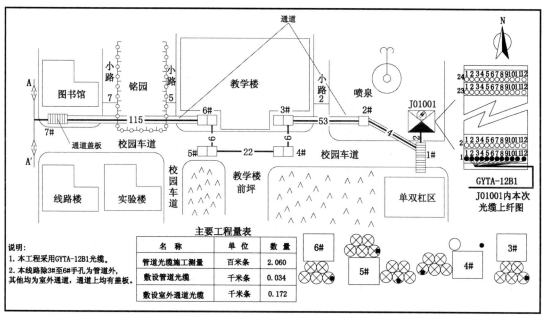

(a) ××学院移动通信基站中继光缆线路施工图槽道部分

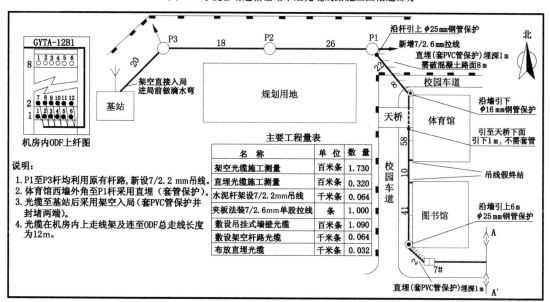

(b) ××学院移动通信基站中继光缆线路施工图架空部分

图 5-3　××学院移动通信基站中继光缆线路施工图

表 5-5 工程中主要材料价格表

材料名称		规格型号	单 位	价格/元
1. 通信光缆	层绞式光缆	GYTA-6B1	m	2.03
	层绞式光缆	GYTA-8B1	m	2.37
	层绞式光缆	GYTA-12B1	m	2.68
	层绞式光缆	GYTA-16B1	m	3.13
2. 塑料管材	波纹管	ϕ20 mm	m	3.00
	波纹管	ϕ25 mm	m	3.30
	绝缘胶板（五华）	厚 3 mm	块	6.80
	PVC 管（联生）	ϕ75 mm×3.5 mm×6 000 mm	条	50.00
	PVC 管（联生）	ϕ56 mm×3 mm×6 000 mm	条	30.00
	PVC 弯管（联生）	ϕ75 mm×3.5 mm×1 200 mm	条	9.00
	PVC 弯管（联生）	ϕ56 mm×3 mm×1 200 mm	条	6.00
	PVC 黏性胶带（五华）	20 mm×10 m	卷	1.43
	PVC 黏性胶带（五华）	40 mm×10 m	卷	2.86
	PVC 黏性胶带（五华）	20 mm×10 m	卷	2.86
	PVC 黏性胶带（五华）	40 mm×10 m	卷	4.00
	塑料保护软管		m	9.80
	聚乙烯塑管固定堵头		个	34.00
	管道电缆封堵器	GU-6	套	85.00
	封堵泥		kg	1.00
	光缆成端接头材料		套	80.00
	一体化熔接托盘		套	60.00
	固定材料		套	15.00
3. 三材（水泥、沙石、砖、钢材和木材）	水泥	C32.5	t	330.00
	水泥	＃525	t	410.00
	河沙	中粗	m³	45.00
	水泥拉线盘		套	45.00
4. 铁件	镀锌铁线	1.5 mm	kg	6.80
	镀锌铁线	3.0 mm	kg	7.73
	镀锌铁线	4.0 mm	kg	7.73
	镀锌钢绞线	7/2.2 mm	kg	9.80
	镀锌钢绞线	7/2.6 mm	kg	9.80
	人孔内电缆托板	甲 300 mm	块	7.98
	人孔内电缆托板	乙 200 mm	块	6.50
	光缆标志牌	五华	块	2.29
	标志牌（机房用）	五华	块	1.00
	ODF 单元（世纪人）	SC/FC, 12 芯	个	235.00

	材料名称	规格型号	单 位	价格/元
	ODF 单元(世纪人)	2×6 芯/单元(含尾纤、适配器)	个	337.00
	走线单元(世纪人)	3U 走线单元	个	50.00
	走线单元(世纪人)	4U 走线单元	个	60.00
	熔纤单元(世纪人)	FJX12a(窄架)	个	45.00
	光缆固定单元(世纪人)	FGB-3	套	200.00
	适配器(南京普天)	FC/UPC	只	4.30
	适配器(南京普天)	SC/UPC	只	4.10
	适配器(南京普天)	FC/APC	只	4.30
	转换适配器	FC/SC	个	35.00
	地锚铁柄	12 mm×1 800 mm	根	17.00
	地锚铁柄	14 mm×1 800 mm	根	22.00
	地锚铁柄	16 mm×1 800 mm	根	30.00
	电缆挂钩	25 mm	个	0.26
	电缆挂钩	35 mm	个	0.29
	五股衬环	12 mm	个	1.20
	七股衬环		个	1.56
	三眼单槽铁夹板	7.0 mm	块	9.00
	三眼双槽铁夹板	7.0 mm	块	11.00
4. 铁件	拉线抱箍	$D144$ mm	套	10.80
	拉线抱箍	$D164$ mm	套	14.80
	拉线抱箍	$D184$ mm	套	16.00
	拉线抱箍	$D204$ mm	套	17.80
	单吊线抱箍	$D144$ mm	套	14.50
	单吊线抱箍	$D164$ mm	套	17.00
	单吊线抱箍	$D184$ mm	套	19.50
	镀锌钢管	$\phi25$ mm×2.5 mm	m	8.00
	镀锌钢管	$\phi25$ mm×2.5 mm×2 500 mm	根	20.00
	镀锌钢管	$\phi25$ mm×2.5 mm×3 000 mm	根	24.00
	钢管卡子		副	4.50
	突出支架(五华)	P 型	套	13.00
	终端转角墙担	墙壁吊挂式光缆用	根	16.00
	U 形钢卡		副	6.00
	膨胀螺栓	M10 mm×100 mm	套	0.67
	膨胀螺栓	M12 mm×40 mm	套	0.57
	镀锌穿钉	50 mm	副	8.00
	镀锌穿钉	100 mm	副	15.00
	标志牌(五华)		块	1.00
	余缆支架		套	52.00

2. 编制详解

（1）准确统计工程量

① 图 5-3(b)的工程量统计

图 5-3(b)是在图 3-5 的基础上进行少量修改而成的，所以其主要工作项目和工程量与第 3 章的表 3-18 基本一样，只需把表中未确定的量加以确定即可，于是我们得到了图 5-3(b)的主要工程量统计表，即表 5-6。这里需要说明的内容如下。

a. 表中第 18 项的"桥架内明布光缆"的数量由图 5-3(b)的说明中可知为 0.12 百米条。

b. 表中第 4 项"挖松填光缆沟"的体积计算，因为工程施工地为校园内且只埋设 1 根保护管，所以我们采取不放坡开挖、沟深 0.8 m、沟宽 0.3 m 来进行计算，于是体积为：$0.8 \times 0.3 \times 24 = 5.76 \text{ m}^3 = 0.057\,6(100 \text{ m}^3) \approx 0.06(100 \text{ m}^3)$。

c. 与上述 b 同样的道理，我们很快得到表中第 10 项"挖夯填光缆沟"的体积为：$0.8 \times 0.3 \times 8 = 1.92 \text{ m}^3 = 0.019\,2(100 \text{ m}^3) \approx 0.02(100 \text{ m}^3)$。

将上述计算数据填入表 3-18 中就得到了表 5-6。

表 5-6　施工图 5-3(b)主要工程量统计

序　号	定额编号	项目名称	定额单位	数　量
1	TXL1-001	直埋光缆施工测量	100 m	0.22
2	TXL1-002	架空光缆施工测量	100 m	2.01
3	TXL4-033	手孔壁上开墙洞（砖砌人孔）	处	1.00
4	TXL2-001	挖松填光缆沟（普通土）	100 m³	0.06
5	TXL2-109	埋式光缆铺塑料管保护	m	22.00
6	TXL4-044	墙上安装引上钢管（ϕ50 mm 以下）	根	2.00
7	TXL4-050	穿放引上光缆	条	3.00
8	TXL4-053	架设吊线式墙壁光缆（含吊线架设）	百米条	1.10
9	TXL1-009	人工开挖混凝土路面（250 以下）	100 m²	0.11
10	TXL2-007	挖夯填光缆沟（普通土）	100 m³	0.02
11	TXL4-043	杆上安装引上钢管（ϕ50 mm 以下）	根	1.00
12	TXL2-021	城区敷设埋式光缆（36 芯以下）	千米条	0.032
13	TXL3-054	水泥杆夹板法安装 7/2.6 mm 单股拉线（综合土）	条	1.00
14	TXL3-171	城区水泥杆架设 7/2.2 mm 吊线	千米条	0.064
15	TXL3-192	城区架设架空光缆（36 芯以下）	千米条	0.064
16	TXL4-037	（在基站墙壁上）打穿楼墙洞（砖墙）	个	1.00
17	TXL4-048	进局光缆防水封堵	处	1.00
18	TXL5-074	桥架内明布光缆	百米条	0.12
19	TXL7-027	增装光纤一体化熔接托盘	套	2.00
20	TXL6-005	光缆成端接头（束状）	芯	12.00

② 图 5-3(a)的工程量统计

现在我们再来看看图 5-3(a)的工作项目和工程量统计。我们从光交接箱 J01001(利旧)处开始看:12 芯单模光缆由此出发(注意箱内光缆需上架),经过长为(2+4+53=)59 m 的通道后到达教学楼南面的通信管道 3♯双页手井处,变为管道布放,经过 4♯、5♯到达 6♯双页手井,这段管道布放的长度为(6+22+6=)34 m,然后又变成通道布放,一直到图书馆的西南角 7♯双页手井止,长度为 115 m。管道布放时光缆要套子管,手孔要抽水,同时这中间没有光缆接头。下面详细进行说明。

a. 管道光缆施工测量(TXL1-003):由于定额第四册中没有"通道光缆测量",所以把图中通道光缆施工测量均归为管道光缆施工测量,长度为 2+4+53+6+22+6+115=208 m。

b. 光缆单盘检验(TXL1-006):因为是布放光缆,所以自然有"单盘检验",此处为 12 芯盘(按单窗口测试取定)。

c. 布放光缆手孔抽水(TXL4-001):4 个(3♯、4♯、5♯、6♯)。

d. 人工敷设塑料子管(TXL4-004):1 孔,长为 34 m。

e. 敷设室外通道光缆(TXL4-011):长度为 208−34=174 m。套用定额时要特别注意 TXL4-011 的表格下方的说明"室外通道中布放光缆按本管道光缆相应子目工日的 70% 计取,光缆托板、托板垫由设计按实计列,其他主材同本定额"。

f. 敷设管道光缆(TXL4-011):定额单位为千米条,此处长度为 6+22+6=34 m=0.034 千米条。

g. J01001 处光纤上架:安装光纤连接盘(1 块),熔接法完成单模光纤连接(12 芯),制作单模光纤跳线(12 条)等与图 5-3(b)基本相同。

我们将这些工作项目和工程量统计在表 5-7 中。

表 5-7　施工图 5-3(a)主要工程量统计

序　号	定额编号	项目名称	定额单位	数　量
1	TXL1-003	管道光缆施工测量(注:定额中没有通道光缆测量)	100 m	2.08
2	TXL1-006	光缆单盘检验	芯盘	12.00
3	TXL4-001	布放光缆手孔抽水	个	4.00
4	TXL4-004	人工敷设塑料子管(1 孔)	千米	0.034
5	TXL4-011	敷设室外通道光缆	千米条	0.174
6	TXL4-011	敷设管道光缆	千米条	0.034
7	TXL6-005	光缆成端接头(束状)	芯	12.00
8	TXL6-103	用户光缆测试	段	1.00

③ 图 5-3 工程量统计

将表 5-6 和表 5-7 进行同类项合并,并将定额编号按从小到大的顺序排列,就得到图 5-3 的全部工程量,如表 5-8 所示。

表 5-8　图 5-3 全部工程量统计

序　号	定额编号	项目名称	定额单位	数　量
1	TXL1-001	直埋光缆施工测量	100 m	0.22
2	TXL1-002	架空光缆施工测量	100 m	2.01
3	TXL1-003	管道光缆施工测量(注:定额中没有通道光缆测量)	100 m	2.08
4	TXL1-006	光缆单盘检验	芯盘	12.00
5	TXL1-009	人工开挖混凝土路面(250 以下)	100 m^2	0.11
6	TXL2-001	挖松填光缆沟	100 m^3	0.06
7	TXL2-007	挖夯填光缆沟(普通土)	100 m^3	0.02
8	TXL2-021	城区敷设埋式光缆(36 芯以下)	千米条	0.032
9	TXL2-109	埋式光缆铺塑料管保护	m	22.00
10	TXL3-054	水泥杆夹板法安装 7/2.6 mm 单股拉线(综合土)	条	1.00
11	TXL3-171	城区水泥杆架设 7/2.2 mm 吊线	千米条	0.064
12	TXL3-192	城区架设架空光缆(36 芯以下)	千米条	0.064
13	TXL4-001	布放光缆手孔抽水	个	4.00
14	TXL4-004	人工敷设塑料子管(1 孔)	千米	0.034
15	TXL4-011	敷设室外通道光缆	千米条	0.174
16	TXL4-011	敷设管道光缆	千米条	0.034
17	TXL4-033	手孔壁上开墙洞(砖砌人孔)	处	1.00
18	TXL4-037	(在基站墙壁上)打穿楼墙洞(砖墙)	个	1.00
19	TXL4-043	杆上安装引上钢管(ϕ50 mm 以下)	根	1.00
20	TXL4-044	墙上安装引上钢管(ϕ50 mm 以下)	根	2.00
21	TXL4-048	进局光缆防水封堵	处	1.00
22	TXL4-050	穿放引上光缆	条	3.00
23	TXL4-053	架设吊线式墙壁光缆(含吊线架设)	百米条	1.10
24	TXL5-074	桥架内明布光缆	百米条	0.12
25	TXL6-005	光缆成端接头(束状)	芯	24.00(合并)
26	TXL6-103	用户光缆测试	段	1.00
27	TXL7-027	增装光纤一体化熔接托盘	套	2.00

(2)根据统计出来的工程量,填写(表三)甲、(表三)乙、(表三)丙及(表四)甲

在填写(表三)甲的过程中,要特别注意以下几点。

①特别注意套用定额时的条件(即"三个说明"):册说明、章节说明和定额表下方的说明或者"注"。

②单位与定额单位一致。

③一并统计机械台班、仪表台班及主材用量。

下面我们先举个简单的例子:我们选取表 5-8 中的第 16 项来说明。查定额 TXL4-011"敷设管道光缆",其定额内容如表 5-9 所示。

表 5-9　**TXL4-011 定额内容**

定额编号			TXL4-011	
项　目			敷设管道光缆	
			12 芯以下	
定额单位			千米条	
名　称		单　位	数　量	
人工	技工	工日	5.50	
	普工	工日	10.94	
主要材料	聚乙烯波纹管	m	26.70	
	胶带（PVC）	盘	52.00	
	镀锌铁线 φ1.5 mm	kg	3.05	
	光缆	m	1 015.00	
	光缆托板	块	48.50	
	托板垫	块	48.50	
	余缆架	套	*	
	标志牌	个	*	
机械				
仪表	有毒有害气体检测仪	台班	*	
	可燃气体检测仪	台班	*	

注：室外通道中布放光缆按本管道光缆相应子目工日的 70% 计取；光缆托板、塑料垫由设计按实计列；其他主材同本定额。

由表 5-9 可知，定额单位是千米条，所以 12 芯 GYTA-12B1 光缆敷设 34 m 就是 0.034 千米条；主要材料为聚乙烯波纹管、PVC 胶带、φ1.5 mm 镀锌铁线、光缆、光缆托板、托板垫等，但余缆架和标志牌两项表中画的是"*"，从册说明中可知"*"表示由设计确定其用量，而本设计中未提到，所以此处不计算其用量；没有机械台班，则（表三）乙无；两项仪表均为"*"，而设计没提到，所以不计，即（表三）丙无。

将上述分析结果分别填到"建筑安装工程量　预　算表（表三）甲"及"国内器材　预　算表（表四）甲（主材）表"中，如表 5-10 和表 5-11 所示。注意在计算合计值时，均采用四舍五入，保留两位小数。

表 5-10　**建筑安装工程量　预　算表（表三）甲**

单项工程名称：××学院移动通信基站中继光缆线路工程

建设单位名称：××市移动分公司　　　　　表格编号：S-YD-2009-06-001-B3　　　　　第 1 页

序　号	定额编号	项目名称	单　位	数　量	单位定额值/工日		合计值/工日	
					技　工	普　工	技　工	普　工
Ⅰ	Ⅱ	Ⅲ	Ⅳ	Ⅴ	Ⅵ	Ⅶ	Ⅷ	Ⅸ
1	TXL4-011	敷设管道光缆（12 芯）	千米条	0.034	5.50	10.94	0.19	0.37

设计负责人：　　　　审核：　　　　编制：　　　　编制日期：　　　年　　月

表 5-11 国内器材 预 算表(表四)甲

(主要材料)表

单项工程名称:××学院移动通信基站中继光缆线路工程

建设单位名称:××市移动分公司　　　　表格编号:S-YD-2009-06-001-B4A-T　　　　第 1 页

序 号	名 称	规格程式	单 位	数 量	单价/元	合计/元	备 注
I	II	III	IV	V	VI	VII	VIII
1	光缆	GATA-12B1	m	1 015.00×0.034＝34.51	2.68	92.49	光缆
2	聚乙烯波纹管		m	26.70×0.034＝0.91	3.0	2.73	塑料及塑料制品
3	胶带(PVC)		盘	52.00×0.034＝1.77	1.43	2.53	
4	托板垫		块	48.50×0.034＝1.65	3.8	6.27	
5	镀锌铁线	φ1.5 mm	kg	3.05×0.034＝0.10	6.8	0.68	其他
6	镀锌铁线	φ4.0 mm	kg	20.30×0.034＝0.69	7.73	5.33	
7	光缆托板		块	48.50×0.034＝1.65	6.5	10.73	
8	余缆架		套	1.00	52.0	52.0	
9	标志牌		个	15.00	1.0	15.0	

设计负责人:　　　　审核:　　　　编制:　　　　编制日期:　　　　年　月

　　　　请注意,在填写(表四)甲时,要根据费用定额对材料的分类(分为光缆、电缆、塑料及塑料制品、木材及木制品、水泥及水泥构件以及其他这 6 种)分开罗列,以便于计算运杂费。表中的材料单价是从表 5-5 中查的。

　　　　下面我们根据上面所述同样的方法将表 5-8 所列的全部工程量对应的(表三)甲、(表三)乙、(表三)丙、主要材料用量、主材分类统计以及(表四)甲分列于表 5-12 至表 5-17 中。

表 5-12 建筑安装工程量 预 算表(表三)甲

工程名称:××学院移动通信基站中继光缆线路工程

建设单位名称:××市移动分公司　　　　表格编号:S-YD-2009-06-001-B3A　　　　第 全 页

序 号	定额编号	项目名称	单 位	数 量	单位定额值/工日		合计值/工日	
					技 工	普 工	技 工	普 工
I	II	III	IV	V	VI	VII	VIII	IX
1	TXL1-001	直埋光缆施工测量	100 m	0.22	0.56	0.14	0.12	0.03
2	TXL1-002	架空光缆施工测量	100 m	2.01	0.46	0.12	0.92	0.24
3	TXL1-003	管道光缆施工测量	100 m	2.06	0.35	0.09	0.72	0.19
4	TXL1-006	光缆单盘检验	芯盘	12.00	0.02	—	0.24	—
5	TXL1-009	人工开挖混凝土路面(250 以下)	100 m²	0.11	8.28	50.50	0.91	5.56
6	TXL2-001	挖松填光缆沟(普通土)	100 m³	0.06	—	39.38		2.36
7	TXL2-007	挖夯填光缆沟(普通土)	100 m³	0.02	—	40.88		0.82
8	TXL2-021	城区敷设埋式光缆(36 芯以下)	千米条	0.03	7.44	30.58	0.22	0.92
9	TXL2-109	埋式光缆铺塑料管保护	m	22.00	0.01	0.10	0.22	2.20
10	TXL3-054	水泥杆夹板法安装 7/2.6 mm 单股拉线(综合土)	条	1.00	0.84	0.60	0.84	0.60
11	TXL3-171	城区水泥杆架设 7/2.2 mm 吊线	千米条	0.06	4.50	4.90	0.27	0.29
12	TXL3-192	城区架设架空光缆(36 芯以下)	千米条	0.06	8.68	6.86	0.52	0.41
13	TXL4-001	布放光缆手孔抽水	个	4.00	0.25	0.50	1.00	2.00
14	TXL4-004	人工敷设塑料子管(1 孔)	km	0.034	4.00	5.57	0.14	0.19

续表

序　号	定额编号	项　目　名　称	单　位	数量	单位定额值/工日 技　工	单位定额值/工日 普　工	合计值/工日 技　工	合计值/工日 普　工
15	TXL4-011	敷设室外通道光缆	千米条	0.172	3.85	7.66	0.66	1.32
16	TXL4-011	敷设管道光缆	千米条	0.034	5.50	10.94	0.19	0.37
17	TXL4-033	手孔壁上开墙洞(砖砌人孔)	处	1.00	0.36	0.36	0.36	0.36
18	TXL4-037	(在基站墙壁上)打穿楼墙洞(砖墙)	个	1.00	0.07	0.06	0.07	0.06
19	TXL4-043	杆上安装引上钢管(ϕ50 mm 以下)	根	1.00	0.20	0.20	0.20	0.20
20	TXL4-044	墙上安装引上钢管(ϕ50 mm 以下)	根	2.00	0.25	0.25	0.50	0.50
21	TXL4-048	进局光缆防水封堵	处	1.00	0.13	0.13	0.13	0.13
22	TXL4-050	穿放引上光缆	条	3.00	0.52	0.52	1.56	1.56
23	TXL4-053	架设吊线式墙壁光缆(含吊线架设)	百米条	1.10	2.75	2.75	3.03	3.03
24	TXL5-074	桥架内明布光缆	百米条	0.12	0.40	0.40	0.05	0.05
25	TXL6-005	光缆成端接头(束状)	芯	24.00	0.15	—	3.60	—
26	TXL6-103	用户光缆测试	段	1.00	0.46	—	0.46	—
27	TXL7-027	增装光纤一体化熔接托盘	套	2.00	0.10	—	0.20	0.70
合计							17.13	23.80
总工日为 42.13,应调增 15%							19.70	27.37

设计负责人:　　　　审核:　　　　编制:　　　　编制日期:　　年　月

表 5-13　建筑安装工程机械使用费　预　算表(表三)乙

单项工程名称:××学院移动通信基站中继光缆线路工程

建设单位名称:××市移动分公司　　　　表格编号:S-YD-2009-06-001-B3B　　　　第　全　页

序　号	定额编号	项目名称	单　位	数　量	机械名称	单位定额值 消耗量/台班	单位定额值 单价/元	合计值 消耗量/台班	合计值 合价/元
I	II	III	IV	V	VI	VII	VIII	IX	X
1	TXL1-009	人工开挖混凝土路面(250 以下)	100 m²	0.11	燃油式路面切割机	0.50	210.00	0.06	12.60
					燃油式空气压缩机(含风镐)6 m³/min	2.35	368.00	0.26	95.68
2	TXL2-007	挖夯填光缆沟(普通土)	100 m³	0.02	夯实机	0.75	117.00	0.02	2.34
3	TXL4-001	布放光缆手孔抽水	个	4.00	抽水机	0.20	119.00	0.80	95.12
4	TXL6-005	光缆成端接头(束状)	芯	24.00	光纤熔接机	0.03	144.00	0.72	103.68
合计									309.42

设计负责人:　　　　审核:　　　　编制:　　　　编制日期:　　年　月

注:表中机械台班单价见本书表 2-7。

表 5-14 建筑安装工程仪器仪表使用费 预 算表(表三)丙

单项工程名称:××学院移动通信基站中继光缆线路工程

建设单位名称:××市移动分公司　　　　表格编号:S-YD-2009-06-001-B3C　　　　　　　第 全 页

序 号	定额编号	项目名称	单 位	数 量	仪表名称	单位定额值		合计值	
						消耗量 /台班	单价 /元	消耗量 /台班	合价 /元
I	II	III	IV	V	VI	VII	VIII	IX	X
1	TXL1-001	直埋光缆施工测量	100 m	0.22	地下管线探测仪	0.05	157.00	0.01	1.57
2	TXL1-001	直埋光缆施工测量	100 m	0.22	激光测距仪	0.04	119.00	0.01	1.19
3	TXL1-002	架空光缆施工测量	100 m	2.01	激光测距仪	0.05	119.00	0.10	11.90
4	TXL1-003	管道光缆施工测量	100 m	2.08	激光测距仪	0.04	119.00	0.08	9.52
5	TXL1-006	光缆单盘检验	芯盘	12.00	光时域反射仪	0.05	153.00	0.60	91.80
6	TXL6-005	光缆成端接头(束状)	芯	24.00	光时域反射仪	0.05	153.00	1.20	183.6
7	TXL6-103	用户光缆测试	段	1.00	稳定光源	0.15	117.00	0.15	17.55
8	TXL6-103	用户光缆测试	段	1.00	光功率计	0.15	116.00	0.15	17.40
9	TXL6-103	用户光缆测试	段	1.00	光时域反射仪	0.15	153.00	0.15	22.95
合计									357.48

设计负责人:　　　　　审核:　　　　　编制:　　　　　编制日期:　　　　　年　　月

注:表中仪表台班单价见本书表 2-8。

表 5-15 工程主材用量统计表

序 号	定额编号	项目名称	工程量	主材名称	规格型号	单 位	定额量	使用量
1	TXL2-109	埋式光缆铺塑料管保护	22.00	塑料管	φ80 mm	m	1.01	22.22
2	TXL3-054	水泥杆夹板法安装 7/2.6 mm 单股拉线 (综合土)	1.00	镀锌钢绞线	7/2.6 mm	kg	3.80	3.80
				镀锌铁线	φ1.5 mm	kg	0.04	0.04
				镀锌铁线	φ3.0 mm	kg	0.55	0.55
				镀锌铁线	φ4.0 mm	kg	0.22	0.22
				地锚铁柄		套	1.01	1.01
				水泥拉线盘		套	1.01	1.01
				三眼双槽夹板		块	2.02	2.02
				拉线衬环		个	2.02	2.02
				拉线抱箍		副	1.01	1.01
3	TXL3-171	城区水泥杆架设 7/2.2 mm 吊线	0.064	镀锌钢绞线	7/2.2 mm	kg	221.27	14.16
				吊线箍(设计选用)		副	25.25	1.62
				镀锌穿钉	长 50 mm	副	28.28	1.81
				镀锌穿钉	长 100 mm	副	1.01	0.06
				三眼单槽夹板		副	28.28	1.81
				镀锌铁线	φ4.0 mm	kg	2.00	0.13
				镀锌铁线	φ3.0 mm	kg	1.00	0.06
				镀锌铁线	φ1.5 mm	kg	0.10	0.01
				拉线抱箍		副	4.04	0.26
				拉线衬环		个	8.08	0.52
				三眼双槽夹板(设计选用)		块	11.11	0.71

序 号	定额编号	项目名称	工程量	主材名称	规格型号	单 位	定额量	使用量
4	TXL3-192	城区架设架空光缆（36 芯以下）	0.064	架空光缆	12 芯	m	1 007.00	64.45
				电缆挂钩	25 mm	只	2 060.00	131.84
				保护软管		m	25.00	1.60
				镀锌铁线	ϕ1.5 mm	kg	0.61	0.04
5	TXL4-004	人工敷设塑料子管（1 孔）	0.034	聚乙烯塑料管		m	1 020.00	34.68
				聚乙烯塑料管固定堵头		个	24.30	0.83
				聚乙烯塑料管塞子		个	24.50	0.83
				镀锌铁线	ϕ1.5 mm	kg	3.05	0.10
6	TXL4-011	敷设管道光缆	0.034＋0.172＝0.21	光缆	GATA -12B1	m	1 015	213.15
				聚乙烯波纹管		m	26.7	5.61
				胶带(PVC)		盘	52.0	10.92
				托板垫		块	48.5	10.19
				镀锌铁线	ϕ1.5 mm	kg	3.05	0.64
				光缆托板		块	48.5	10.19
				余缆架(设选)		套		1.00
				标志牌(设选)		个		15.00
7	TXL4-033	手孔壁上开墙洞	1.00	水泥	C32.5	kg	5.00	5.00
				中粗沙		kg	10.00	10.00
8	TXL4-037	(在基站墙壁上)打穿楼墙洞(砖墙)	1.00	水泥	C32.5	kg	1.00	1.00
				中粗沙		kg	2.00	2.00
9	TXL4-043	杆上安装引上钢管	1.00	管材(直)	ϕ25 mm	根	1.01	1.01
				管材(弯)	ϕ25 mm	根	1.01	1.01
				镀锌铁线	ϕ4.0 mm	kg	1.20	1.20
10	TXL4-044	墙上安装引上钢管	2.00	管材(直)	ϕ25 mm	根	1.01	2.02
				管材(弯)	ϕ25 mm	根	1.01	2.02
				钢管卡子		副	2.02	4.04
11	TXL4-048	进局光缆防水封堵	1.00	防水材料(设选)	封堵泥	kg	3.05	3.05
12	TXL4-050	穿放引上光缆	3.00	光缆(按实计)	12 芯	m	10.00	30.00
				镀锌铁线	ϕ1.5 mm	kg	0.10	0.30

序 号	定额编号	项目名称	工程量	主材名称	规格型号	单 位	定额量	使用量
13	TXL4-053	架设吊线式墙壁光缆（含吊线架设）	1.10	光缆	12 芯	m	100.7	110.77
				挂钩	25	只	206.0	226.60
				镀锌钢绞线（设选）	7/2.2 mm	kg	23.0	25.30
				U 形钢卡	$\phi6.0$ mm	副	14.00	15.40
				拉线衬环	小号	个	4.04	4.44
				膨胀螺栓	M12	套	24.24	26.66
				终端转角墙担		根	4.04	4.44
				中间支持物		套	8.08	8.89
				镀锌铁线	$\phi1.5$ mm	kg	0.10	0.11
14	TXL5-074	桥架内明布光缆	0.12	光缆	GYTA-12B1	m	102.0	12.24
15	TXL6-005	光缆成端接头（束状）	24.00	光缆成端接头材料		套	1.01	24.24
16	TXL7-027	增装光纤一体化熔接托盘	2.00	一体化熔接托盘		套	1.00	2.00
				固定材料		套	1.01	2.02

根据费用定额对主要材料的分类方法，将表 5-15 中的同类项合并后就得到表 5-16 主材用量分类汇总表。

表 5-16 主材用量分类汇总表

序 号	类 别	名 称	规 格	单 位	使用量
1	光缆	光缆	GYTA-12B1	m	64.45＋213.15＋30＋110.77＋12.24＝430.61
2		塑料管		m	22.22＋34.68＝56.90
3		保护软管		m	1.60
4		聚乙烯波纹管		m	5.61
5		聚乙烯塑管固定堵头		个	0.83
6	塑料及塑料制品	聚乙烯塑管塞子		套	0.83
7		PVC 胶带		盘	10.92
8		光缆托板垫		块	10.19
9		防水材料（设选）	封堵泥	kg	3.05
10		光缆成端接头材料		套	24.24
11		一体化熔接托盘		套	2.00
12		固定材料		套	2.02
13	水泥及水泥构件	水泥		kg	5.00＋1.00＝6.00
14		中粗沙		kg	10.00＋2.00＝12.00
15		水泥拉线盘		套	1.01

序号	类别	名　称	规　格	单位	使用量
16		镀锌钢绞线	7/2.6 mm	kg	3.80
17		镀锌钢绞线	7/2.2 mm	kg	25.30＋14.16＝39.46
18		镀锌铁线	ϕ1.5 mm	kg	0.04＋0.01＋0.04＋0.10＋0.64＋0.30＋0.11＝1.24
19		镀锌铁线	ϕ3.0 mm	kg	0.55＋0.06＝0.61
20		镀锌铁线	ϕ4.0 mm	kg	0.22＋0.13＋1.20＝1.55
21		地锚铁柄	14 mm×1 800 mm	套	1.01
22		三眼双槽夹板	7.0 mm	块	2.02＋0.71＝2.73
23		三眼单槽夹板	7.0 mm	块	1.81
24		拉线衬环	7 股	个	2.02＋0.52＋4.44＝6.98
25		拉线抱箍	D144 mm	副	1.01＋0.26＝1.27
26		吊线箍	D144 mm	副	1.62
27	其他	镀锌穿钉	50 mm	副	1.81
28		镀锌穿钉	100 mm	副	0.06
29		膨胀螺栓	M12	套	26.66
30		U 形钢卡		副	15.40
31		终端转角墙担		根	4.44
32		中间支持物	P 形	套	8.89
33		电缆挂钩	25 mm	只	131.84＋226.60＝358.44
34		光缆托板	乙 200 mm	块	10.19
35		管材(直,钢质)	ϕ25 mm×2.5 mm×3 000 mm	根	3.00
36		管材(弯,钢质)	ϕ25 mm×2.5 mm	根	3.00
37		钢管卡子	7/2.6 mm	副	4.04
38		余缆架		套	1.00
39		光缆标志牌		个	15.00

表 5-17　国内器材__预__算表(表四)甲

(主要材料)表

单项工程名称:××学院移动通信基站中继光缆线路工程

建设单位名称:××市移动分公司　　　表格编号:S-YD-2009-06-001-B4A　　　第 1 页

序　号	名　称	规格程式	单位	数量	单价/元	合计/元			备　注
					除税价	除税价	增值税	含税价	
Ⅰ	Ⅱ	Ⅲ	Ⅳ	Ⅴ	Ⅵ	Ⅶ	Ⅷ	Ⅸ	Ⅹ
1	光缆	GATA12-B1	m	430.31	2.68	1 153.23	196.05	1 349.28	
(1)小计 1						1 153.23	196.05	1 349.28	
(2)运杂费:小计 1×1.8%(运杂费费率由运距 400 km 查表 4-1 得到)						20.76	3.53	24.29	
(3)运输保险费:小计 1×0.1%						1.15	0.20	1.35	

序 号	名 称	规格程式	单 位	数 量	单价/元	合计/元			备 注
					除税价	除税价	增值税	含税价	
(4)采购及保管费:小计1×1.1%						12.69	2.16	14.85	
(5)合计1						1 187.83	201.94	1 389.77	
2	塑料管		m	56.90	5.00	284.50	48.37	332.87	
3	保护软管		m	1.60	9.80	15.68	2.67	18.35	
4	聚乙烯波纹管		m	5.61	3.00	16.83	2.86	19.69	
5	聚乙烯塑管固定堵头		个	0.41	34.00	13.94	2.37	16.31	
6	聚乙烯塑管塞子		套	0.83	85.00	36.55	6.21	42.76	
7	PVC胶带		盘	10.92	1.43	15.62	2.66	18.28	
8	光缆托板垫		块	10.19	6.80	69.29	11.78	81.07	
9	防水材料(设选)	封堵泥	kg	3.05	1.00	3.05	0.52	3.57	
10	光缆成端接头材料		套	24.24	80.00	1 939.20	329.66	2 268.86	
11	一体化熔接托盘		套	2.00	60.00	120.00	20.40	140.40	
12	固定材料		套	2.02	15.00	30.30	5.15	35.45	
(1)小计2						2 544.96	432.65	2 977.61	
(2)运杂费:小计2×5.8%(运杂费费率由运距400 km查表4-1得到)						147.61	25.09	172.70	
(3)运输保险费:小计2×0.1%						2.54	0.43	2.97	
(4)采购及保管费:小计2×1.1%						27.99	4.76	32.75	
(5)合计2						2 723.10	462.93	3 186.03	
13	水泥		kg	6.00	0.33	1.98	0.34	2.32	
14	中粗沙		kg	12.00	0.045	0.54	0.09	0.63	
15	水泥拉线盘		套	1.01	45.00	45.45	7.73	53.18	
(1)小计3						47.97	8.16	56.13	
(2)运杂费:小计3×24.5%(运杂费费率由运距400 km查表4-1得到)						11.75	2.00	13.75	
(3)运输保险费:小计3×0.1%						0.05	0.01	0.06	
(4)采购及保管费:小计3×1.1%						0.53	0.01	0.54	
(5)合计3						60.30	10.18	70.48	

序　号	名　称	规格程式	单　位	数　量	单价/元	合计/元			备　注
					除税价	除税价	增值税	含税价	
16	镀锌钢绞线	7/2.6 mm	kg	3.80	9.80	37.24	6.33	43.57	
17	镀锌钢绞线	7/2.2 mm	kg	39.46	9.80	386.71	65.74	452.45	
18	镀锌铁线	ϕ1.5 mm	kg	1.24	6.80	8.43	1.43	9.86	
19	镀锌铁线	ϕ3.0 mm	kg	0.61	7.73	4.72	0.80	5.52	
20	镀锌铁线	ϕ4.0 mm	kg	1.55	7.73	11.98	2.04	14.02	
21	地锚铁柄	14×1 800 mm	套	1.01	22.00	22.22	3.78	26.00	
22	三眼双槽夹板	7.0 mm	块	2.73	11.00	30.03	5.11	35.14	
23	三眼单槽夹板	7.0 mm	块	1.81	9.00	16.29	2.77	19.06	
24	拉线衬环	7 股	个	6.98	1.58	11.03	1.88	12.91	
25	拉线抱箍	D144 mm	副	1.27	10.80	13.72	2.33	16.05	
26	吊线箍	D144 mm	副	1.62	14.5	23.49	3.99	27.48	
27	镀锌穿钉	50 mm	副	1.81	8.00	14.48	2.46	16.94	
28	镀锌穿钉	100 mm	副	0.06	15.00	0.90	0.15	1.05	其他
29	膨胀螺栓	M12	个	26.66	0.57	15.20	2.58	17.78	
30	U 形钢卡		副	15.40	6.00	92.40	15.71	108.11	
31	终端转角墙担		根	4.44	16.00	71.04	12.08	83.12	
32	中间支持物	P 形	套	8.89	13.00	115.57	19.65	135.22	
33	电缆挂钩	25 mm	只	358.44	0.26	93.19	15.84	109.03	
34	光缆托板	乙 200 mm	块	10.19	6.50	66.24	11.26	77.50	
35	管材(直,钢质)	ϕ25 mm×2.5 mm×3 000 mm	根	3.00	24.00	72.00	12.24	84.24	
36	管材(弯,钢质)	ϕ25 mm×2.5 mm	根	3.00	8.00	24.00	4.08	28.08	
37	钢管卡子		副	4.04	4.50	18.18	3.09	21.27	
38	余缆架		套	1.00	52.0	52.0	8.84	60.84	
39	光缆标志牌		个	15.00	1.0	15.0	2.55	17.55	
(1)小计 4						1 216.06	206.73	1 422.79	
(2)运杂费:小计 4×4.8%						58.37	9.92	68.29	
(3)运输保险费:小计 4×0.1%						1.21	0.21	1.42	
(4)采购及保管费:小计 4×1.1%						13.38	2.27	15.65	
(5)合计 4						1 289.02	219.13	1 508.15	
总计=合计 1+合计 2+合计 3+合计 4						5 260.25	894.18	6 154.43	

设计负责人：　　　　审核：　　　　编制：　　　　编制日期：　　　年　　月

　　这里需要说明的是:在实际工程选择(表四)甲的主要材料时,若定额中是带有括号的和以分数表示的,表示供设计选用,应根据技术要求或工艺流程来决定是否选用,一旦选用其量就是括号内或分数所表示的数值;而以"＊"号表示的是由设计确定其用量,就是说在设计中要根据技术要求或工艺流程确定其用量。

至此,我们已完成编制的第 1 步——填写(表三)甲、(表三)乙、(表三)丙和(表四)甲,现在可以进入编制的第 2 步——填写(表二)和(表五)甲了。

(3) 填写(表二)和(表五)甲

①(表二)的填写

填写(表二)时,首先要认真按照题中给定的各项工程建设条件,确定每项费用的费率及计费基础,和使用预算定额一样,必须时刻注意费用定额中的注解和说明,同时要填写表中的"依据和计算方法"栏,具体就是以下几点:

➢ 因施工企业距工程所在地距离为 200 km,所以临时设施费费率为 5.0%;

➢ 题目给定不计已完工程及设备保护费和工程排污费等费用;

➢ 从(表三)乙可以看出,本工程无大型施工机械,所以无大型施工机械调遣费,同时工程施工地为城区,所以无特殊地区施工增加费;

➢ 施工用水、电、蒸气费由题目给定,为 2 000 元,直接填入。

由此完成的(表二)如表 5-18 所示。

表 5-18 建筑安装工程费用 预 算表(表二)

单项工程名称:××学院移动通信基站中继光缆线路工程

建设单位名称:××市移动分公司   表格编号:S-YD-2009-06-001-B2   第 全 页

序 号	费用名称	依据和计算方法	合计/元	序 号	费用名称	依据和计算方法	合计/元
I	II	III	IV	I	II	III	IV
	建筑安装工程费(含税价)	一+二+三+四	20 355.09	7	夜间施工增加费	人工费×2.5%	97.88
	建筑安装工程费(除税价)	一+二+三	18 053.58	8	冬雨季施工增加费	人工费×2.5%	97.88
一	直接费	(一)+(二)	14 878.62	9	生产工具用具使用费	人工费×1.5%	58.73
(一)	直接工程费	1+2+3+4	9 858.30	10	施工用水、电、蒸气费	按实计列	2 000.00
1	人工费	(1)+(2)	3 915.37	11	特殊地区施工增加费	无	
(1)	技工费	技工总工日×114	2 245.80	12	已完工程及设备保护费	人工费×2.0%	78.31
(2)	普工费	普工总工日×61	1 669.57	13	运土费	不计	
2	材料费	(1)+(2)	5 276.03	14	施工队伍调遣费	174×5×2	1 740.00
(1)	主要材料费	来自(表四)甲	5 260.25	15	大型施工机械调遣费	无	
(2)	辅助材料费	(1)×0.3%	15.78	二	间接费	(一)+(二)	2 391.89
3	机械使用费	来自(表三)乙	309.42	(一)	规费	1+2+3+4	1 319.08
4	仪表使用费	来自(表三)丙	357.48	1	工程排污费	无	
(二)	措施项目费	1+2+…+15	5 020.32	2	社会保障费	人工费×28.5%	1 115.88
1	文明施工费	人工费×1.5%	58.73	3	住房公积金	人工费×4.19%	164.05
2	工地器材搬运费	人工费×3.4%	133.12	4	危险作业意外伤害保险费	人工费×1.0%	39.15
3	工程干扰费	人工费×6.0%	234.92	(二)	企业管理费	人工费×27.4%	1 072.81
4	工程点交、场地清理费	人工费×3.3%	129.21	三	利润	人工费×20%	783.07
5	临时设施费	人工费×5.0%	195.77	四	销项税额	见表注	2 301.51
6	工程车辆使用费	人工费×5.0%	195.77				

设计负责人: 审核: 编制: 编制日期: 年   月

注:销项税额=(人工费+辅助材料费+机械使用费+仪表使用费+措施项目费+规费+企业管理费+利润)×11%+甲供主材费(税前)×17%。

②(表五)甲的填写

➢ 根据题意"计算建设单位管理费时计费基础为工程费",而工程费=建筑安装工程费+

设备、工器具购置费,在本例中,由于没有设备、工器具购置费,此时工程费就是建筑安装工程费(税前),所以:建设单位管理费＝18 053.58×1.5％＝270.80 元。

➤ 勘察设计费:勘察费,本工程的(管道光缆)勘察总长 $L＝2＋4＋53＋6＋22＋6＋115＋8(引上)＋41＋10＋58＋8(引下)＋8＋22＋6(引上)＋26＋18＋20＋12＝445\ m＝0.445\ km$,查本书表 4-28 可知,勘察费为 2 000.00 元;设计费,计费额＝建筑安装工程费(税前)＝18 053.58 元,因是一阶段设计,所以设计费＝计费额×0.045＝18 053.58×0.045＝812.41 元。于是勘察设计费为 2 812.41 元。

➤ 本工程不计可行性研究费、研究试验费、环境影响评价费、建设工程监理费、工程保险费、工程招标代理费、专利及专有技术使用费和生产准备及开办费。

由此完成的(表五)甲如表 5-19 所示。

表 5-19　工程建设其他费　预　算表(表五)甲

单项工程名称:××学院移动通信基站中继光缆线路工程

建设单位名称:××市移动分公司　　　　　表格编号:S-YD-2009-06-001-B5A　　　　　第 全 页

序　号	费用名称	计算依据及方法	金额/元			备　注
			除税价	增值税	含税价	
Ⅰ	Ⅱ	Ⅲ	Ⅳ	Ⅴ	Ⅵ	Ⅶ
1	建设用地及综合赔补费	按实计列	10 000.00	600.00	10 600.00	税率为 6％
2	建设单位管理费	工程概算额×1.5％	270.80	16.25	287.05	税率为 6％
3	可行性研究费					
4	研究试验费					
5	勘察设计费	勘察费＋设计费	2 812.41	168.74	2 981.15	税率为 6％
6	环境影响评价费					
7	建设工程监理费					税率为 6％
8	安全生产费	建筑安装工程费(税前)×1.5％	270.80	29.79	300.59	税率为 11％
9	引进技术及进口设备其他费					
10	工程保险费					
11	工程招标代理费					税率为 6％
12	专利及专有技术使用费					
13	其他费用					
	总计		13 354.01	814.78	14 168.79	
14	生产准备及开办费(运营费)					

设计负责人:　　　　审核:　　　　编制:　　　　编制日期:　　　年　　月

（4）填写（表一）

由于本工程为一阶段设计，所以必须计取预备费，预备费费率查费用定额可知为 4%，计费基础为"工程费＋工程建设其他费"。此外要特别提醒的是在"总价值"左边各栏内均应填写税前值，不能直接填写含税值。填写的（表一）如表 5-20 所示。

表 5-20 工程   预   算总表（表一）

单项工程名称：××学院移动通信基站中继光缆线路工程

建设单位名称：××市移动分公司　　　　表格编号：S-YD-2009-06-001-B1　　　　　　　　　　第 全 页

序 号	表格编号	费用名称	小型建筑工程费	需要安装的设备费	不需要安装的设备、工器具费	建筑安装工程费	其他费用	预备费	总价值			
			元						除税价/元	增值税/元	含税价/元	其中外币（ ）
I	II	III	IV	V	VI	VII	VIII	IX	X	XI	XII	XIII
1	S-YD-2009-06-001-B2	建筑安装工程费				18 053.58			18 053.58	2 301.51	20 355.09	
2	S-YD-2009-06-001-B5A	其他费用					13 354.01		13 354.01	814.78	14 168.79	
预备费＝（工程费＋工程建设其他费）×4.0%								1 256.30	1 256.30	124.65	1 380.95	
总计									32 663.89	3 240.94	35 904.83	

设计负责人：　　　　审核：　　　　编制：　　　　编制日期：　　　年　　月

（5）撰写编制说明

① 工程概况

本工程为××学院移动通信基站中继传输光缆线路工程，敷设光缆全长为 445 m，施工形式有通道、管道、墙壁架空、室外架空等，工程主要满足××学院增设 TD-SCDMA 3G 天线、扩增用户信道之需（与本工程配套的有天馈和基站设备工程）。工程总投资（含税）为 35 904.83 元。

② 编制依据

➤《工业和信息化部关于印发信息通信建设工程预定额、工程费用定额及工程概预算编制规程的通知》（工信部通信〔2016〕451 号）。

➤《信息通信建设工程预算定额》的第四册通信线路工程。

➤ 中国移动（集团）有限公司××市分公司工程设计委托书，委托号为：××××××。

➤ 中国移动（集团）有限公司××市分公司提供的材料报价。

③ 投资分析

光缆皮长公里为 0.445，芯公里为 5.34，芯公里造价为 6 723.75 元。

5.3.4　通信线路工程概预算文件编制实例详解(二)

实例名称:××市家宽网络新建光缆线路工程预算编制。

1. 已知条件

本工程已知条件如下,要求编制一阶段设计施工图预算,结果精确到小数点后两位。

① 本工程为"××市家宽网络新建光缆线路工程",工程概算额为 20 万元,主要工程量见表 5-21。

表 5-21　本工程主要工程量表

序　号	项目名称	单　位	数　量
1	挖夯、填光缆沟(普通土)	m³	90.00
2	立 8.5 m 水泥电杆(综合土)	根	5.00
3	敷设室外通道光缆(36 芯,不进行气体检测)	千米条	3.00
4	敷设墙壁吊挂式光缆(新布吊线,12 芯)	百米条	0.80
5	拆除架空自承式光缆(8 芯,清理入库)	千米条	0.70
6	光缆接续(36 芯)	头	2.00

注:本工程其他工程量用工,技工 240 工日,普工 270 工日。

② 本工程施工地点在城区,属正常施工环境,冬雨季施工地区类别为"其他",建设单位为××市移动通信分公司,不购买工程保险。

③ 施工企业距施工所在地 400 km,光缆运距为 800 km,其余材料运距均为 300 km。

④ 施工用水、电、蒸气费为 3 000 元,勘察设计费为 10 000 元,工程招标代理费为 10 000 元。

⑤ 建设用地及综合赔补费为 20 000 元;施工阶段委托监理公司监理,监理费按税前工程费的 2.5% 计取。

⑥ 本工程主要材料原价(税前价)见表 5-22,且均为甲供。

⑦ 工程建设其他费中,不计取可行性研究费、研究试验费、环境影响评价费、生产准备及开办费、其他费、引进技术及进口设备其他费以及专利及专有技术使用费。

⑧ 措施项目费中不计取运土费,间接费中不计取工程排污费。

⑨ 除另有规定外,主要材料的增值税税率为 17%,(表五)中费用除了安全生产费的增值税税率为 11% 外,其余增值税税率均为 6%。

表 5-22　本工程主要材料原价(税前价)

序　号	主材名称与规格	原价(税前价)	序　号	主材名称与规格	原价(税前价)
1	8.5 m 水泥电杆,稍径 13 cm	300.00 元/根	18	地锚铁柄	25.00 元/套
2	水泥(32.5)	0.20 元/千克	19	保护软管	1.00 元/米
3	聚乙烯波纹管	5.00 元/米	20	拉线衬环(小号)	4.00 元/个
4	PVC 胶带	12.00 元/盘	21	膨胀螺丝(M12)	4.00 元/套

序 号	主材名称与规格	原价(税前价)	序 号	主材名称与规格	原价(税前价)
5	铁线(∅4.0 mm)	0.40 元/千克	22	终端转角墙担	6.00 元/根
6	铁线(∅3.0 mm)	0.40 元/千克	23	中间支持物	4.00 元/套
7	铁线(∅1.5 mm)	0.40 元/千克	24	三眼单槽夹板	8.00 元/块
8	光缆(8 芯)	1.00 元/米	25	三眼双槽夹板	9.00 元/块
9	光缆(12 芯)	2.00 元/米	26	吊线抱箍	12.00 元/套
10	光缆(36 芯)	3.00 元/米	27	拉线抱箍	12.00 元/套
11	光缆托板	4.00 元/块	28	镀锌穿钉(长 50 mm)	6.00 元/条
12	光缆托板垫	3.00 元/块	29	镀锌穿钉(长 100 mm)	9.00 元/条
13	挂钩(25)	0.80 元/个	30	光缆接续器材	240.00 元/套
14	7/2.2 mm 钢绞线	8.00 元/千克	31	中粗沙	0.10 元/千克
15	U 形钢卡∅6.0 mm	5.00 元/副	32	管材(直)	20.00 元/根
16	U 形钢卡∅8.0 mm	6.00 元/副	33	管材(弯)	10.00 元/根
17	水泥拉线盘	60.00 元/套	34	钢管卡子	2.00 元/副

2. 编制详解

本例工程量统计比较简单,因为题目已基本给定,但存在与定额单位互换的问题,填写(表三)时直接转换即可。表 5-23 到表 5-29 是直接填写的结果,其相关取值注意点已在备注栏内说明,同时在填写(表四)前需要先打好草稿,然后才能填进表中。

(1)第 1 步:填写(表三)甲、(表三)乙、(表三)丙

(表三)甲、(表三)乙、(表三)丙分别如表 5-23、表 5-24、表 5-25 所示。

表 5-23 建筑安装工程量__预__算表(表三)甲

工程名称:××市家宽网络新建光缆线路工程　　建设单位名称:××市移动通信分公司　　表格编号:　　　　第　　页

序 号	定额编号	项目名称	单 位	数 量	单位定额值/工日		合计值/工日	
					技 工	普 工	技 工	普 工
I	II	III	IV	V	VI	VII	VIII	IX
1	TXL2-007	挖夯、填光缆沟(普通土)	100m³	0.90		40.88		36.79
2	TXL3-001	立 8.5 m 水泥电杆(综合土,城区)	根	5.00	0.68	0.73	3.40	3.65
3	TXL4-013	敷设室外通道光缆(36 芯,不进行气体检测)	千米条	3.00	5.61	10.75	16.83	32.25
4	TXL4-053	敷设墙壁吊挂式光缆(新布吊线,12 芯)	百米条	0.80	2.75	2.75	2.20	2.20
5	TXL3-181	拆除架空自承式光缆(8 芯,清理入库)	千米条	0.70	4.54	7.22	3.18	5.05
6	TXL6-010	光缆接续(36 芯)	头	2.00	3.42		6.84	
7		其他用工					240.00	270.00
		合计					272.45	349.94

设计负责人:　　　　　审核:　　　　　编制:　　　　　编制日期:　　　　年　月

表 5-24　建筑安装工程机械使用费 ___预___ 算表(表三)乙

工程名称:××市家宽网络新建光缆线路工程　　　建设单位名称:××市移动通信分公司　　　表格编号:　　　第　　页

序　号	定额编号	项目名称	单　位	数　量	机械名称	单位定额值		合计值	
						消耗量/台班	单价/元	消耗量/台班	合价/元
I	II	III	IV	V	VI	VII	VIII	IX	X
1	TXL2-007	挖夯、填光缆沟(普通土)	100m³	0.90	夯实机	0.75	117.00	0.68	79.56
2	TXL3-001	立 8.5 m 水泥电杆(综合土,城区)	根	5.00	汽车式起重机(5 t)	0.04	516.00	0.20	103.20
3	TXL6-010	光缆接续(36 芯)	头	2.00	汽油发电机(10 kW)	0.25	202.00	0.50	101.00
4	TXL6-010	光缆接续(36 芯)	头	2.00	光纤熔接机	0.45	144.00	0.90	129.60
合计									413.36

设计负责人:　　　审核:　　　编制:　　　编制日期:　　　年　　月

表 5-25　建筑安装工程仪器仪表使用费 ___预___ 算表(表三)丙

工程名称:××市家宽网络新建光缆线路工程　　　建设单位名称:××市移动通信分公司　　　表格编号:　　　第　　页

序　号	定额编号	项目名称	单　位	数　量	仪表名称	单位定额值		合计值	
						消耗量/台班	单价/元	消耗量/台班	合价/元
I	II	III	IV	V	VI	VII	VIII	IX	X
1	TXL6-010	光缆接续(36 芯)	头	2.00	光时域反射仪	0.95	153.00	1.90	290.70
合计									290.70

设计负责人:　　　审核:　　　编制:　　　编制日期:　　　年　　月

(2) 第 2 步:填写(表四)甲

由于本工程没有"需要安装的设备"以及"不需要安装的设备、工器具",所以(表四)甲只有一种情况,那就是"主要材料"。此时要以(表三)甲的定额条目为依据,再一次查看定额对应条目中的"主要材料"栏,并在草稿纸上将每个定额条目中的主要材料抄下来并计算其用量,同时标注好材料的单位(注意不是定额单位,而是材料的单位);当所有定额条目对应的材料都计算完后,再合并同类项,即把相同材料的数量相加。做好了这些后就可填写(表四)甲了。本工程的(表四)甲填写后的结果如表 5-26 所示。

表5-26 国内器材预算表(表四)甲

工程名称：××市宽带网络新建光缆线路工程

建设单位名称：××市移动通信分公司 （主要材料）表

表格编号： 第 页

序号 I	名称 II	规格程式 III	单位 IV	数量 V	单价/元 VI	合计/元 除税价 VII	合计/元 增值税 VIII	合计/元 含税价 IX	备注 X
1	光缆	36芯	m	3 045.00	3.00	9 135.00	1 552.95	10 687.95	光缆类
2	光缆	12芯	m	80.56	2.00	161.12	27.39	188.51	
(1) 小计1						9 296.12	1 580.34	10 876.46	
(2) 运杂费:小计1×2.2%						204.51	34.77	239.28	运距800 km
(3) 运保费:小计1×0.1%						9.30	1.58	10.88	
(4) 采保费:小计1×1.1%						102.26	17.38	119.64	
(5) 合计1						9 612.19	1 634.07	11 246.26	
3	光缆托板垫		块	145.50	3.00	436.50	74.21	510.71	
4	PVC胶带		盘	156.00	12.00	1 872.00	318.24	2 190.24	塑料及塑料制品类
5	聚乙烯波纹管		m	80.10	5.00	400.50	68.09	468.59	
6	光缆接续器材		套	2.02	240.00	484.80	82.42	567.22	
(1) 小计2						3 193.80	542.96	3 736.76	
(2) 运杂费:小计2×5.4%						172.47	29.32	201.79	运距300 km
(3) 运保费:小计2×0.1%						3.19	0.54	3.73	
(4) 采保费:小计2×1.1%						35.13	5.97	41.10	
(5) 合计2						3 404.59	578.79	3 983.38	
7	水泥电杆	8.5 m	根	5.05	300.00	1 515.00	257.55	1 772.55	水泥及水泥构件类
8	水泥	32.5	kg	1.00	0.20	0.20	0.03	0.23	
(1) 小计3						1 515.20	257.58	1 772.78	
(2) 运杂费:小计3×23%						348.50	59.24	407.74	运距300 km

续表

序号	名称	规格程式	单位	数量	单价/元	合计/元 除税价	合计/元 增值税	合计/元 含税价	备注
	(3) 运保费:小计 3×0.1%					1.52	0.26	1.78	
	(4) 采保费:小计 3×1.1%					16.67	2.83	19.50	
	(5) 合计 3					1 881.89	319.91	2 201.80	
9	光缆托板		块	145.50	4.00	582.00	98.94	680.94	其他类
10	镀锌铁线	Φ1.5 mm	kg	9.23	0.40	3.69	0.63	4.32	
11	电缆挂钩		只	164.80	0.80	131.84	22.41	154.25	
12	镀锌钢绞线	7/2.2 mm	kg	18.40	8.00	147.20	25.02	172.22	
13	U 形钢卡	Φ6.0 mm	副	11.42	5.00	57.1	9.71	66.81	
14	拉线衬环(小号)		个	3.23	4.00	12.92	2.20	15.12	
15	膨胀螺栓	M12	个	19.39	4.00	77.56	13.19	90.75	
16	终端转角墙担		根	3.23	6.00	19.38	3.29	22.67	
17	中间支持物		套	6.46	4.00	25.84	4.39	30.23	
	(1) 小计 4					1 057.53	179.78	1 237.31	
	(2) 运杂费:小计 4×4.5%					47.59	8.09	55.68	运距 300 km
	(3) 运保费:小计 4×0.1%					1.06	0.18	1.24	
	(4) 采保费:小计 4×1.1%					11.63	1.98	13.61	
	(5) 合计 4					1 117.81	190.03	1 307.84	
	总计:合计 1+合计 2+合计 3+合计 4					16 016.28	2 722.80	18 739.08	

设计负责人:　　　　　审核:　　　　　编制:　　　　　编制日期:　　　　　年　　月

（3）第3步：填写（表二）

依据费用定额所规定费率逐一填写计算依据和计算方法，若为给定请标明"按实计列"，完成后的（表二）如表5-27所示。

表 5-27　建筑安装工程费用　预　算表（表二）

工程名称：××市家宽网络新建光缆线路工程　　　建设单位名称：××市移动通信分公司　　　表格编号：　　　　第　　页

序号	费用名称	依据和计算方法	合计/元	序号	费用名称	依据和计算方法	合计/元
I	II	III	IV	I	II	III	IV
	建筑安装工程费(含税价)	一十二十三十四	155 916.49	7	夜间施工增加费	人工费×2.5%	1 310.14
	建筑安装工程费(除税价)	一十二十三	139 599.56	8	冬雨季施工增加费	人工费×1.8%	943.30
一	直接费	(一)+(二)	97 103.81	9	生产工具用具使用费	人工费×1.5%	786.08
(一)	直接工程费	1+2+3+4	69 174.03	10	施工用水、电、蒸气费	按实计列	3 000.00
1	人工费	(1)+(2)	52 405.64	11	特殊地区施工增加费		
(1)	技工费	技工总工日×114	31 059.30	12	已完工程及设备保护费	人工费×2.0%	1 048.11
(2)	普工费	普工总工日×61	21 346.34	13	运土费		
2	材料费	(1)+(2)	16 064.33	14	施工队伍调遣费	240×2×5	2 400.00
(1)	主要材料费	(表四)甲(税前)	16 016.28	15	大型施工机械调遣费	2×7.2×400	5 760.00
(2)	辅助材料费	(1)×0.3%	48.05	二	间接费	(一)+(二)	32 014.62
3	机械使用费	(表三)乙	413.36	(一)	规费	1+2+3+4	17 655.47
4	仪表使用费	(表三)丙	290.70	1	工程排污费		
(二)	措施项目费	1+2+…+15	27 929.78	2	社会保障费	人工费×28.5%	14 935.61
1	文明施工费	人工费×1.5%	786.08	3	住房公积金	人工费×4.19%	2 195.80
2	工地器材搬运费	人工费×3.4%	1 781.79	4	危险作业意外伤害保险费	人工费×1.0%	524.06
3	工程干扰费	人工费×6.0%	3 144.33	(二)	企业管理费	人工费×27.4%	14 359.15
4	工程点交、场地清理费	人工费×3.3%	1 729.39	三	利润	人工费×20%	10 481.13
5	临时设施费	人工费×5.0%	2 620.28	四	销项税额		16 316.93
6	工程车辆使用费	人工费×5.0%	2 620.28				

设计负责人：　　　　审核：　　　　编制：　　　　编制日期：　　　年　　月

注：销项税额＝（人工费＋辅助材料费＋机械使用费＋仪表使用费＋措施项目费＋规费＋企业管理费＋利润）×11%＋甲供主材费（税前）×17%。

（4）第4步：填写（表五）甲

依据费用定额及项目给定的条件逐一填写计算依据及方法，若为给定请标明"按实计列"，完成后的（表五）甲如表5-28所示。

表 5-28　工程建设其他费　预　算表（表五）甲

工程名称：××市家宽网络新建光缆线路工程　　　　建设单位名称：××市移动通信分公司　　　　表格编号：　　第　　页

序号	费用名称	计算依据及方法	金额/元			备　注
			除税价	增值税	含税价	
I	II	III	IV	V	VI	VII
1	建设用地及综合赔补费	按实计列	20 000.00	1 200.00	21 200.00	税率为 6%
2	建设单位管理费	工程概算额×1.5%	3 000.00	180.00	3 180.00	税率为 6%
3	可行性研究费					
4	研究试验费					
5	勘察设计费	按实计列	10 000.00	600.00	10 600.00	税率为 6%
6	环境影响评价费					
7	建设工程监理费	工程费（税前）×2.5%	3 489.99	209.40	3 699.39	税率为 6%
8	安全生产费	建筑安装工程费（税前）×1.5%	2 093.99	230.33	2 324.32	税率为 11%
9	引进技术及进口设备其他费					
10	工程保险费					
11	工程招标代理费	按实计列	10 000.00	600.00	10 600.00	税率为 6%
12	专利及专有技术使用费					
13	其他费用					
	总计		48 583.98	3 019.73	51 603.71	
14	生产准备及开办费（运营费）					

设计负责人：　　　　审核：　　　　编制：　　　　编制日期：　　年　　月

（5）第 5 步：填写（表一）

填写（表一）要注意几点：一是预备费的计算公式要写清；二是费用名称的垂直与水平相交的格子内填写税前费用值（不能填写税后值）；三是需要填写项目名称（本题因没有给定，故无法填写）。完成后的（表一）如表 5-29 所示。

表 5-29　工程　预　算总表（表一）

建设项目名称：

单项工程名称：××市家宽网络新建光缆线路工程　　　　建设单位名称：××市移动通信分公司　　　　表格编号：　　第　　页

序号	表格编号	费用名称	小型建筑工程费	需要安装的设备费	不需要安装的设备、工器具费	建筑安装工程费	其他费用	预备费	总价值			
			元						除税价	增值税	含税价	其中外币（ ）
I	II	III	IV	V	VI	VII	VIII	IX	X	XI	XII	XIII
1	（表二）	建筑安装工程费				139 599.56			139 599.56	16 316.93	155 916.49	
2	（表五）甲	其他费用					48 583.98		48 583.98	3 019.73	51 603.71	
	预备费＝（工程费＋工程建设其他费）×4.0%							7 527.34	7 527.34	773.47	8 300.81	
	总计								195 710.88	20 110.13	215 821.01	

设计负责人：　　　　审核：　　　　编制：　　　　编制日期：　　年　　月

（6）撰写编制说明

编制说明略。

5.3.5 移动基站设备安装工程概预算文件编制实例详解

实例名称：××学院移动基站设备安装工程施工图预算。

1. 已知条件(移动基站机房勘测任务书)

××职业技术学院校区地处××市××路××号，需要进行 3G 无线覆盖，采用中兴 TD-SCDMA 设备覆盖，××市移动分公司无线网络结构如图 5-4 所示。

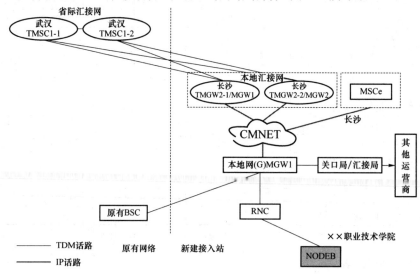

图 5-4 ××市移动分公司无线网络结构示意图

本次工程在××职业技术学院教学楼安装无线基站设备（NODEB）及配套设备。机房位于校区教学楼 8 楼，天线安装在楼顶。天面图见图 5-5。

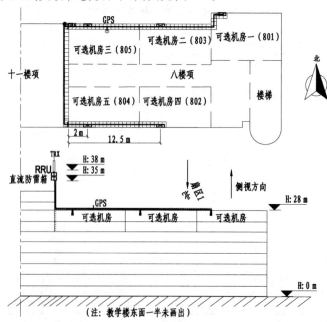

图 5-5 天面图

（1）工程勘测

对机房进行勘测，绘制草图，选择本次工程设计的机房，并按照机房工艺要求提出改造方案，并对建筑提出承重要求。

（2）工程设计

本次工程的设计范围包括移动基站的设备机架、传输综合柜、供电电源、室内走线架的安装设计，市电及交流配电箱已经到位。

根据前期工程规划，设备配置如下。

本工程基站设备型号为 ZXTR B328，安装设备数量为 1 架，每扇区 3 个载频，本基站系统连接原理如图 5-6 所示。

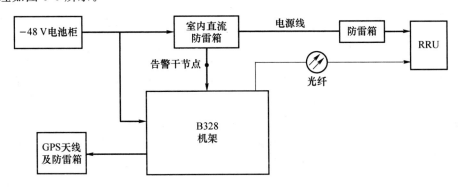

图 5-6　ZXTR B328 基站系统连接原理图

传输综合柜安装传输设备、ODF 及 DDF，传输为 75 欧系统；开关电源选择爱默生系列电源，相关参数见表 5-30；蓄电池选择 SNS 系列，相关参数见表 5-31；走线架产品相关参数见表 5-32。

① 假设机房近期直流负荷均为 48 V，其中无线专业 40 A，传输专业 30 A，其他专业 80 A，采用高频开关型整流器供电。假设 K 取 1.25，放电时间 T 为 3 h，不计算最低环境温度影响（即假设 $t=25$ ℃），蓄电池逆变效率 $\eta=0.75$，$\alpha=0.006$，机房承重不超过 800 kg/m²。计算蓄电池的总容量及选定的配置情况。

② 根据以上蓄电池配置，蓄电池按照 10 h 充放电率考虑，计算开关电源配置容量并选择型号。

表 5-30　爱默生开关电源产品表

产品型号	单　位	单价/元	模块数量	外形尺寸/mm			荷载/(kg·m⁻²)	备　注
				长	宽	高		
PS48100-2A/25-50A	架	12 000	2	600	600	2 000	465	含直流防雷模块
PS48100-2A/25-75A	架	12 500	3	600	600	2 000	480	含直流防雷模块
PS48100-2A/25-100A	架	13 000	4	600	600	2 000	498	含直流防雷模块
PS48300-1B/30-150A	架	15 000	5	600	600	2 000	520	含直流防雷模块
PS48300-1B/30-180A	架	16 000	6	600	600	2 000	535	含直流防雷模块
PS48300-1B/30-210A	架	17 000	7	600	600	2 000	542	含直流防雷模块
PS48300-1B/30-240A	架	18 000	8	600	600	2 000	558	含直流防雷模块
PS48300-1B/30-270A	架	19 000	9	600	600	2 000	565	含直流防雷模块

表 5-31　SNS 蓄电池产品表

电池型号	组电压/V	排列形式	电池组外形尺寸/mm			电池组重量/kg	钢架重量/kg	配件重量/kg	总重/kg	载荷/(kg·m⁻²)
			长	宽	高					
SNS-200AH	48	双层双列	737	495	1 032	360	33	1.9	395	1 227
		单层双列	1 350	495	412		23	1.3	384	706
		双层单列	1 382	293	1 032		31	1.6	393	1 218
SNS-300AH	48	双层双列	933	495	1 032	492	35	3.0	530	1 322
		单层双列	1 746	495	412		28	2.2	522	636
		双层单列	1 776	293	1 032		40	2.6	535	1 105
SNS-400AH	48	双层双列	1 128	566	1 042	672	58	3.6	734	1 350
		单层双列	2 118	566	422		46	2.4	720	703
		双层单列	2 156	338	1 042		66	2.9	741	1 720
SNS-500AH	48	双层双列	1 198	656	1 042	780	49	6.1	835	1 421
		单层双列	2 195	656	422		39	4.5	823	743
		双层单列	2 233	383	1 042		54	5.4	839	1 285
SNS-600AH	48	双层双列	998	990	1 032	984	70	6.0	1 060	1 170
		单层双列	1 811	990	412		56	4.4	1 044	578
		双层单列	1 841	495	1 032		80	5.2	1 069	1 184

注：蓄电池价格为 48 元/(安·时)。

表 5-32　走线架产品表

产品名称	规格型号	单　位	单价/元	备　注
钢制走线架	$W=300\ mm$	m	200	含安装配件
	$W=400\ mm$	m	260	
	$W=600\ mm$	m	320	
	$W=800\ mm$	m	400	

（3）CAD 制图

根据以上机房选择、设备选型，按照设备安装规范，在 A4 纸上绘制图纸。

① 设备安装平面布置图（包含设备表）。

② 室内走线架布置及走线图（包含材料统计表）。

（4）预算编制

① 本工程建设单位为××市移动分公司，工程施工企业距离工程施工所在地 50 km，施工地点的冬雨季施工地区类别为 Ⅱ 类，工程不委托监理，不购买工程保险，不实行工程招标。

② 市电及交流配电盒已在工程前到位，传输设备外线由线路工程负责。

③ 本工程预算包括移动基站（BBU＋RRU）、综合机柜（含 ODF 和 DDF）、传输设备（放置于综合柜）、电源设备及线缆、室内走线架布放。机柜内设备安装、柜内线缆布放以及由厂家提供的外部线缆（见图 5-7）均由厂家负责安装，施工企业负责除厂家负责外机柜间的线缆及机柜安装。

④ 本工程不计列天面改造（包括支撑杆、走线架、防雷接地等）费用、机房改造（包括开洞、加固、防雷接地等）费用、空调费用等配套工程费用；由建设单位另行委托相关设计单位设计。

⑤ 所有设备价格为到基站机房或天面价格，国内配套主材的运距为 50 km。

⑥ 本工程的设备、材料价格及部分材料分别如表 5-33、表 5-34 所示，其他设备及材料价格请根据设计取定规格后查表 5-31、表 5-32 确定。

表 5-33 部分设备及材料价格表

序 号	名 称	规格型号	单 位	外形尺寸/mm			载荷/(kg·m⁻²)	单价/元	备 注
				长	宽	高			
1	基站设备	ZXTR B328	架	600	600	1 400	473	140 000.00	主设备物料界面如图 5-7（含底座）所示
2	定向天线	18 dBi	副					8 000.00	
3	馈线	1/2″	m					25.00	含馈线卡子
4	综合柜	含 ODF 和 DDF	架	600	600	2 000	500	4 000.00	放置 ODF、DDF 和传输设备
5	传输设备	SDH155/622M	套					30 000.00	
6	电力电缆接线端子		个					1.50	
7	铜接线端子		个					1.80	
8	地线排		个					180.00	
9	接地母线	25 mm²	m					2.65	
10	加固角钢夹板组		组					50.80	

表 5-34 部分材料表

导线路由	电缆规格
交流配电箱——DC	RVVZ 4×10 mm²（1 根）
室内地线排——DC 工作地	RVVZ 1×70 mm²（1 根）
室内地线排——DC 保护地	RVVZ 1×25 mm²（1 根）
蓄电池——DC	RVVZ 1×70 mm²（4 根，2 组电池）
室内地线排——蓄电池架	RVVZ 1×25 mm²（1 根）
DC——基站机架	RVVZ 1×25 mm²（4 根，2 路供电）（无线主设备厂家提供）
室内地线——基站设备	RVVZ 1×25 mm²（1 根）（无线主设备厂家提供）
DC——综合机架	RVVZ 1×25 mm²（2 根，1 路供电）
室内地线排——综合机架	RVVZ 1×25 mm²（1 根）

注：①电源线按 1 m/10 mm² 为 5 元计价，例如 1×25 mm² 的 1 m 电源线为 2.5×5＝12.5 元；②表中的 DC 即指开关电源。

⑦ 无线主设备的物料界面如图 5-7 所示。

⑧ 本工程施工用水、电、蒸气费为 3 000 元。

⑨ 本工程不计取运土费、工程排污费、建设期投资贷款利息。

⑩ 本工程专业为无线通信设备专业，(表五)只计取建设单位管理费、勘察设计费、建设工程监理费、安全生产费。

⑪ 要求编制一阶段设计施工图预算，精确到小数点后两位，并撰写编制说明。

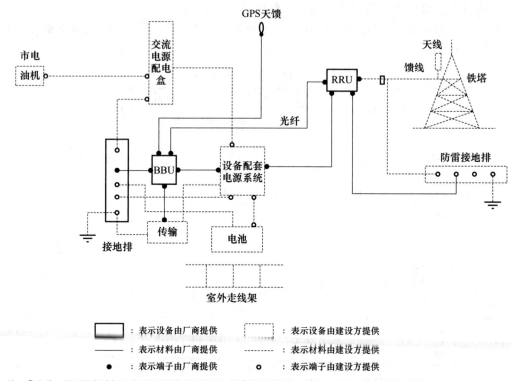

注：①本分工界面图主要应用于BBU及设备配套电源、传输设备等在室内安装，RRU在室外安装的场景。
②如BBU+RRU安装于室内，则建议参照室内安装基站分工界面图；如安装于室外，则应参照室外安装基站分工界面图。

图 5-7　无线主设备的物料界面图

2. 编制详解

（1）机房现场勘察

本次设计指定机房为一间能容纳 60 人左右上课的教室，根据通信机房建设相关规范，特提出如下改造方案：

① 在房间由西墙往东 1/3 处，新建隔墙（采用最新轻型隔热、隔音材料），本次设计机房占用房间的 1/3，余下 2/3 留作他用，以提高房间利用率；

② 将房间现有房门改造成宽为 1.4 m、高为 2.4 m 的外开门，以利于设备进出并满足消防要求；

③ 房间南墙现有窗户全部拆除并封闭（因为基站机房不需要窗户，室内温度完全由空调控制），对所有墙上现有壁柜进行封堵粉刷；

④ 房间天花板下的现有电风扇全部拆除，并将现有日光灯改为吸顶式；

⑤ 拆除房间西墙现有黑板并恢复墙面；

⑥ 给定房间为框架式结构，承重标准为 800 kg/m²，能否满足安装设备的承重要求，我们综合下面的计算来决定。

（2）计算蓄电池的总容量及选定的配置情况

根据给定的各相关设备所需电流数值及蓄电池容量计算公式 $KIT/\{\eta[1+\alpha(t-25)]\}$，有 $K=1.25, I=40+30+80=150 \text{ A}, T=3, t=25 \text{ ℃}, \eta=0.75, \alpha=0.006$。

蓄电池容量＝1.25×150×3/{0.75×[1＋0.006×(25－25)]}＝750 AH。

由此可知,配置 400 AH 电池两组即可。查表 5-31 并结合题中要求,机房承重不超过 800 kg/m²,故本设计选用 SNS-400 AH(单层双列)两组(注:表 5-31 中标注的这组电池的载荷为 703 ㎏/m²)。

同时也因此可知,第 1 步"机房现场勘测"中的楼板可以满足本次设计要求,无须另行考虑楼板承重问题。

(3) 根据以上蓄电池配置,按照 10 h 充放电率考虑,计算开关电源配置容量并选择型号

根据以上蓄电池的选定和给定的 10 h 放电率,则可知开关电源对蓄电池进行充电时需提供的电流为 800/10＝80 A,于是总电流＝80＋150＝230 A。而目前开关电源模块为 30 安/块,所以共需 8 块,另考虑 N＋1 备份,本设计共需 30 A 模块 9 块,即 270 A 开关电源。查表5-30,应选取 PS48300-1B/30-270A 爱默生开关电源产品。

(4) 机房设计图纸

根据以上设备的定型和题目给定的综合条件,本工程机房设计图纸如图 5-8 所示。为了方便大家把图纸看懂,下面我们对这 3 张图纸进行简单的说明。

① 关于图 5-8(a)

在进行移动基站机房设计时,要注意以下几点:第一,每个设备必须定位,也就是说尺寸标注必须全面,这与我们数学中用直角坐标定点一样,这样才能让施工人员进行施工,否则设备无法安装到位;第二,要方便设备的进出和将来扩容,如图中的虚线位就是将来增加设备的位置;第三,蓄电池较重,要考虑楼板是否能承受得了;第四,尽量缩短馈线长度,这一方面是为了节省资金,另一方面是为了减少射频信号在线路上的损耗,本图中就将 BBU 放置在靠近南墙的位置;第五,注意设备之间的隔距,以利于散热;第六,关于机房的门,要保证设备的进出方便,同时一定要向外开,以便于发生火灾等灾害时人员的逃生。

② 关于图 5-8(b)

在绘制室内走线架及线缆走线图时,需要考虑以下几点:第一,目前的走线架均为上走线架,过去那种在地板下走线的方式已不再采用,因为它容易潮湿、被老鼠咬;第二,走线架的宽度一般视线缆的多少来决定,如本设计中采用的是 400 mm 宽的走线架,这是因为交流电源线和直流电源线之间必须要有隔距,以减少电磁干扰的影响;第三,不同的连接线要用不同的线型或线粗来表示,本图中就采用了 5 种线型,即实线、虚线、单点画线、双点画线及纯点线,而交流电源线和直流电源线是通过不同的线粗来区分的;第四,垂直往下的引线一般用小黑点表示。

③ 关于图 5-8(c)

线缆统计表的制作是机房设备安装工程中的难点,它需要解决 3 个基本问题:a. 设备彼此之间需要连接哪些线缆;b. 线缆的数量是多少;c. 线缆线径应有多大。

a 和 b 两个问题要求掌握设备之间的工作原理并靠给定的物料界面图来考虑,如果对原理不清楚,那就必须到现场查看现有设备的连接关系才能进行设计;c 问题是由线缆上要传输的最大电流及允许的线路压降来决定的。

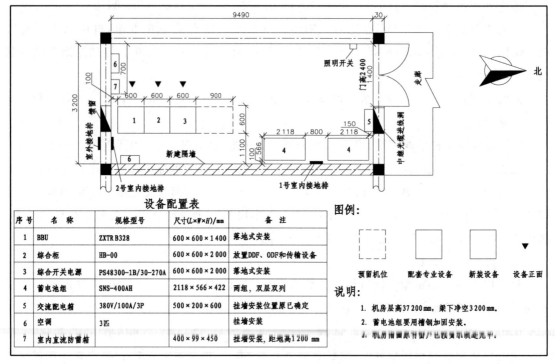

设备配置表

序号	名 称	规格型号	尺寸(L×W×H)/mm	备 注
1	BBU	ZXTR B328	600×600×1400	落地式安装
2	综合柜	HB-00	600×600×2000	放置DDF、ODF和传输设备
3	综合开关电源	PS48300-1B/30-270A	600×600×2000	落地式安装
4	蓄电池组	SNS-400AH	2118×566×422	两组，双层双列
5	交流配电箱	380V/100A/3P	500×200×600	挂墙安装位置原已确定
6	空调	3匹		挂墙安装
7	室内直流防雷箱		400×99×450	挂墙安装，距地高1200mm

图例：

预留机位　配套专业设备　新装设备　设备正面

说明：

1. 机房层高3720mm，梁下净空3200mm。
2. 蓄电池组要用槽钢加固安装。
3. 机房（略）

(a) 设备安装平面布置图

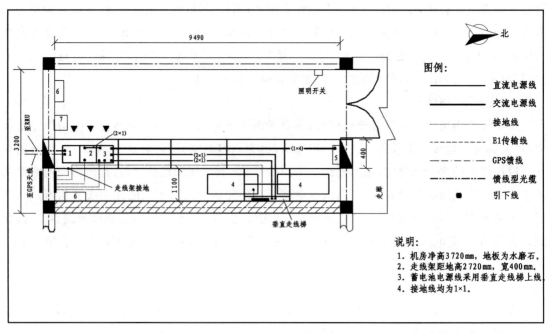

图例：

直流电源线
交流电源线
接地线
E1传输线
GPS馈线
馈线型光缆
引下线

说明：

1. 机房净高3720mm，地板为水磨石。
2. 走线架距地高2720mm，宽400mm。
3. 蓄电池电源线采用垂直走线梯上线。
4. 接地线均为1×1。

(b) 室内走线架布置及走线图

序号	用途	TD基站										数量	单根长度/m	线缆长度及型号	
		综合柜	综合开关电源	交流配电箱	蓄电池组	室内防雷箱	室外接地排	1号接地排	2号接地排	天线	RRU			总长/m	型号
1	电源线											2	4	8	RVVZ 2×25mm²
2	电源线											1	12	12	RVVZ 4×10mm²
3	电源线											4	12	48	RVVZ 2×70mm²
4	接地线											1	2	2	RVVZ 1×25mm²
5	接地线											1	26	26	RVVZ 1×25mm²
6	接地线											1	4	4	RVVZ 1×25mm²
7	接地线											1	4	4	RVVZ 1×25mm²
8	接地线											1	4	4	RVVZ 1×25mm²
9	接地线											1	2	2	RVVZ 1×25mm²
10	接地线											1	10	10	RVVZ 1×25mm²
11	跳线											27	3	81	1/2″ 射频电缆

(c)线缆统计表

图 5-8　基站设备安装工程图纸

对于本设计,设备之间应连接的线缆在图 5-7 中已表示得非常清楚,但要注意哪些是由设备厂商提供的(如图 5-7 的实线部分),哪些是由建设方提供的,建设方提供的就是要纳入预算中的,因为我们做的就是建设工程概预算,由设备厂商提供的就不要纳入预算中。

而对于线缆数量要明白 3 个问题:电源供给、信号传输及接地保护。电源部分包括交流配电箱、开关电源和蓄电池,所有设备的电源均由开关电源提供(因为基站中没有 UPS),而开关电源的能量是由交流电源或蓄电池转化而来的,在市电正常时,开关电源还要对蓄电池进行充电,以使其处于良好的容量状态;接下来就是信号传输,开关电源为 BBU、RRU、GPS 及综合柜中的设备供电(均为直流电),BBU 的信号通过馈线光缆送到 RRU,经 RRU 的电/光转换后通过短段射频电缆(注:目前有部分厂家的产品已将该短段电缆包含在天线中)送至天线,而由 BBU 输出的 GPS 信号则直接通过射频电缆送至 GPS 天线;至于接地保护,目前较常用的是室内接地、室外接地联合使用,以减少接地线的长度,这里接地的主要作用是防雷或防电磁感应,所以所有设备的外壳、蓄电池铁架、走线架、射频电缆及天线等均须进行良好的接地,才能保证设备在无人值守的情况下运行良好。那么,线缆数量如何确定? 一般直流电是一正一负两根线,交流电是三相四线制(需要四芯线),接地线是单线,而对于本设计而言,线缆的数量在表 5-32中已表达得非常清楚,直接按此画线即可,但要注意由厂家负责提供并安装的线缆不要画出,因为其预算值已包含在设备值之内。同时结合物料界面图 5-7 和图 5-8(b)需要在表 5-32 的基础上增加以下线缆:1、2 号接地排之间的连接线,RRU 与天线之间的射频电缆,RRU 与室外地线排的连接线,室内外接地排之间的连接线。

电源线径可以根据电流及压降(ΔU)来计算:

$$S = \sum I \times 2L/(r \times \Delta U)$$

式中:S——电源线截面(mm^2);$\sum I$——流过的总电流数(A);L——该段馈电线的计算长度(m);ΔU——该段馈电线的允许压降(V);r——馈电线的导电率,铜质时为 54.4,铝质时为 34。

ΔU 的取值如下:从电池到直流电源时 $\Delta U \leqslant 0.2\,V$;从直流电源到直流配电柜时 $\Delta U \leqslant 0.8\,V$;从直流配电柜到设备机架时 $\Delta U \leqslant 0.4\,V$。

例如,对于蓄电池与开关电源的连接线缆,由于其必须满足市电停电时的所有负荷需求,即最大电流为 $\sum I = 150\,\text{A}$,$L = 12\,\text{m}$,采用铜导线 $r = 54.4$,$\Delta U = 0.2 + 0.8 = 1.0\,\text{V}$,于是 $S = 150 \times 2 \times 12 / [54.4 \times (0.2 + 0.8)] = 66.18\,\text{mm}^2$,所以我们取 70 mm^2 线径的芯线。

需要说明的是,对于本设计,其线径已无须计算,直接按表 5-32 选定即可。

(5)预算编制

① 统计工程量

本工程涉及两个专业——无线设备专业和电源设备专业,所以使用的定额为第一册和第三册。

a. 通信电源项目工程量

电源部分工程量见表 5-35。

表 5-35 电源部分工程量

序 号	定额编号	项 目 名 称	定额单位	数 量
1	TSD3-002	安装蓄电池抗震架(单层双列)	米/架	5.036 m
2	TSD3-014	安装 48 V 蓄电池组(400 AH)	组	2.00
3	TSD3-034	蓄电池补充电	组	2.00
4	TSD3-036	蓄电池容量试验(48 V 系统)	组	2.00
5	TSD3-070	安装高频开关整流模块(30 A)	个	9.00
6	TSD3-075	电源系统绝缘测试	系统	1.00
7	TSD3-076	开关电源系统调测	系统	1.00
8	TSD3-094	无人值守站内电源设备系统联测	站	1.00
9	TSD5-021	室内布放电力电缆(4 芯,10 mm²)	十米条	1.2×2.0
10	TSD5-039	压铜电力电缆端头(10 mm²)	10 个	0.80
11	TSD6-011	安装室内接地排	个	2.00
12	TSD6-012	敷设室内接地母线	10 m	2.40
13	TSD6-013	敷设室外接地母线	10 m	2.60
14	TSD6-014	敷设接地跨接线	10 处	0.10
15	TSD6-015	接地网电阻测试	组	3.00

b. 无线通信设备安装项目工程量

无线设备安装部分工程量见表 5-36。

表 5-36　无线设备安装部分工程量

序　号	定额编号	项目名称	定额单位	数　量
1	TSW1-002	安装室内电缆走线架(水平)	m	9.49＋1.1＋(2.72－0.422)＝12.89
2	TSW1-014	安装室内无源综合柜(落地式)	个	1.00
3	TSW1-026	安装 DDF 单元	个	1.00
4	TSW2-016	抱杆上安装定向天线	副	3.00
5	TSW2-027	布放射频同轴电缆 1/2″(4 m 以下)	条	9.00
6	TSW2-028	布放射频同轴 1/2″电缆(每增加 1 m)	10 米条	1.10
7	TSW2-043	安装调测光纤分布远端单元(RRU)	单元	3.00
8	TSW2-048	配合调测天、馈线系统	站	1.00
9	TSW2-050	安装基站主设备(BBU)(室内落地式)	架	1.00
10	TSW2-081	配合基站系统调测(定向)	扇区	3.00
11	TSW2-094	配合联网调测	站	1.00

②填写(表三)甲、(表三)乙、(表三)丙及(表四)甲

这里要注意的是(表四)甲分为"主要材料""需要安装的设备"和"不需要安装的设备"3类,对于本例,应只有"主要材料"和"需要安装的设备"两个表。按照前述同样的方法,列出(表三)甲、(表三)乙、(表三)丙,分别如表 5-37、表 5-38、表 5-39 所示,同时列出工程主要材料用量表和主要用材分类统计表,分别如表 5-40 和表 5-41 所示。

表 5-37　建筑安装工程量　预　算表(表三)甲

单项工程名称:××学院移动通信基站设备安装工程
建设单位名称:××市移动分公司　　表格编号:S-YD-2009-06-001-B3A　　　　　　第 全 页

序　号	定额编号	项目名称	单　位	数量	单位定额值/工日		合计值/工日	
					技　工	普　工	技　工	普　工
I	II	III	IV	V	VI	VII	VIII	IX
1	TSD3-002	安装蓄电池抗震架(单层双列)	米/架	5.04	0.55		2.77	
2	TSD3-014	安装 48 V 蓄电池组(400 AH)	组	2.00	5.36		10.72	
3	TSD3-034	蓄电池补充电	组	2.00	3.00		6.00	
4	TSD3-036	蓄电池容量试验(48 V 系统)	组	2.00	7.00		14.00	
5	TSD3-070	安装高频开关整流模块(30 A)	个	9.00	1.12		10.08	
6	TSD3-075	电源系统绝缘测试	系统	1.00	2.20		2.20	
7	TSD3-076	开关电源系统调测	系统	1.00	4.00		4.00	
8	TSD3-094	无人值守站内电源设备系统联测	站	1.00	6.00		6.00	
9	TSD5-021	室内布放电力电缆(4 芯,10 mm²)	十米条	2.40	0.15		0.36	
10	TSD5-039	压铜电力电缆端头(10 mm²)	10 个	0.80	0.15		0.12	
11	TSD6-011	安装室内接地排	个	2.00	0.69		1.38	
12	TSD6-012	敷设室内接地母线	10 m	2.40	1.00		2.40	
13	TSD6-013	敷设室外接地母线	10 m	2.60	2.29		5.95	
14	TSD6-014	敷设接地跨接线	10 处	0.10	0.80		0.08	
15	TSD6-015	接地网电阻测试	组	3.00	0.70		2.10	
16	TSW1-002	安装室内电缆走线架(水平)	m	12.89	0.12		1.56	

续 表

序 号	定额编号	项目名称	单 位	数 量	单位定额值/工日		合计值/工日	
					技 工	普 工	技 工	普 工
I	II	III	IV	V	VI	VII	VIII	IX
17	TSW1-014	安装室内无源综合柜(落地式)	个	1.00	1.61		1.61	
18	TSW1-026	安装 DDF 单元	个	1.00	0.19		0.19	
19	TSW2-016	抱杆上安装定向天线	副	3.00	4.42		13.26	
20	TSW2-027	布放射频同轴电缆 1/2″(4 m 以下)	条	9.00	0.20		1.80	
21	TSW2-028	布放射频同轴电缆 1/2″(每增加 1 m)	十米条	1.10	0.03		0.03	
22	TSW2-043	安装调测光纤分布远端单元(RRU)	单元	3.00	0.68		2.04	
23	TSW2-048	配合调测天、馈线系统	站	1.00	0.47		0.47	
24	TSW2-050	安装基站主设备(BBU)(室内落地式)	架	1.00	5.92		5.92	
25	TSW2-081	配合基站系统调测(定向)	扇区	3.00	1.41		4.23	
26	TSW2-094	配合联网调测	站	1.00	2.11		2.11	
		合计					101.38	

表 5-38　建筑安装工程机械使用费　预　算表(表三)乙

单项工程名称：ΥΥ学院移动通信基站设备安装工程

建设单位名称：××市移动分公司　　　　表格编号：S-YD-2009-06-001-B3B　　　　第 全 页

序 号	定额编号	项目名称	单 位	数 量	机械名称	单位定额值		合计值	
						消耗量/台班	单价/元	消耗量/台班	合价/元
I	II	III	IV	V	VI	VII	VIII	IX	X
1	TSD6-012	敷设室内接地母线	10 m	2.40	交流弧焊机	0.11	120.00	0.26	31.20
2	TSD6-013	敷设室外接地母线	10 m	2.60		0.04	120.00	0.10	12.00
3	TSD6-014	敷设接地跨接线	10 处	0.10		0.20	120.00	0.02	2.40
		合计							45.60

设计负责人：　　　　审核：　　　　编制：　　　　编制日期：　　　年　月

注：表中机械台班单价见本书表2-7。

表 5-39　建筑安装工程仪器仪表使用费　预　算表(表三)丙

单项工程名称：××学院移动通信基站设备安装工程

建设单位名称：××市移动分公司　　　　表格编号：S-YD-2009-06-001-B3C　　　　第 全 页

序 号	定额编号	项目名称	单 位	数量	仪表名称	单位定额值		合计值	
						消耗量/台班	单价/元	消耗量/台班	合价/元
I	II	III	IV	V	VI	VII	VIII	IX	X
1	TSD3-036	蓄电池容量试验(48V 系统)	组	2.00	智能放电测试仪	1.20	154.00	2.40	369.60
2	TSD3-036	蓄电池容量试验(48V 系统)	组	2.00	直流钳形电流表	1.20	117.00	2.40	280.80
3	TSD3-075	电源系统绝缘测试	系统	1.00	手持式多功能万用表	0.20	117.00	0.20	23.40
4	TSD3-075	电源系统绝缘测试	系统	1.00	绝缘电阻测试仪	0.20	120.00	0.20	24.00

序号	定额编号	项目名称	单位	数量	仪表名称	单位定额值		合计值	
						消耗量/台班	单价/元	消耗量/台班	合价/元
I	II	III	IV	V	VI	VII	VIII	IX	X
5	TSD3-076	开关电源系统调测	系统	1.00	手持式多功能万用表	0.20	117.00	0.20	23.40
6	TSD3-076	开关电源系统调测	系统	1.00	绝缘电阻测试仪	0.20	120.00	0.20	24.00
7	TSD3-076	开关电源系统调测	系统	1.00	数字式杂音计	0.20	117.00	0.20	23.40
8	TSD3-094	无人值守站内电源设备系统联测	站	1.00	手持式多功能万用表	0.50	117.00	0.50	58.50
9	TSD3-094	无人值守站内电源设备系统联测	站	1.00	绝缘电阻测试仪	0.50	120.00	0.50	60.00
10	TSD5-021	室内布放电力电缆(4芯,10 mm²)	十米条	2.40	绝缘电阻测试仪	0.10	120.00	0.24	28.80
11	TSD6-015	接地网电阻测试	组	3.00	接地电阻测试仪	0.20	120.00	0.60	72.00
合计									987.90

设计负责人:　　　　　审核:　　　　　编制:　　　　　编制日期:　　　年　　月

表 5-40　工程主要材料用量统计表

序号	定额编号	项目名称	工程量	主材名称	规格型号	单位	定额量	使用量
1	TSD5-021	室内布放电力电缆(4芯,10 mm²)	2.40	电力电缆	1×4	m	10.15	24.36
2	TSD5-039	压铜电力电缆端头(10 mm²)	0.80	铜接线端子		个	10.10	8.08
3	TSD6-011	安装室内接地排	2.00	地线排		个	1.01	2.02
4	TSD6-012	敷设室内接地母线	2.40	接地母线		m	10.10	24.24
5	TSD6-013	敷设室外接地母线	2.60	接地母线		m	10.10	26.26
6	TSW1-002	安装室内电缆走线架(水平)	12.89	室内电缆走线架	400 mm	m	1.01	13.02
7	TSW1-014	安装室内无源综合柜(落地式)	1.00	加固角钢夹板组		组	2.02	2.02
8	TSW2-027	布放射频同轴电缆1/2″(4 m以下)	9.00	射频同轴电缆(3米/根)	1/2″	m	3.00	27.00
9	TSW2-027	布放射频同轴电缆1/2″(4 m以下)	9.00	馈线卡子	1/2″	套	2.00	18.00
10	TSW2-028	布放射频同轴电缆1/2″(每增加1 m)	11.00	射频同轴电缆(3米/根)	1/2″	m	1.02	11.22
11	TSW2-028	布放射频同轴电缆1/2″(每增加1 m)	11.00	馈线卡子	1/2″	套	0.86	9.46

　　显然,我们由表 5-40 中可以看出,表中的材料就是两类:一类是电缆,另一类为"其他"。据此,将表 5-40 变成表 5-41 的分类统计表,进而做出如表 5-42 和如表 5-43 所示的(表四)甲。

表 5-41 主要用材分类统计表

序 号	类 别	名 称	规 格	单 位	使用量
1	电缆	电力电缆	1×4×10 mm²	m	24.36
2		射频同轴电缆	1/2″	m	27.00＋11.22＝38.22
3	其他	铜接线端子		个	8.08
4		地线排		个	2.02
5		接地母线	室内	m	24.24
6		接地母线	室外	m	26.26
7		室内电缆走线架	400 mm	m	13.02
8		加固角钢夹板组		组	2.02
9		馈线卡子	1/2″	套	27.46(价格已含在射频同轴电缆中)

表 5-42 国内器材 预 算表(表四)甲

(主要材料)表

单项工程名称:××学院移动通信基站设备安装工程

建设单位名称:××市移动分公司　　　表格编号:S-YD-2009-06-001-B4A-1　　　第 1 页

序 号	名 称	规格程式	单 位	数 量	单价/元	合计/元			备 注
					除税价	除税价	增值税	含税价	
I	II	III	IV	V	VI	VII	VIII	IX	X
1	电力电缆	1×4×10 mm²(单价给定)	m	24.36	20.00	487.20	82.82	570.02	
2	射频同轴电缆	1/2″	m	38.22	25.00	955.50	162.44	1 117.94	
(1)小计 1						1 442.70	245.26	1 687.96	
(2)运杂费:小计 1×1.0%(运距为 50 km)						14.43	2.45	16.88	
(3)运输保险费:小计 1×0.1%						1.44	0.25	1.69	
(4)采购及保管费:小计 1×1.0%						14.43	2.45	16.88	
(5)合计 1						1 473.00	250.41	1 723.41	
3	铜接线端子		个	8.08	1.80	14.54	2.47	17.01	
4	地线排		个	2.02	180.00	363.60	61.81	425.41	
5	接地母线	室内	m	24.24	2.65	64.24	10.92	75.16	
6	接地母线	室外	m	26.26	2.65	69.59	11.83	81.42	
7	室内电缆走线架	400 mm	m	13.02	260.00	3 385.20	575.48	3 960.68	
8	加固角钢夹板组		组	2.02	50.80	102.62	17.45	120.07	
(1)小计 2						3 999.87	679.98	4 679.85	
(2)运杂费:小计 2×3.6%(运距为 50 km)						144.00	24.48	168.48	
(3)运输保险费:小计 2×0.1%						4.00	0.68	4.68	
(4)采购及保管费:小计 2×1.0%						40.00	6.80	46.80	
(5)合计 2						4 187.87	711.94	4 899.81	
总计＝合计 1＋合计 2						5 660.87	963.35	6 623.22	

设计负责人:　　　审核:　　　编制:　　　编制日期:　　　年　月

在填写(表四)甲时要注意以下几点:a.合并同类项,如表 5-41 中有"接地母线"两栏,但到了(表四)甲中就变成 1 栏了;b.因为"馈线卡子"项在题目给定的材料报价表 5-33 中已包含在"馈线电缆"中,所以(表四)甲中就没有"馈线卡子"项了。

表 5-43　国内器材　预　算表(表四)甲
(需要安装的设备)表

单项工程名称:××学院移动通信基站设备安装工程

建设单位名称:××市移动分公司　　　　　　　表格编号:S-YD-2009-06-001-B4A-2　　　　　　第 2 页

序　号	名　称	规格程式	单　位	数　量	单价/元	合计/元			备　注
					除税价	除税价	增值税	含税价	
I	II	III	IV	V	VI	VII	VIII	IX	X
1	基站设备	ZXTR B328	架	1.00	140 000.00	140 000.00	23 800.00	163 800.00	
2	定向天线	18 dBi	副	3.00	8 000.00	24 000.00	4 080.00	28 080.00	
3	综合柜	含 ODF 和 DDF	架	1.00	4 000.00	4 000.00	680.00	4 680.00	
4	传输设备	SDH155/622M	套	1.00	30 000.00	30 000.00	5 100.00	35 100.00	
5	蓄电池	SNS-400AH	组	2.00	19 200.00	38 400.00	6 528.00	44 928.00	
6	开关电源	PS48300-1B/30-270A	架	1.00	19 000.00	19 000.00	3 230.00	22 230.00	
合计						255 400.00	43 418.00	298 818.00	

设计负责人:　　　　　审核:　　　　　编制:　　　　　编制日期:　　　年　月

因题目给定这些价格均为设备到达施工现场的价格,所以无须再计算设备工、器具购置费中的设备运杂费、运保费、采保费及采购代理服务费等费用,但增值税依然要计算。

③填写(表二)和(表五)甲

a.(表二)的填写

> 因施工企业距工程所在地的距离为 50 km,所以临时设施费费率为 7.6%。

> 严格地讲,本工程涉及两个专业,一个是无线通信设备安装,另一个是通信电源设备安装,但由于题目已明确规定本工程为"无线通信设备专业"(见本节"1.已知条件"中的"(4)预算编制"的第 10 条),所以工程车辆使用费费率为 5.0%。

> 题目给定不计运土费和工程排污费等费用。

> 关于施工队伍调遣费:因本工程技工总工日为 101.37〔由(表三)甲得知〕,且距施工地点的距离为 50 km,所以查表 4-16 和表 4-17 分别得到调遣费单价为 141 元,调遣人数为 5 人。

> 从(表三)乙可以看出,本工程的施工机械交流弧焊机,未在费用定额表 4-18 所列名称中,所以无大型施工机械调遣费,同时工程施工地为城区,所以无特殊地区施工增加费。

> 施工用水、电、蒸气费由题目给定,为 3 000 元,直接填入。

> 施工地点的冬雨季施工地区类别为 II 类,即计算冬雨季施工增加费的费率为 2.5%。

由此完成的(表二)如表 5-44 所示。

表 5-44 建筑安装工程费用 预 算表(表二)

单项工程名称:××学院移动通信基站设备安装工程

建设单位名称:××市移动分公司　　　　表格编号:S-YD-2009-06-001-B2　　　　　　第 全 页

序　号	费用名称	依据和计算方法	合计/元	序　号	费用名称	依据和计算方法	合计/元
I	II	III	IV	I	II	III	IV
	建筑安装工程费(含税价)	一+二+三+四	39 510.62	7	夜间施工增加费	人工费×2.1%	242.70
	建筑安装工程费(除税价)	一+二+三	35 289.16	8	冬雨季施工增加费	人工费×2.5%	288.93
一	直接费	(一)+(二)	25 917.33	9	生产工具用具使用费	人工费×0.8%	92.46
(一)	直接工程费	1+2+3+4	18 421.52	10	施工用水、电、蒸气费	按实计列	3 000.00
1	人工费	(1)+(2)	11 557.32	11	特殊地区施工增加费	无	
(1)	技工费	技工总工日×114	11 557.32	12	已完工程及设备保护费	人工费×1.5%	173.36
(2)	普工费			13	运土费	不计	
2	材料费	(1)+(2)	5 830.70	14	施工队伍调遣费	14[1]×[5]×[1]	1 119.00
(1)	主要材料费	来自(表四)甲	5 660.87	15	大型施工机械调遣费	无	
(2)	辅助材料费	(1)×3%	169.83	二	间接费	(一)+(二)	7 060.37
3	机械使用费	来自(表三)乙	45.60	(一)	规费	1+2+3+4	3 893.66
4	仪表使用费	来自(表三)丙	987.90	1	工程排污费	无	
(二)	措施项目费	1+2+…+15	7 495.81	2	社会保障费	人工费×28.5%	3 293.84
1	文明施工费	人工费×1.1%	127.13	3	住房公积金	人工费×4.19%	484.25
2	工地器材搬运费	人工费×1.1%	127.13	4	危险作业意外伤害保险费	人工费×1.0%	115.57
3	工程干扰费	人工费×4.0%	462.30	(二)	企业管理费	人工费×27.4%	3 166.71
4	工程点交、场地清理费	人工费×2.5%	288.93	三	利润	人工费×20%	2 311.46
5	临时设施费	人工费×7.6%	878.36	四	销项税额	见表注	4 221.46
6	工程车辆使用费	人工费×5.0%	577.87				

设计负责人:　　　　　　审核:　　　　　　编制:　　　　　　编制日期:　　　年　月

注:销项税额=(人工费+辅助材料费+机械使用费+仪表使用费+措施项目费+规费+企业管理费+利润)×11%+甲供主材费(税前)×17%。

b.(表五)甲的填写

题中规定"(表五)只计取建设单位管理费、勘察设计费、建设工程监理费、安全生产费"4 项费用。

➤ 建设单位管理费:根据费用定额的规定"建设单位管理费=工程总概算×费率",这里的工程总概算应为建筑安装工程费与设备、工器具购置费之和,所以本工程的建设单位管理费＝(35 289.16＋255 400.00)×1.5％＝4 360.34 元。

➢ 勘察设计费:勘察费,查本书表 4-29 可知,勘察费为 4 250.00 元;设计费,计费额＝35 289.16＋255 400.00＝290 689.16 元,因是一阶段设计,所以设计费＝计费额×0.045＝290 689.16×0.045＝13 081.01 元,于是勘察设计费为 13 081.01＋4 250＝17 331.01 元。

➢ 建设工程监理费:根据《国家发展改革委、建设部关于印发〈建设工程监理与相关服务收费管理规定〉的通知》(发改价格〔2007〕670 号)文件的规定,对于计费额在 500 万元以下的(如本工程),我们用"直线延伸法"来进行处理。

如图 5-9 是根据发改价格〔2007〕670 号文件给定的 500 万元和 1 000 万元计费额的施工监理服务收费基价(分别为 16.5 万元和 30.1 万元)作出的直线图,由此可知,本工程的监理费应在图中虚线部分的某个位置。只要将"计费额"确定了,监理费数值就可以确定了。

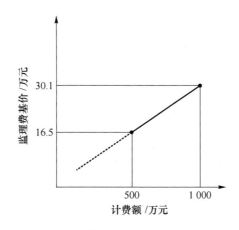

图 5-9　用直线延伸法求解建设工程监理费示意

我们将横轴用 x 表示,纵轴用 y 表示,于是得到图 5-9 中的直线方程为:$87x－625y＋1812.5＝0$。

下面我们来计算本题的计费额。根据发改价格〔2007〕670 号文件"施工监理服务收费以建设项目工程概算投资额分档定额计费方式收费的,其计费额为工程概算中的建筑安装工程费、设备购置费和联合试运转费之和,即工程概算投资额。对设备购置费和联合试运转费占工程概算投资额 40％以上的工程项目,其建筑安装工程费全部计入计费额,设备购置费和联合试运转费按 40％的比例计入计费额。但其计费额不应小于建筑安装工程费与其相同且设备购置费和联合试运转费等于工程概算投资额 40％的工程项目的计费额"的规定,因本工程的设备购置费为 255 400 元,联合试运转费为 0 元,而建筑安装工程费为 35 289.16 元,所以属于"设备购置费和联合试运转费占工程概算投资额 40％以上的工程项目",故本工程的计费额为 35 289.16＋255 400×40％＝137 449.16 元≈13.74 万元。

将计费额代入上述方程中,得到 $y＝48 126.08$,即本工程的监理费。

由此完成的(表五)甲如表 5-45 所示。

表 5-45 工程建设其他费　预　算表(表五)甲

单项工程名称:××学院移动通信基站设备安装工程

建设单位名称:××市移动分公司　　　　表格编号:S-YD-2009-06-001-B5A　　　　第 全 页

序　号	费用名称	计算依据及方法	金额/元			备　注
			除税价	增值税	含税价	
I	II	III	IV	V	VI	VII
1	建设用地及综合赔补费	无				
2	建设单位管理费	工程费×1.5%	4 360.34	261.62	4 621.96	税率为 6%
3	可行性研究费	不计				
4	研究试验费	不计				
5	勘察设计费	勘察费:4 250 元 设计费＝计费额×0.045	17 331.01	1 039.86	18 370.87	税率为 6%
6	环境影响评价费	不计				
7	建设工程监理费	发改价格〔2007〕670 号文	48 126.08	2 887.56	51 013.64	税率为 6%
8	安全生产费	税前建筑安装工程费×1.5%	529.34	58.23	587.57	税率为 11%
9	引进技术及引进设备其他费	无				
10	工程保险费	不计				
11	工程招标代理费	不计				税率为 6%
12	专利及专有技术使用费	不计				
13	其他费用					
	总　计		70 346.77	4 247.27	74 594.04	
14	生产准备及开办费(运营费)	不计				

设计负责人:　　　　审核:　　　　编制:　　　　编制日期:　　　年　　月

④ 填写(表一)

由于本工程要求编制一阶段设计的施工图预算,所以应列计预备费。由费用定额可知,预备费的计算公式为:预备费＝(工程费＋工程建设其他费)×费率＝(建筑安装工程费＋设备、工器具购置费＋工程建设其他费)×费率。将上述费用汇总,即得到(表一),如表 5-46 所示。

表 5-46　工程　预　算　总　表（表一）

单项工程名称：××学院移动通信基站中继光缆线路工程
建设单位名称：××市移动分公司

表格编号：S-YD-2009-06-001-B1

第　全　页

序号	表格编号	费用名称	小型建筑工程费	需要安装的设备费	不需要安装的设备、工器具费	建筑安装工程费	其他费用	预备费	总价值			
					元				除税价/元	增值税/元	含税价/元	其中外币（　）
I	II	III	IV	V	VI	VII	VIII	IX	X	XI	XII	XIII
1	S-YD-2009-06-001-B4A-2	需要安装的设备费		255 400.00					255 400.00	43 418.00	298 818.00	
2	S-YD-2009-06-001-B2	建筑安装工程费				35 289.16			35 289.16	4 221.46	39 510.62	
3	S-YD-2009-06-001-B5A	工程建设其他费					70 346.77		70 346.77	4 247.27	74 594.04	
	预备费=（工程费+工程建设其他费）×3.0%							10 831.08	10 831.08	1 556.60	12 387.68	
	总计								371 867.01	53 443.33	425 310.34	

设计负责人：　　　审核：　　　编制：　　　编制日期：　　　年　月

（6）撰写编制说明

① 工程概况

本工程为××学院移动通信基站设备安装工程，主要工程量有：安装基站主设备 1 架、400 AH 蓄电池两组、开关电源 1 台、综合机柜及传输设备 1 个、定向天线 3 副、GPS 全向天线 1 副。工程主要满足××学院 3G 网络覆盖之需。工程一阶段设计施工图预算总投资为 425 310.34 元。

② 编制依据

a.《工业和信息化部关于印发信息通信建设工程预算定额、工程费用定额及工程概预算编制规程的通知》（工信部通信〔2016〕451 号）。

b.《信息通信建设工程预算定额》的第一册通信电源设备安装工程和第三册无线通信设备安装工程。

c. 中国移动（集团）有限公司××市分公司工程设计委托书，委托号为××××××。

d. 中国移动（集团）有限公司××市分公司任务书中提供的材料报价。

③ 投资分析

共有扇区 3 个，每扇区造价为 141 770.11 元。

5.3.6　综合布线系统工程概预算文件编制实例详解

实例名称：天地大厦综合布线系统工程一阶段设计预算编制。

1. 已知条件

① 本设计为天地大厦综合布线系统工程一阶段施工图设计，具体图纸见图 5-10、图 5-11、图 5-12、图 5-13、图 5-14、图 5-15、图 5-16 和图 5-17（共 8 张）。

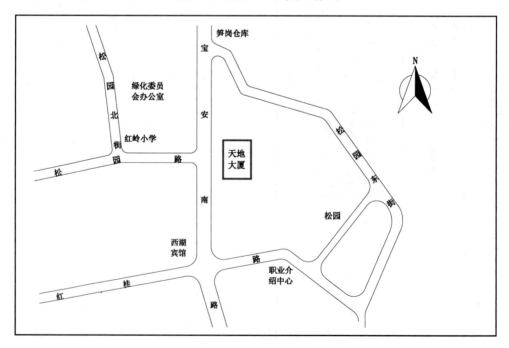

图 5-10　天地大厦地理位置图

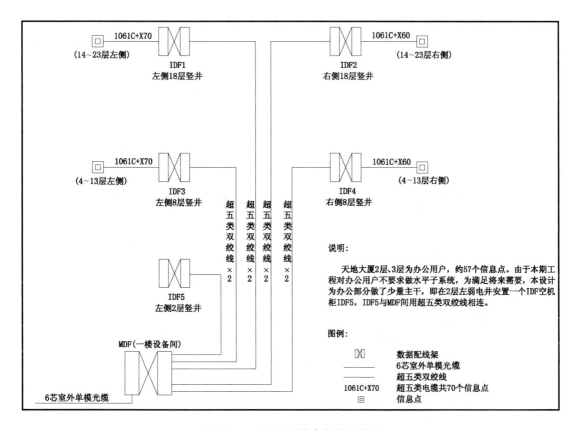

图 5-11　天地大厦综合布线系统图

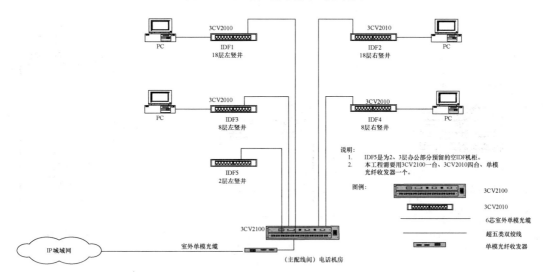

图 5-12　天地大厦综合布线网络系统图

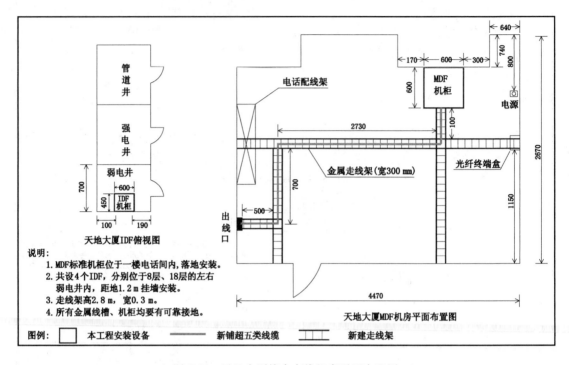

图 5-13　天地大厦综合布线机房平面布置图

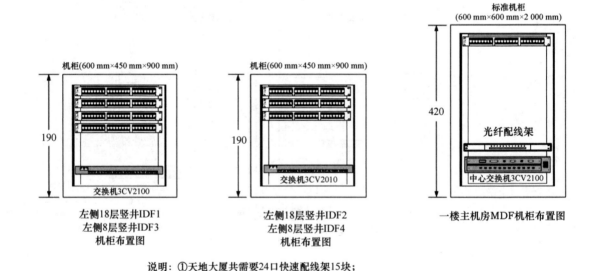

图 5-14　天地大厦综合布线机柜布置图

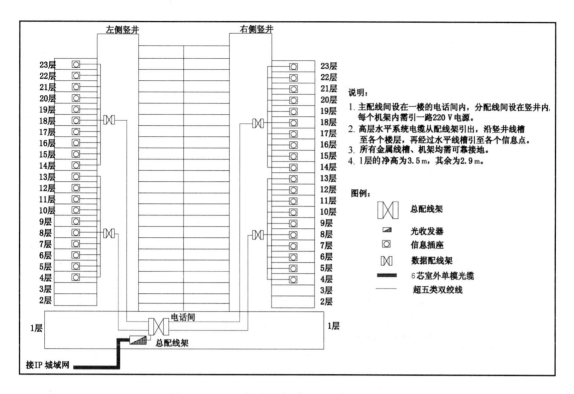

图 5-15   天地大厦垂直、管理、配线间子系统图

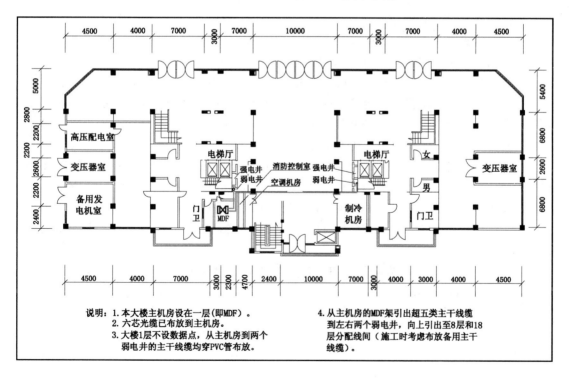

图 5-16   天地大厦综合布线一层平面图

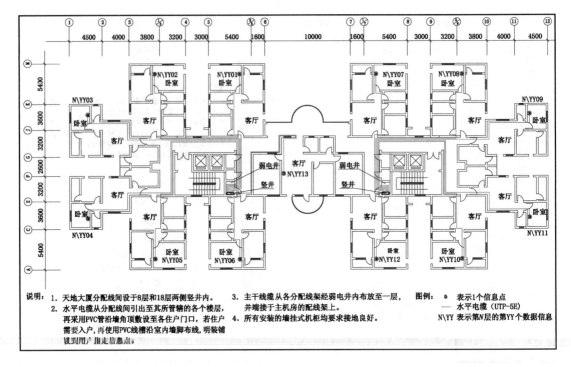

图 5-17　天地大厦综合布线 4～23 层平面图

② 本工程建设单位为××市电信分公司,建设项目名称为××市宽带接入网络工程,不委托监理,不购买工程保险。

③ 施工地点在我国南方某市城区,施工企业距离工程所在地 300 km。

④ 国内配套主材的运距为 100 km,按不需要中转(即无须采购代理)考虑。

⑤ 施工用水、电、蒸气费和工程招标代理费分别按 1 000 元和 10 000 元计取。

⑥ 本工程不计取工程排污费、建设期投资贷款利息、可行性研究费、研究试验费、环境影响评价费、专利及专有技术使用费和生产准备及开办费等费用。

⑦ 计算建设单位管理费时计费基础为工程费。

⑧ 本工程光缆部分(含 ODF 及上架)由设计单位委托其他单位另行设计和施工,不在本工程设计施工之列;设备间内的电话配线架已由电信部门安装完毕;交流电源已安装到位。

⑨ 要求编制一阶段施工图设计预算,精确到小数点后两位,并撰写编制说明。

⑩ 工程中用到的部分工程材料税前单价及设备价格请见表 5-47,设备价格均为到达施工现场价格。

表 5-47　工程中主要材料及相关设备价格表

序　号	材料或设备名称	规　格	单　位	价格/元
1	光缆	跳线,单芯	m	3.60
2	光缆	GYTA-6B1	m	1.68
3	4 对对绞电缆	CAT5 及 CAT5E	m	1.67
4	25 对对绞电缆	25×0.5 mm	m	78.00
5	硬质 PVC 管	φ25 mm	m	1.25

序　号	材料或设备名称	规　格	单　位	价格/元
6	ϕ25 mm PVC 管配件	套		1.00
7	电缆跳线连接器	RJ45	个	0.20
8	信息插座底盒	8 位	个	3.80
9	8 位模块式信息插座	双口	个	8.00
10	水泥		kg	0.33
11	中粗沙		kg	0.045
12	金属桥架	300 mm	m	86.00
13	金属桥架配件	300 mm	套	12.00
14	MDF 机柜	600 mm×600 mm×2 000 mm	个	8 000.00
15	IDF 机柜	600 mm×450 mm×900 mm	个	1 200.00
16	机柜附件		套	300.00
17	机柜抗震底座		个	200.00
18	抗震底座附件		套	150.00
19	镀锌铁线	ϕ1.5 mm	kg	6.80
20	钢丝	ϕ1.5 mm	kg	9.80
21	光纤跳线连接器	FC、SC	个	2.50
22	交换机	3CV2010	台	98 000.00
23	中心交换机	3CV2100	台	180 000.00

2. 编制详解

（1）准确统计工程量

① 认真审读给定的 8 张工程图纸,掌握设计意图。

➤ 图 5-10 告诉我们天地大厦位于宝安南路东侧。

➤ 图 5-11 表明设置 1 个 MDF(在设备间),IDF(配线架柜)共 5 个,分别在左侧 18 层、8 层、2 层及右侧 18 层、8 层竖井中,其中 IDF5 后无水平布线(用户要求)。MDF 至各 IDF 间均采用两根超五类双绞线连接(即垂直干线为超五类双绞线)。MDF 连至楼外 的网络采用 6 芯室外光缆(不在此次设计施工中)。

➤ 图 5-12 是计算机网络系统图,为一典型的星型以太网结构,共需 3CV2100 1 台(置于 设备间)、3CV2010 4 台,而 IDF5 处没有交换设备,只是一个空配线架。此外,在设备 间还需有光纤收发器 1 个,以完成光/电互换。

➤ 图 5-13 告诉我们需安装的 IDF 机柜尺寸为 600 mm×450 mm×900 mm(长×宽×高, 下同),而 MDF 机柜为 600 mm×600 mm×2 000 mm。设备间内超五类线在走线架内 布放长度为 2 800＋100＋2 730＋700＋500＝6 830 mm＝68.30 m,出设备间时墙壁上

需开洞,而宽为 300 mm 的金属走线架全长为 4 470+2 670-740-600+2 670-740-600-100+500=7 530 mm=7.53 m。

> 图 5-14 告诉我们采用的 IDF 及 MDF 的具体尺寸(前已述)及楼层交换机 3CV2010、中心交换机 3CV2100 均放置在机柜的最底层,安装 24 口快速配线模块 15 块。

> 图 5-15 便于我们计算主干线缆长度,如由 MDF 到 8 层 IDF 的主干线缆长度为(3.5+7×2.9)×1.15=27.37 m(采用上走线方式且考虑 15% 的富余量),而由 MDF 到 18 层的主干线缆长度为 3.5+17×2.9=52.8 m。

> 图 5-16 告诉我们在第一层内由 MDF 到左侧弱电井的开槽长度为 6 800 mm=6.8 m,到右侧弱电井的开槽长度为 6 800 mm+4 700 mm+2 400 mm+10 000 mm+7 000 mm=30.9 m。

> 图 5-17 告诉我们 4~23 层每层的信息点数均为 13 个,从竖井到每个信息点的线缆长度如下。

——N/YY01、N/YY06、N/YY07、N/YY12:(5 400+3 600+3 200+2 600+3 200)mm×1.15=18×1.15=20.7 m。

——N/YY02、N/YY05、N/YY08、N/YY10:[18 000(N/YY01 的净长度)+5 400+3 000+3 200]mm×1.15=30.04 m。

——N/YY03、N/YY09:(3 200+2 600+3 200+3 400+5 000+5 000+2 800+3 200+4 000+4 500)mm×1.15=41.52 m。

——N/YY04、N/YY11:[(3 200+2 600+3 200)×2+5 400+3 000+3 200+3 800+3 200+4 000+4 500]mm×1.15=51.87 m。

——N/YY13:[1 600+10 000/2+240(墙壁厚度)+3 000(估)+3 200+2 600]mm×1.15=18 m。

② 统计工程量。

上面的审读与分析为我们统计工程量奠定了良好的基础。由于本工程是一个综合布线系统工程,我们可以按照图纸顺序或第四册通信线路工程中的第五章、第六章、第七章的顺序来进行工程量统计,下面我们采用后一种方法来进行统计。

> 开混凝土线槽(TXL5-048,定额单位为 m):图 5-15 的说明告诉我们,本工程的垂直布线和水平布线均采用线槽形式布放。而定额中的开槽定额是按预埋长度为 1 m 的 ϕ25 mm 以下钢管取定的,为了避免 5 类线缆之间的干扰,我们假设均为单独套管布放,于是有:干线开槽长度,竖井 1 层至 2 层 IDF 垂直长度为(3.5+2.9)×2=12.80 m,竖井 1 层至 8 层 IDF 垂直长度为(27.37/1.15)×2×2=95.20 m,竖井 1 层至 18 层 IDF 垂直长度为(60.72/1.15)×2×2=211.20 m,MDF 到左侧垂直竖井长度为 6.8×6=40.80 m,MDF 到右侧垂直竖井长度为 30.9×4=123.60 m;水平布线开槽长度,[(20.7/1.15)×4+(30.04/1.15)×4+(41.52/1.15)×2+(51.87/1.15)×2+(18/1.15)×1]×20(层)=7 091.20 m。所以,总开槽长度为 12.80+95.20+211.20+40.80+123.60+7 091.20=7 574.80 m。

> 敷设硬质 PVC 管(ϕ25 mm 以下)(TXL5-051,定额单位为 100 m):7574.80 m。

> 安装吊装式桥架(300 mm 宽以下,TXL5-060,定额单位为 10 m):7.53 m。

> 混凝土墙内安装信息插座底盒(TXL7-011,定额单位为 10 个):13×20=260 个。

> 安装落地式机柜(TXL7-004,定额单位为架):1 架。

➢ 安装墙挂式机柜(TXL7-005,定额单位为架):4 架。

➢ 制作安装抗震底座(TXL7-006,定额单位为个):5 个。

➢ 穿放 4 对对绞电缆(TXL5-069,定额单位为百米条):干线为 12.80＋95.20＋211.20＋40.80＋123.60＝483.60 m,水平布线要按 1:1 备份,所以为 7 091.20×2＝14 182.40 m,两项合计为 146.66 百米条。

➢ 走线架内明布 4 对对绞电缆(TXL5-075,定额单位为百米条):6.83×10＝68.30 m,即 0.68 百米条。

➢ 配线架侧卡接 4 对对绞非屏蔽电缆(TXL6-148,定额单位为条):10×2＋13×20＝280 条。

➢ 安装 8 位模块式双口非屏蔽信息插座(TXL7-016,定额单位为 10 个):260 个。

➢ 综合布线系统电缆链路测试(TXL6-210,定额单位为链路):每根干线中的 4 对线即形成 4 条链路,均需测试,共有 4×10＝40 条链路,到用户家中的 5 类线中只需测试第 2 对与第 3 对传输数据的主要线对,所以需测试的链路数为 260×2＝520 条,两项共计 520＋40＝560 条链路。

将上述计算数据汇总并按照定额的先后顺序和定额单位要求排列,得到了工程量统计表 5-48。

表 5-48　天地大厦综合布线系统工程工程量统计

序　号	定额编号	项目名称	定额单位	数　量
1	TXL5-048	开混凝土线槽	m	7 574.80
2	TXL5-051	敷设硬质 PVC 管(ϕ25 mm 以下)	100 m	75.75
3	TXL5-060	安装吊装式桥架(300 mm 宽以下)	10 m	0.75
4	TXL5-069	穿放 4 对对绞电缆	百米条	146.66
5	TXL5-075	走线架内明布 4 对对绞电缆	百米条	0.68
6	TXL6-148	配线架侧卡接 4 对对绞非屏蔽电缆	条	280.00
7	TXL6-210	综合布线系统电缆链路测试	链路	560.00
8	TXL7-004	安装落地式机柜	架	1.00
9	TXL7-005	安装墙挂式机柜	架	4.00
10	TXL7-006	制作安装抗震底座	个	5.00
11	TXL7-011	混凝土墙内安装信息插座底盒	10 个	26.00
12	TXL7-016	安装 8 位模块式双口非屏蔽信息插座	10 个	26.00

(2) 根据统计出来的工程量,填写(表三)甲、(表三)乙、(表三)丙及(表四)甲(表三)甲如表 5-49 所示。

表 5-49 建筑安装工程量 预 算表(表三)甲

单项工程名称:××市综合布线系统工程

建设单位名称:××市电信分公司　　　　表格编号:S-YD-2010-02-001-B3A　　　　　　　　第 全 页

序 号	定额编号	项目名称	单 位	数 量	单位定额值/工日		合计值/工日	
					技 工	普 工	技 工	普 工
I	II	III	IV	V	VI	VII	VIII	IX
1	TXL5-048	开混凝土线槽	m	7 574.80	0.01	0.18	75.75	1 363.46
2	TXL5-051	敷设硬质 PVC 管(ϕ25 mm 以下)	100 m	75.75	0.94	3.00	71.21	227.25
3	TXL5-060	安装吊装式桥架(300 mm 宽以下)	10 m	0.75	0.32	1.46	0.24	1.10
4	TXL5-069	穿放 4 对对绞电缆	百米条	146.66	0.45	0.45	66.00	66.00
5	TXL5-075	走线架内明布 4 对对绞电缆	百米条	0.68	0.40	0.40	0.27	0.27
6	TXL6-148	配线架侧卡接 4 对对绞非屏蔽电缆	条	280.00	0.06		16.80	
7	TXL6-210	综合布线系统电缆链路测试	链路	560.00	0.10		56.00	
8	TXL7-004	安装落地式机柜	架	1.00	1.25	0.67	1.25	0.67
9	TXL7-005	安装墙挂式机柜	架	4.00	2.25	1.00	9.00	4.00
10	TXL7-006	制作安装抗震底座	个	5.00	1.67	0.83	8.35	4.15
11	TXL7-011	混凝土墙内安装信息插座底盒	10 个	26.00		1.37		35.62
12	TXL7-016	安装 8 位模块式双口非屏蔽信息插座	10 个	26.00	0.75	0.07	19.50	1.82
		合计					324.37	1 704.34

设计负责人:　　　　　审核:　　　　　编制:　　　　　编制日期:　　　　年　月

　　从定额中可知,项目均无机械使用费,所以本工程无(表三)乙。但 TXL6-210 有"综合布线线路分析仪"台班 0.05 个,我们因此得到(表三)丙,如表 5-50 所示。

表 5-50 建筑安装工程仪器仪表使用费 预 算表(表三)丙

单项工程名称:××市综合布线系统工程

建设单位名称:××市电信分公司　　　　表格编号:S-YD-2010-02-001-B3BC　　　　　　　第 全 页

序 号	定额编号	项目名称	单 位	数 量	仪表名称	单位定额值		合计值	
						消耗量/台班	单价/元	消耗量/台班	合价/元
I	II	III	IV	V	VI	VII	VIII	IX	X
1	TXL6-210	综合布线系统电缆链路测试	链路	560.00	综合布线线路分析仪	0.05	156.00	28.00	4 368.00
		合计							4 368.00

设计负责人:　　　　　审核:　　　　　编制:　　　　　编制日期:　　　　年　月

注:表中仪表台班单价见本书表 2-8。

　　下面根据定额项目名称,对工程主要材料用量进行统计,如表 5-51 所示。

表 5-51　工程主要材料用量统计表

序　号	定额编号	项目名称	工程量	主材名称	规格型号	单　位	定额量	使用量
1	TXL5-048	开混凝土线槽	7 574.80	水泥	32.5	kg	1.00	7 574.80
				中粗沙		kg	3.00	22 724.40
2	TXL5-051	敷设硬质 PVC 管（φ25 mm 以下）	75.75	硬质 PVC 管	φ25 mm	m	105.00	7 953.75
				配件		套	17.00(设计定)	1 287.75
3	TXL5-060	安装吊装式桥架（300 mm 宽以下）	0.75	桥架	300 mm	m	10.10	7.58
				配件		套	2.00(设计定)	1.50
4	TXL5-069	穿放 4 对对绞电缆	146.66	对绞电缆	CAT5	m	102.50	15 032.65
				镀锌铁线	φ1.5 mm	kg	0.12	17.60
				钢丝	φ1.5 mm	kg	0.25	36.67
5	TXL5-075	走线架内明布 4 对对绞电缆	0.68	4 对对绞电缆	CAT5	m	102.50	69.70
6	TXL7-004	安装落地式机柜（600 mm×600 mm×2 000 mm）	1.00	机柜		个	1.00	1.00
				附件(设选)		套	1.00	1.00
7	TXL7-005	安装墙挂式机柜（600 mm×450 mm×900 mm）	5.00	机柜		个	1.00	5.00
				附件(设选)		套	1.00	5.00
8	TXL7-006	制作安装抗震底座	6.00	抗震底座		个	1.00	6.00
				附件		套	1.00	6.00
9	TXL7-011	混凝土墙内安装信息插座底盒	26.00	信息插座底盒	8 位	个	10.00	260.00
10	TXL7-016	安装 8 位模式式双口非屏蔽信息插座	26.00	8 位模块式信息插座	双口	个	10.00	260.00

根据费用定额对主要材料的分类方法,将表 5-51 中的同类项合并后就得到表 5-52 主要材料用量分类汇总表,再填写(表四)甲(分为主要材料表和需要安装的设备表两种),分别如表5-53、表 5-54 所示。

表 5-52　主要材料用量分类汇总表

序　号	类　别	名　　称	规　　格	单　位	使用量
1	电缆	4 对对绞电缆	CAT5 及 CAT5E	m	15 032.65＋69.70＝15 102.35
2		硬质 PVC 管	φ25 mm	m	7 953.75
3	塑料及塑料制品	配件(PVC 管用)		套	1 287.75
4		信息插座底盒	8 位	个	260.00
5		8 位模块式信息插座	双口	个	260.00
6	水泥及水泥构件	水泥		kg	7 574.80
7		中粗沙		kg	22 724.40

序 号	类 别	名 称	规 格	单 位	使用量
8		桥架	300 mm	m	7.58
9		桥架附件		套	1.50
10		MDF 机柜	600 mm×600 mm×2 000 mm	个	1.00
11		IDF 机柜	600 mm×450 mm×900 mm	个	5.00
12	其他	机柜附件		套	6.00
13		抗震底座		个	6.00
14		抗震底座附件		套	6.00
15		镀锌铁线	ϕ1.5 mm	kg	17.60
16		钢丝	ϕ1.5 mm	kg	36.67

表 5-53　国内器材　预　算表（表四）用
（主要材料）表

单项工程名称：××市综合布线系统工程
建设单位名称：××市电信分公司　　　表格编号：S-YD-2010-02-001-B4A　　　第 1 页

序 号	名 称	规格程式	单 位	数 量	单价/元 除税价	合计/元 除税价	增值税	含税价	备 注
I	II	III	IV	V	VI	VII	VIII	IX	X
1	4 对对绞电缆	CAT5 及 CAT5E	m	15 102.35	1.67	25 220.92	4 287.56	29 508.48	电缆类
(1)小计 1						25 220.92	4 287.56	29 508.48	
(2)运杂费:小计 1×1.0%						252.20	42.88	295.08	运距 100 km
(3)运输保险费:小计 1×0.1%						25.22	4.29	29.51	
(4)采购及保管费:小计 1×1.1%						277.43	47.16	324.59	
(5)合计 1						25 775.77	4 381.89	30 157.66	
2	硬质 PVC 管	ϕ25 mm	m	7 953.75	1.25	9 942.19	1 690.17	11 632.36	塑料及 塑料制品类
3	配件(PVC 管用)		套	1 287.75	1.00	1 287.75	218.92	1 506.67	
4	信息插座底盒	8 位	个	260.00	3.80	988.00	167.96	1 155.96	
5	8 位模块式信息插座	双口	个	260.00	8.00	2 080.00	353.60	2 433.60	
(1)小计 2						1 4297.94	2 430.65	16 728.59	
(2)运杂费:小计 2×4.3%						614.81	104.52	719.33	运距 100 km
(3)运输保险费:小计 2×0.1%						14.30	2.43	16.73	
(4)采购及保管费:小计 2×1.1%						157.28	26.74	184.02	
(5)合计 2						15 084.33	2 564.34	17 648.67	
6	水泥		kg	7 574.80	0.33	2 499.68	4 24.95	2 924.63	水泥及 水泥构件
7	中粗沙		kg	22 724.40	0.045	1 022.60	173.84	1 196.44	

序 号	名 称	规格程式	单 位	数 量	单价/元	合计/元			备 注
					除税价	除税价	增值税	含税价	
(1)小计 3						3 522.28	598.79	4 121.07	
(2)运杂费:小计 3×18%						634.01	107.78	741.79	运距 100 km
(3)运输保险费:小计 3×0.1%						3.52	0.60	4.12	
(4)采购及保管费:小计 3×1.1%						38.75	6.59	45.34	
(5)合计 3						4 198.56	713.46	4 912.02	
8	桥架	300 mm	m	7.56	86.00	650.16	110.53	760.69	
9	桥架附件		套	1.50	12.00	18.00	3.06	21.06	
10	MDF 机柜	600 mm×600 mm× 2 000 mm	个	1.00	8 000.00	8 000.00	1 360.00	9 360.00	
11	IDF 机柜	600 mm×450 mm× 900 mm	个	5.00	1 200.00	6 000.00	1 020.00	7 020.00	
12	机柜附件		套	6.00	300.00	1 800.00	306.00	2 106.00	
13	抗震底座		个	6.00	200.00	1 200.00	204.00	1 404.00	
14	抗震底座附件		套	6.00	150.00	900.00	153.00	1 053.00	
15	镀锌铁线	ϕ1.5 mm	kg	17.60	6.80	119.68	20.35	140.03	
16	钢丝	ϕ1.5 mm	kg	36.67	9.80	359.37	61.09	420.46	
(1)小计 4						19 047.21	3 238.03	22 285.24	
(2)运杂费:小计 4×3.6%						685.70	116.57	802.27	
(3)运输保险费:小计 4×0.1%						19.05	3.24	22.29	
(4)采购及保管费:小计 4×1.1%						209.52	35.62	245.14	
(5)合计 4						19 961.48	3 393.46	23 354.94	
总计=合计 1+合计 2+合计 3+合计 4						57 020.14	11 052.85	68 072.99	

设计负责人:　　　　　审核:　　　　　编制:　　　　　编制日期:　　　年　　月

　　因本工程还有需要安装的设备——交换机,所以(表四)甲的另一类型为"需要安装的设备",但因题中规定设备价格是指到达施工现场的价格,即已经是预算价格了,所以无须再计算设备工、器具购置费中的设备运杂费、运保费、采保费及采购代理服务费等费用,但增值税依然要计算,见表 5-54。

表 5-54　国内器材　预　算表(表四)甲

(需要安装的设备)表

工程名称:××市综合布线系统工程

建设单位名称:××市电信分公司　　　　　表格编号:S-YD-2010-02-001-B4A　　　　　　第　全页

序　号	名　称	规格程式	单　位	数　量	单价/元	合计/元			备　注
					除税价	除税价	增值税	含税价	
I	II	III	IV	V	VI	VII	VIII	IX	X
1	交换机	3CV2010	台	4.00	98 000.00	392 000.00	66 640.00	458 640.00	需要安装设备
2	中心交换机	3CV2100	台	1.00	180 000.00	180 000.00	30 600.00	210 600.00	
合计						572 000.00	97 240.00	669 240.00	

设计负责人:　　　　审核:　　　　编制:　　　　编制日期:　　　年　月

(3) 填写(表二)和(表五)

①(表二)的填写

填写(表二)时,注意以下几点:

➤ 因施工企业距工程所在地距离为 300 km,所以临时设施费费率为 5.0%;

➤ 题目给定不计工程排污费,同时根据费用定额对相关费用的定义可知,本工程无运土费、冬雨季施工增加费和工程干扰费;

➤ 本工程无大型施工机械,所以无大型施工机械调遣费,同时工程施工地为城区,所以无特殊地区施工增加费;

➤ 施工用水、电、蒸气费题目给定为 1 000 元,直接填入。

由此完成的(表二)如表 5-55 所示。

表 5-55　建筑安装工程费用　预　算表(表二)

单项工程名称:××市综合布线系统工程

建设单位名称:××市电信分公司　　　　　表格编号:S-YD-2010-02-001-B2　　　　　　第　全页

序　号	费用名称	依据和计算方法	合计/元	序　号	费用名称	依据和计算方法	合计/元
I	II	III	IV	I	II	III	IV
	建筑安装工程费(含税价)	一+二+三+四	396 695.23	7	夜间施工增加费	人工费×2.5%	3 523.57
	建筑安装工程费(除税价)	一+二+三	354 300.92	8	冬雨季施工增加费		
一	直接费	(一)+(二)	240 010.31	9	生产工具用具使用费	人工费×1.5%	2 114.14
(一)	直接工程费	1+2+3+4	202 502.12	10	施工用水、电、蒸气费	按实计列	1 000.00
1	人工费	(1)+(2)	140 942.92	11	特殊地区施工增加费	无	
(1)	技工费	技工总工日×114	36 978.18	12	已完工程及设备保护费	人工费×2.0%	2 818.86
(2)	普工费	普工工日×61	103 964.74	13	运土费	不计	
2	材料费	(1)+(2)	57 191.20	14	施工队伍调遣费	240×5×2	2 400.00
(1)	主要材料费	来自(表四)甲	57 020.14	15	大型施工机械调遣费	无	
(2)	辅助材料费	(1)×0.3%	171.06	二	间接费	(一)+(二)	86 102.03

序　号	费用名称	依据和计算方法	合计/元	序　号	费用名称	依据和计算方法	合计/元
3	机械使用费			（一）	规费	1＋2＋3＋4	47 483.67
4	仪表使用费	来自（表三）丙	4 368.00	1	工程排污费	无	
（二）	措施项目费	1＋2＋…＋15	37 508.19	2	社会保障费	人工费×28.5%	40 168.73
1	文明施工费	人工费×1.5%	2 114.14	3	住房公积金	人工费×4.19%	5 905.51
2	工地器材搬运费	人工费×3.4%	4 792.06	4	危险作业意外伤害保险费	人工费×1.0%	1 409.43
3	工程干扰费			（二）	企业管理费	人工费×27.4%	38 618.36
4	工程点交、场地清理费	人工费×3.3%	4 651.12	三	利润	人工费×20%	28 188.58
5	临时设施费	人工费×5.0%	7 047.15	四	销项税额	见表注	42 394.31
6	工程车辆使用费	人工费×5.0%	7 047.15				

设计负责人：　　　　　审核：　　　　　编制：　　　　　编制日期：　　　年　　月

注：表中的销项税额＝（人工费＋辅助材料费＋机械使用费＋仪表使用费＋措施项目费＋规费＋企业管理费＋利润）×11%＋甲供主材费（税前）×17%。

②（表五）甲的填写

➤ 根据题意"计算建设单位管理费时计费基础为工程费"，而工程费＝建筑安装工程费（税前）＋设备、工器具购置费（税前）＝354 300.92＋572 000.00＝926 300.92，所以建设单位管理费＝926 300.92×1.5%＝13 894.51 元。

➤ 综合布线工程的勘察设计费是比较难处理的一个问题，因为国家职能部门没有对此作出明文规定，比较典型的处理方法有以下几种：按 2002 年标准计取，套用市政、建筑弱电部分，不计勘察费，只计设计费，且设计费＝计费额×0.045；勘查费按光缆线路工程的勘察费计算，长度是暗管或线槽的长度，设计费还是计费额×0.045；根据与甲方签订的合同办理。针对本题，我们采用第 1 种方法来处理，即勘察费＝0，设计费＝工程费×0.045＝926 300.92×0.045＝41 683.54 元。

➤ 本工程不计可行性研究费、研究试验费、建设工程监理费、工程保险费、环境影响评价费、专利及专有技术使用费和生产准备及开办费，没有建设用地及综合赔补费和引进技术及进口设备其他费。

由此完成的（表五）甲如表 5-56 所示。

表 5-56　工程建设其他费　预　算表（表五）甲

单项工程名称：××市综合布线系统工程

建设单位名称：××市电信分公司　　　　　表格编号：S-YD-2010-02-001-B5A　　　　　第 全 页

序　号	费用名称	计算依据及方法	金额/元			备　注
			除税价	增值税	含税价	
Ⅰ	Ⅱ	Ⅲ	Ⅳ	Ⅴ	Ⅵ	Ⅶ
1	建设用地及综合赔补费	无				
2	建设单位管理费	工程费×1.5%	13 894.51	833.67	14 728.18	税率为 6%

序 号	费用名称	计算依据及方法	金额/元			备 注
			除税价	增值税	含税价	
I	II	III	IV	V	VI	VII
3	可行性研究费	不计				
4	研究试验费	不计				
5	勘察设计费	勘察费:0。设计费=计费额×0.045	41 683.54	2 501.01	44 184.55	税率为6%
6	环境影响评价费	不计				
7	建设工程监理费	不计				
8	安全生产费	税前建筑安装工程费×1.5%	5 314.51	584.60	5 899.11	税率为11%
9	引进技术及进口设备其他费	无				
10	工程保险费	不计				
11	工程招标代理费	不计				
12	专利及专有技术使用费	按实计列	10 000.00	600.00	10 600.00	税率为6%
13	其他费用	无				
	总计		70 892.56	4 519.28	75 411.84	
14	生产准备及开办费(运营费)	不计				

设计负责人: 　　审核: 　　编制: 　　编制日期: 　　年　　月

（4）填写（表一）

由于本题要求编制一阶段设计预算,故需计取预备费,预备费费率为4%,计费基础为工程费+工程建设其他费=926 300.92+70 892.56=997 193.48元。完成后的表格如表5-57所示。

（5）撰写编制说明

① 工程概况

本工程为××市天地大厦(共23层)综合布线工程,主要工程量为:安装260个信息点、4台楼层交换机、1台中心交换机、4个楼层配线机架和1个综合机架,采用CAT5E作为垂直干线和CAT5作为水平布线,施工形式为线槽套PVC管,铺管总长达7 575 m。工程主要满足本大厦的住家用户和办公用户的高速数据通信需求。工程总投资为1 187 000.95元。

② 编制依据

➤ 《工业和信息化部关于印发信息通信建设工程预算定额、工程费用定额及工程概预算编制规程的通知》(工信部通信〔2016〕451号)。

➤ 《信息通信建设工程预算定额》第四册通信线路工程。

➤ 中国电信(集团)有限公司××市分公司工程设计委托书,委托号为××××××。

➤ 中国电信(集团)有限公司××市分公司提供的材料报价。

③ 投资分析

信息点单位造价为354 300.92/260=1 362.70元/个(因根据综合布线的准确定义,综合布线工程是不包括用户设备的,所以在计算信息点单个造价时只使用建筑安装工程费作分子),管路单位造价为354 300.92/7 575=46.77元/米。

表 5-57　工程__预__算__总__表（表一）

单项工程名称：××市综合布线系统工程
建设单位名称：××市电信分公司

表格编号：S-YD-2010-02-001-B1

第__全__页

序号	表格编号	费用名称	小型建筑工程费	需要安装的设备费	不需要安装的设备费、工器具费	建筑安装工程费	其他费用	预备费	总价值			其中外币（　）
									除税价	增值税	含税价	
I	II	III	IV	V	VI	VII	VIII	IX	X	XI	XII	XIII
1	S-YD-2009-06-001-B4A-2	需要安装的设备费		572 000.00					572 000.00	97 240.00	669 240.00	
2	S-YD-2009-06-001-B2	建筑安装工程费				354 300.92			354 300.92	42 394.31	396 695.23	
3	S-YD-2009-06-001-B5A	工程建设其他费					70 892.56		70 892.56	4 519.28	75 411.84	
	预备费＝（工程费＋工程建设其他费）×4.0%							39 887.74	39 887.74	5 766.14	45 653.88	
	总计								1 037 081.22	149 919.73	1 187 000.95	

设计负责人：　　　　　审核：　　　　　编制：　　　　　编制日期：　　　　　年　　月

本 章 小 结

①《信息通信建设工程概预算编制规程》是编制概预算文件的政策依据,是编制信息通信建设工程概预算的人员必须掌握的内容。该规程由"总则""设计概算、施工图预算的编制"两部分组成,其中单项工程项目划分、概预算与设计阶段的对应、概预算编制依据、编制程序和表格填写方法等是重点。

② 概预算文件由编制说明和概预算表格组成。前者应包括工程概况、编制依据、投资分析和其他需要说明的问题等内容。实际上,编制说明的主要目的就是要让审核者花最短的时间了解整个工程的基本概况,如总价值和技术经济指标就是审核(或决策)者首先要知道的重点内容。而概预算表格则由 10 个表组成,它们分别是建设项目总____算表(汇总表)、工程____算总表(表一)、建筑安装工程费用____算表(表二)、建筑安装工程量____算表(表三)甲、建筑安装工程机械使用费____算表(表三)乙、建筑安装工程仪器仪表使用费____算表(表三)丙、国内器材____算表(表四)甲、进口器材____算表(表四)乙、工程建设其他费____算表(表五)甲和进口设备工程建设其他费用____算表(表五)乙。

③ 概预算编制程序分为收集资料和熟悉图纸、计算工程量、套用定额及选用价格、计算各项费用、复核、写编制说明和审核出版等 7 个步骤。

④ 概预算表格的填写顺序是(表三)甲、(表三)乙、(表三)丙、(表四)甲、(表四)乙→(表二)、(表五)甲、(表五)乙→(表一)→汇总表,本章所举的各种编制实例均遵循这一顺序,以方便读者学习和掌握。

⑤ 本章中所列举的各种编制实例是大家学会编制信息通信建设工程概预算的引玉砖,希望大家能认真阅读理解并亲自动手计算每个数据,只有这样才能真正地学会东西。从书中的多个实例中可以看出,编制概预算文件的难点和重点是工程量的准确统计(尤其是那些图纸上不能直接看出来的工程量,这就要求要有实际施工经验)、主要材料的统计和分类以及(表五)甲中相关费用的计算。

应 知 测 试

一、判断题

1. 工业和信息化部〔2016〕451 号文件所颁布的《信息通信建设工程概预算编制规程》适用于新建、扩建、改建及通信铁塔安装工程。(   )

2. 通信项目建设中的土建工程应另行编制概预算,且费用不计入项目建设总费用。(   )

3. 信息通信建设工程概算、预算是指从工程开工建设到竣工验收所需的全部费用。(   )

4. 信息通信建设工程概算、预算编制应由法人承担,而审核由自然人完成。(   )

5. 施工图预算不计列预备费,而一阶段施工图预算必须计列预备费。(   )

6. 建设项目的投资估算一定比初步设计概算少。(   )

7. 编制施工图预算不能突破已批准的初步设计概算。(   )

8. 通信线路工程的单项工程划分为 4 类。（　　　）

9. 进口设备安装工程的概算、预算应用两种货币来表现,其中必须有美元。（　　　）

10. 工业和信息化部〔2016〕451 号文规定的单项工程概预算表格一共有 10 个。（　　　）

二、简述题

1. 一般来说,对于通信线路单项工程,手工编制时填写概(预)算表格的顺序是什么? 请画图表示。

2. 信息通信建设工程概(预)算编制程序是什么? 请画图加以说明。

3. 概预算文件的编制说明一般应由哪几部分组成? 每部分的作用是什么?

4. 施工图预算的编制依据有哪些?

三、大型编制练习题

1. 本设计为固戌鹤州村光接入网点管道光缆线路工程施工图设计,具体图纸请见图 5-18 和图 5-19。

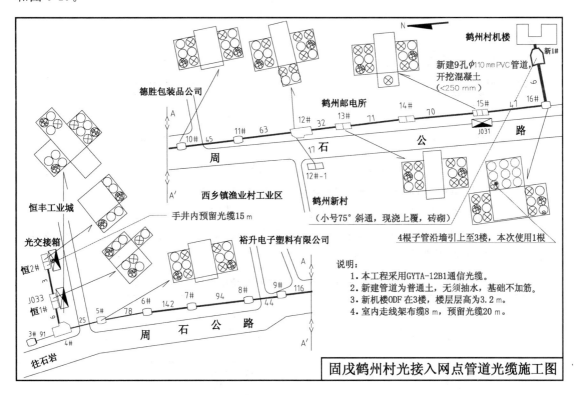

图 5-18　第 5 章章后大型编制练习题图(1)

2. 本工程建设单位为××市电信分公司,建设项目名称为××市光接入网工程,本工程不购买工程保险,不实行工程招标。新机房的 ODF 及室外落地式光交接箱均已安装完毕,本次工程的传输光缆只需上架成端即可。

3. 施工企业距离工程所在地 400 km。

4. 国内配套主材的运距为 300 km,按不需要中转(即无须采购代理)考虑。

5. 施工用水、电、蒸气费,综合赔补费分别按 1 000 元和 5 000 元计取。

6. 本工程不计取已完工程及设备保护费、工程排污费、建设工程监理费、可行性研究费、研究试验费、环境影响评价费、专利及专有技术使用费、运土费和生产准备及开办费等费用。

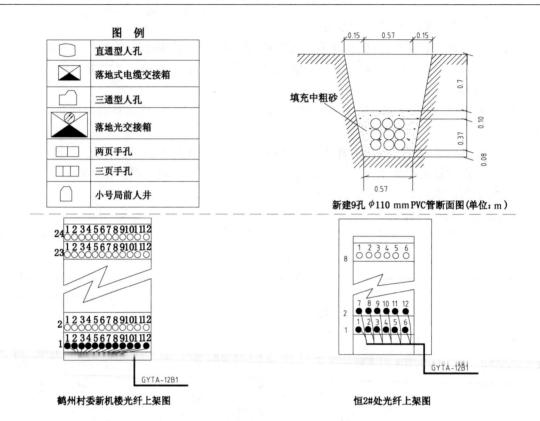

图 5-19 第 5 章章后大型编制练习题图（2）

7. 计算建设单位管理费时计费基础为税前建筑安装工程费。

8. 要求编制施工图设计预算，精确到小数点后两位，并撰写编制说明。

9. 工程中用到的部分外线工程材料原价请见表 5-58，若还用到其他材料请学生或教师自行定价，但需在编制说明中加以说明。

表 5-58 工程中主要材料价格表

材料名称		规格型号	单 位	价格/元
1. 通信光缆	层绞式光缆	GYTA-6B1	m	2.03
	层绞式光缆	GYTA-8B1	m	2.37
	层绞式光缆	GYTA-12B1	m	2.68
	层绞式光缆	GYTA-16B1	m	3.13
2. 塑料管材	波纹管	ϕ20 mm	m	3.00
	波纹管	ϕ25 mm	m	3.30
	绝缘胶板（五华）	厚 3 mm	块	6.80
	PVC 管（联生）	ϕ110 mm×3.5 mm×6 000 mm	条	80.00
	聚乙烯塑管	ϕ25 mm	m	2.25
	PVC 黏性胶带（五华）	20 mm×10 m	卷	1.43
	PVC 黏性胶带（五华）	40 mm×10 m	卷	2.86
	PVC 黏性胶带（五华）	20 mm×10 m	卷	2.86

	PVC 黏性胶带（五华）	40 mm×10 m	卷	4.00
	塑料保护软管		m	9.8
	聚乙烯塑管固定堵头		个	34.0
	塑管塞子		个	1.50
2. 塑料管材	管道电缆封堵器	GU-6	套	85.00
	PVC 胶		kg	50.00
	塑料管支架		套	12.00
	聚氨酯		kg	15.00
	光缆成端接头材料		套	30.00
	水泥	C32.5	t	330.00
	水泥	♯525	t	410.00
	碎石	5-32	t	40.00
	河沙	中粗	m³	45.00
	水泥拉线盘		套	45.0
3. 三材（水泥、沙	上覆板（预制）		套	75.00
石、砖、钢材和木材）	机制砖	240 mm	块	0.36
	钢筋	各式圆钢、扁钢、螺纹钢、槽钢、角钢	kg	8.00
	沥青		kg	0.50
	石粉		kg	0.60
	板方材Ⅲ等		m³	1 200.00
	原木Ⅲ等		m³	900.00
	镀锌铁线	ϕ1.5 mm	kg	5.00
	镀锌铁线	ϕ4.0 mm	kg	15.00
	人孔内电缆托架	180 mm	块	6.5
	人孔内电缆托架	120 mm	根	5.5
	电缆托架穿钉	M16	个	3.00
	光缆托板垫		块	1.00
	引上光缆终端支持物		套	16.00
	引上光缆中间支持物		套	12.00
4. 铁件	人井口圈	车行道	套	120.00
	积水罐		套	24.00
	拉力环		个	6.00
	光缆标志牌	五华	块	2.29
	标志牌（机房用）	五华	块	1.00
	ODF 单元（世纪人）	SC/FC，12 芯	个	235.00
	ODF 单元（世纪人）	2×6 芯/单元（含尾纤、适配器）	个	337.00
	走线单元（世纪人）	3U 走线单元	个	50.00

	走线单元(世纪人)	4U 走线单元	个	60.00
	熔纤单元(世纪人)	FJX12a(窄架)	个	45.00
	光缆固定单元(世纪人)	FGB-3	套	200.0
	适配器(南京普天)	FC/UPC	只	4.30
	适配器(南京普天)	SC/UPC	只	4.10
	适配器(南京普天)	FC/APC	只	4.30
	转换适配器	FC/SC	个	35.0
	镀锌钢管	$\phi80\ mm\times2.5\ mm$	m	38.00
4. 铁件	镀锌钢管(直)	$\phi25\ mm\times2.5\ mm\times2\ 500\ mm$ (直)	根	20.00
	镀锌钢管(直)	$\phi25\ mm\times2.5\ mm\times3\ 000\ mm$ (直)	根	24.00
	镀锌钢管	$\phi30\ mm$(弯)	根	11.00
	钢管卡子		副	4.5
	U 形钢卡		副	6.0
	膨胀螺栓	$M10\times100\ mm$	套	0.67
	膨胀螺栓	$M12\times40\ mm$	套	0.57
	余缆支架		套	52.00
	圆钢	$\phi8\ mm$	kg	8.00
	圆钢	$\phi14\ mm$	kg	8.00

应会技能训练

一、单项工程概算文件编制

1. 实训目的

熟悉和掌握单项工程概算文件的编制流程、技巧及方法。

2. 实训器材或条件

从通信设计企业获得的单项工程施工图设计图纸或现场查勘后绘制的施工图纸。

3. 实训内容

① 按照本书所讲的流程及方法用手工的形式编制本工程的概算文件。

② 到计算机上运用专用概预算软件编制本工程的概算文件。

③ 比较两者的不同并找出原因。

④ 写出概算编制说明。

⑤ 上交完整的概算文件。

二、单项工程预算文件编制

1. 实训目的

熟悉和掌握单项工程预算文件的编制流程、技巧及方法。

2. 实训器材或条件

从通信设计企业获得的单项工程施工图设计图纸或现场查勘后绘制的施工图纸。

3. 实训内容

① 按照本书所讲的流程及方法用手工的形式编制本工程的预算文件。

② 到计算机上运用专用概预算软件编制本工程的预算文件。

③ 比较两者的不同并找出原因。

④ 写出预算编制说明。

⑤ 上交完整的预算文件。

第6章 工程量清单编制与计价

根据 YD 5192—2009《通信建设工程量清单计价规范》的规定,全部使用国有资金投资或以国有资金投资为主并使用工程量清单方式招标、投标的信息通信建设项目,必须采用工程量清单计价。各类通信企业建设项目是全部或大部分使用国有资金进行建设的,一旦使用工程量清单方式招投标,就必须采用工程量清单计价。而工程量清单计价是目前国际工程建设市场上最普遍采用的工程计价方式,因为它适应了市场经济的需要,有利于提高工程建设市场的市场化程度。毫无疑问,随着我国经济市场化程度的不断提高,工程量清单计价将在我国信息通信建设市场得到广泛运用和普及,掌握工程量清单编制与计价技能对于各类通信工程建设人员显得尤为重要。

本章将以 YD 5192—2009《通信建设工程量清单计价规范》为蓝本(注:与[2016]451 号文件配套的"通信工程量清单计价规范"至 2018 年 3 月尚未颁布),并结合 GB 50500—2013《建设工程工程量清单计价规范》的相关内容,重点为大家介绍以下内容:

① 信息通信建设工程工程量清单编制;
② 信息通信建设工程工程量清单计价;
③ 各类通信工程工程量清单项目及计价规则;
④ 信息通信建设工程工程量清单编制及计价举例。

其中,工程量清单编制与计价是大家必须熟练掌握的重要内容。

6.1 信息通信建设工程工程量清单编制

在这里我们以 YD 5192—2009《通信建设工程量清单计价规范》为蓝本给大家进行介绍。

6.1.1 工程量清单计价方式的引入背景

1. 传统的定额计价方法不能满足目前信息通信建设市场的实际需要

随着我国信息通信建设市场的快速发展,市场的作用对工程造价的影响已经越来越大,特别是在《中华人民共和国招标投标法》开始实施以来,市场竞争机制逐步形成,以定额计价方法编制的投标报价,难以满足工程招标、投标和评标的要求。首先定额控制的量和相关的取费标准是反映社会平均消耗水平的,不能准确地反映各个信息通信建设企业的实际消耗量,不能全面地体现企业技术装备水平、管理水平和劳动生产率的差异。其次是电信体制改革以及电信企业的多次重组后,行业壁垒下降,信息通信建设市场逐步开放。为了适应这种形势,充分体现市场的公平竞争,进一步改革和完善工程造价的管理体制,推行一种与市场经济相适应的投标报价方法是非常必要的。

2. 市场需要的计价方式

工程量清单计价方法相对于传统的定额计价方法是一种新的计价模式,是一种市场定价模式,是由建设产品的买方和卖方在建设市场上根据供求状况、信息状况进行自主竞价,从而最终能够签订工程合同价格的方法。

在工程量清单的计价过程中,工程量清单为建设市场的交易双方提供了一个平等的平台,其内容和编制原则的确定是整个计价方式改革中的重要工作。在招投标过程中实行工程量清单计价方式,能够真正实现通过市场机制决定工程造价,同时也为建设单位的工程成本控制提供准确、可靠的依据。

6.1.2　工程量清单计价的基本概念

工程量清单的概念在 YD 5192—2009 中是这样定义的:"建设工程的分部分项工程项目、措施项目、其他项目、规费项目、税金项目和安全生产费项目的名称和相应数量等的明细清单。"显然,要准确理解这一概念,必须在学好本书前述内容特别是费用定额的基础上才能做到,因为它提到的分部分项工程、措施费、其他费等只在费用定额中对它们有定义。

同时从这个定义中可以看出,工程量清单是由招标人发出的,包含拟建工程的全部工程内容以及为实现这些内容而进行的全部工作。工程量清单由分部分项工程量清单,措施项目清单,其他项目清单和规费、税金、安全生产费项目清单组成。

工程量清单体现了招标人要求投标人完成的工程数量,全面反映了投标报价要求,是投标人进行报价的依据,是招标文件不可分割的一部分。

理解工程量清单的概念时应注意:①工程量清单是一份由招标人提供的文件,编制人是招标人或其委托的工程造价咨询人;②在性质上说,工程量清单是招标文件的组成部分,一经中标且签订合同,即成为合同的组成部分,无论招标人还是投标人都应该认真对待;③工程量清单的描述对象是拟建工程,其内容涉及清单项目的特征、数量等,并以表格为主要表现形式。

工程量清单计价是工程招投标中,由招标人公开提供工程量清单,投标人自主报价或由招标人列出工程量清单作为招标文件的一部分提供给投标人,投标人根据招标人提供的工程量清单自主报价的一种计价模式。

工程量清单计价的形成分为两个阶段:第一阶段是招标人编制工程量清单,作为招标文件的组成部分;第二阶段由控制价编制人或投标人根据工程量清单进行计价或报价。

从以上介绍中可以看出,工程量清单计价具有满足竞争的需求,提供平等的竞争条件,有利于工程款拨付和工程造价的最终确定,有利于实现风险的合理分担,有利于业主对投资的控制等特点。

6.1.3　工程量清单编制

1. 一般规定

① 工程量清单应由具有编制招标文件能力的招标人或受其委托具有相应资质的工程造价咨询人编制。

② 采用工程量清单方式招标,工程量清单必须作为招标文件的组成部分,其准确性和完整性由招标人负责。

③ 工程量清单是工程量计价的基础,应作为编制招标控制价、投标报价、计算工程量、支付工程款、调整合同价款、办理竣工结算以及工程索赔等的依据之一。

④ 工程量清单应由分部分项工程量清单、措施项目清单、其他项目清单、规费项目清单、税金项目清单、安全生产费项目清单组成。

⑤ 编制工程量清单应依据 YD 5192—2009,国家或通信行业主管部门颁布的计价依据和办法,工程设计文件,与工程有关的标准、规范、技术资料、招标文件及其补充通知、答疑纪要、施工现场情况,工程特点及常规施工方案和其他相关资料等。

2. 分部分项工程量清单编制

分部分项工程量清单由序号、项目编码、项目名称、项目特征、计量单位、工程量和金额等七部分组成。其项目编码、项目名称、项目特征、计量单位和工程量的计算规则应根据 YD 5192—2009 附录的规定进行编制。项目编码应由 TX 加 8 位阿拉伯数字组成,其中前 5 位应按附录的规定设置,后 3 位应根据拟建工程的工程量清单项目特征设置,同一招标工程的项目编码不得有重码;项目名称应按 YD 5192—2009 附录的项目名称结合拟建工程的实际确定;项目特征应按 YD 5192—2009 附录中规定的项目特征,结合拟建工程项目的实际予以描述;计量单位、工程量应按 YD 5192—2009 附录中的规定进行计算和确定。

编制工程量清单出现 YD 5192—2009 附录中未包括的项目,编制人可作相应补充,并报工业和信息化部通信工程造价管理机构备案。补充项目编码应由 TXB 加 7 位阿拉伯数字组成,其中前 4 位阿拉伯数字从 0001 起顺序编制,后 3 位应根据拟建工程的工程量清单项目特征设置,同一招标工程的项目不得重码。工程量清单中需附有补充项目的名称、项目特征、计量单位、工程量计算规则、工程内容等。

若将上述内容与规范化表格放在一起,大家可以看得更明白,参见表 6-1。

表 6-1 分部分项工程量清单与计价表

工程名称:　　　　　　　　　　　标段:　　　　　　　　　　　　第　页,共　页

序　号	项目编码	项目名称	项目特征	计量单位	工程量	金额/元		
						综合单价	合　价	其中:暂估价
本页小计								
合计								

注:根据《工业和信息化部关于印发信息通信建设工程预算定额、工程费用定额及工程概预算编制规程的通知》的规定,为计取规费等费用,可在表中增设"其中:'人工费'或'建筑安装工程费'"。

3. 措施项目清单编制

措施项目清单应根据拟建工程的实际情况列项。措施项目可按表 6-2 选择列项,若出现表中未列的项目,可根据工程实际情况补充。

表 6-2　措施项目一览表

序　号	项目名称	序　号	项目名称
1	文明生产费	9	生产工具用具使用费
2	工地器材搬运费	10	施工用水、电、蒸气费
3	工程干扰费	11	特殊地区施工增加费
4	工程点交、场地清理费	12	已完工程及设备保护费
5	临时设施费	13	运土费
6	工程车辆使用费(含过路、过桥)	14	施工队伍调遣费
7	夜间施工增加费	15	大型施工机械调遣费
8	冬雨季施工增加费		

同理,若与表 6-3 和表 6-4 所示标准化的"措施项目清单与计价表"对比,大家就能理解了。

表 6-3　措施项目清单与计价表(用于"项"计价类)

工程名称:　　　　　　　　　　　　标段:　　　　　　　　　　　　第　　页,共　　页

序　号	项目名称	计算基础	费率/(%)	金额/元
1	文明生产费			
2	工地器材搬运费			
3	工程干扰费			
4	工程点交、场地清理费			
5	临时设施费			
6	工程车辆使用费(含过路、过桥)			
7	夜间施工增加费			
8	冬雨季施工增加费			
9	生产工具用具使用费			
10	施工用水、电、蒸气费			
11	特殊地区施工增加费			
12	已完工程及设备保护费			
13	运土费			
14	施工队伍调遣费			
15	大型施工机械调遣费			
合计				

表 6-4　措施项目清单与计价表（用于"综合单价"计价类）

工程名称：　　　　　　　　　　　　标段：　　　　　　　　　　　　第　　页,共　　页

序　号	项目编码	项目名称	项目特征描述	计量单位	工程量	金额/元	
						综合单价	合　价
			本页小计				
			合计				

4. 其他项目清单编制

其他项目应按照下列内容列项（若出现下列项目中未列的项目,可根据工程实际情况补充,其标准化表格见表 6-5）：

　① 暂列金额；

　② 暂估价,包括材料暂估单价、配套专业工程暂估价；

　③ 计日工；

　④ 总承包服务费。

表 6-5　其他项目清单与计价汇总表

工程名称：　　　　　　　　　　　　标段：　　　　　　　　　　　　第　　页,共　　页

序　号	项目名称	计量单位	金额/元	备　注
1	暂列金额			明细见表 6-6
2	暂估价			
2.1	材料暂估单价			明细见表 6-7
2.2	配套专业工程暂估价			明细见表 6-8
3	计日工			明细见表 6-9
4	总承包服务费			明细见表 6-10
	合计			

注：材料的暂估单价计入清单项目综合单价,此处不汇总。

表 6-6　暂列金额明细表

工程名称：　　　　　　　　　　　　标段：　　　　　　　　　　　　　　第　　页，共　　页

序　号	项目名称	计量单位	暂定金额/元	备　注
合计				

注：此表由招标人填写，如不能详列，也可只列暂定金额，投标人应将上述暂列金额计入投标总价中。

表 6-7　材料暂估单价表

工程名称：　　　　　　　　　　　　标段：　　　　　　　　　　　　　　第　　页，共　　页

序　号	材料名称、规格、型号	计量单位	单价/元	备　注

注：① 此表由招标人填写，并在备注栏说明暂估价的材料用在哪些清单项目上，投标人应将上述材料暂估单价计入工程量清单综合单价报价中。

② 材料包括原材料、燃料、构配件以及按规定应计入建筑安装工程费中摊销的材料。

表 6-8　配套专业工程暂估价表

工程名称：　　　　　　　　　　　　标段：　　　　　　　　　　　　　　第　　页，共　　页

序　号	工程名称	工程内容	金额/元	备　注
合计				

注：此表由招标人填写，投标人应将上述配套专业工程暂估价计入投标总价中。

表 6-9　计日工表

工程名称：　　　　　　　　　　　　　　标段：　　　　　　　　　　　　　第　页,共　页

序　号	项目名称	单　位	暂定数额	综合单价	合　价
一	人工				
1					
2					
3					
人工小计					
二	材料				
1					
2					
3					
材料小计					
三	施工机械				
1					
2					
3					
施工机械小计					
四	施工仪表				
1					
2					
3					
施工仪表小计					
合计					

注：此表项目名称、数量由招标人填写,编制招标控制价时,单价由招标人按有关计价规定确定,投标时由投标人自主报价,计入投标总价中。

表 6-10　总承包服务费计价表

工程名称：　　　　　　　　　　　　　　标段：　　　　　　　　　　　　　第　页,共　页

序　号	项目名称	项目价值/元	服务内容	费率/(%)	金额/元
1	发包人发包配套专业工程				
2	发包人供应材料				
合计					

5. 规费项目清单编制

规费项目应按照下列内容列项(若国家政策有调整,出现下列项目中未列的项目,可根据

工程实际情况补充）：

①　工程排污费；

②　社会保障费，包括养老保险费、失业保险费、医疗保险费；

③　住房公积金；

④　危险作业意外伤害保险。

6. 税金项目清单编制

税金项目应按照下列内容列项（若国家政策有调整，出现下列项目中未列的项目，可根据工程实际情况补充）：

①　营业税；

②　城市维护建设税；

③　教育费附加。

7. 安全生产费项目清单编制

安全生产费应根据国家相关部门的规定列项。

上述 3 个项目（即规费项目、税金项目及安全生产费项目）清单的标准化表格见表 6-11。

表 6-11　规费项目、税金项目和安全生产费项目清单与计价表

工程名称：　　　　　　　　　　标段：　　　　　　　　　　　　　第　　页，共　　页

序　号	项目名称	计算基础	费率/(%)	金额/元
1	规费			
1.1	工程排污费			
1.2	社会保障费	人工费		
(1)	养老保险费	人工费		
(2)	失业保险费	人工费		
(3)	医疗保险费	人工费		
1.3	住房公积金	人工费		
1.4	危险作业意外伤害保险费	人工费		
2	税金	分部分项工程费＋措施项目费＋规费		
3	安全生产费	建筑安装工程费		
合计				

6.2　信息通信建设工程工程量清单计价

6.2.1　基本要求

①　采用工程量清单计价，信息通信建设工程造价由分部分项工程费、措施项目费、其他项

目费、规费、税金和安全生产费组成。其中分部分项工程量清单应采用综合单价计价。招标文件中的工程量清单标明的工程量是投标人投标报价的共同基础，竣工结算的工程量按发、承包双方在合同中约定应予计量且实际完成的工程量确定。

② 措施项目清单计价应根据拟建工程的施工组织设计，可以计算工程量的措施项目，应按分部分项工程量清单的方式采用综合单价计价；其余的措施项目可以"项"为单位的方式计价，应包括除规费、税金外的全部费用。措施项目清单中的文明生产费应按国家或通信行业主管部门的规定计价，不得作为竞争性费用。

③ 其他项目清单应根据工程特点和本书前述相关要求计价。

④ 招标人在工程量清单中提供了暂估价的材料和配套专业工程，属于依法必须招标的，由承包人和招标人共同通过招标确定材料单价与配套专业工程分包价。若材料不属于依法必须招标的，经发、承包双方协商确认单价后计价。若配套专业工程不属于依法必须招标的，由发包人、总承包人与分包人按有关计价依据进行计价。

⑤ 规费、税金和安全生产费应按国家相关行业主管部门的规定计算，不得作为竞争性费用。

⑥ 采用工程量清单计价的工程，应在招标文件或合同中明确风险内容及其范围和幅度，不得采用无限风险、所有风险或类似语句规定风险内容及其范围和幅度。

6.2.2 招标控制价和投标价

1. 招标控制价

① 全部使用国有资金投资或以国有资金投资为主的通信工程建设项目采用工程量清单招标时，应编制招标控制价。招标控制价超过批准的概（预）算时，招标人应将其报原概（预）算审批部门审核。投标人的投标报价高于招标控制价的，其投标应予以拒绝。

② 招标控制价应由具有编制能力的招标人，或受其委托具有相应资质的工程造价咨询人编制。

③ 分部分项工程费应根据招标文件中的分部分项工程量清单项目的特征描述及有关要求，按相关规定计算其综合单价。综合单价中应包括招标文件中要求投标人承担的风险费用。招标文件提供了暂估单价的材料，按暂估的单价计入综合单价。

④ 措施项目费应根据招标文件中的措施项目清单按本书的前述内容规定计价。

⑤ 其他项目费应按下列规定计价：暂列金额应根据工程特点，按有关计价规定估算；暂估价中的材料单价应根据工业和信息化部通信工程造价管理机构发布的工程造价信息或参照市场价格估算，暂估价中的配套专业工程金额应分不同专业，按有关计价规定估算；计日工应根据工程特点和有关计价依据计算；总承包服务费应根据招标文件列出的内容和要求估算。

⑥ 规费、税金和安全生产费应按前述内容规定计算。

⑦ 招标控制价应在招标时公布，不应上调或下浮。招标人应在向通信行业主管部门或工程所在地通信管理局招投标监督机构报送招标备案的材料中一并报送招标控制价及有关资料，以备核查。

⑧ 投标人经复核认为招标人公布的招标控制价未按照本规范的规定进行编制的，应在开标前向工程所在地通信管理局或工业和信息化部通信工程造价管理机构投诉。通信管理局招

投标监督机构应会同工业和信息化部通信工程造价管理机构对投诉进行处理,发现确有错误的,应责成招标人修改。

2. 投标价

① 投标价由投标人自主确定,但不得低于成本。投标价应由投标人或受其委托具有相应资质的工程造价咨询人编制。

② 投标人应按招标人提供的工程量清单填报价格。填写的项目编码、项目名称、项目特征、计量单位、工程量必须与招标人提供的一致。

③ 分部分项工程费应依据综合单价的组成内容,按招标文件中分部分项工程量清单项目的特征描述确定综合单价的计算。综合单价中应考虑招标文件中要求投标人承担的风险费用。招标文件中提供了暂估单价的材料,按暂估的单价计入综合单价。

④ 投标人可根据工程实际情况结合施工组织设计,对招标人所列的措施项目进行增补。措施项目费应根据招标文件中的措施项目清单及投标时拟定的施工组织设计或施工方案自主确定。其中文明生产费应按照前述规定确定。

⑤ 其他项目费应按下列规定报价:暂列金额应按招标人在其他项目清单中列出的金额填写;材料暂估单价应按招标人在其他项目清单中列出的单价计入综合单价,配套专业工程暂估价应按招标人在其他项目清单中列出的金额填写;计日工应按招标人在其他项目清单中列出的项目和数量,自主确定综合单价并计算计日工费用;总承包服务费根据招标文件中列出的内容和提出的要求自主确定。

⑥ 规费、税金和安全生产费应按前述规定确定。投标总价应与分部分项工程费、措施项目费、其他项目费、规费、税金、安全生产费的合计金额一致。

6.2.3　工程合同价款的约定

① 实行招标的工程合同价款应在中标通知书发出之日起 30 天内,由发、承包双方依据招标文件和中标人的投标文件在书面合同中约定。不实行招标的工程合同价款,在发、承包双方认可的工程价款基础上,由发、承包双方在合同中约定。

② 实行招标的工程,合同约定不得违背招、投标文件中关于工期、造价、质量等方面的实质性内容。招标文件与中标人投标文件不一致的地方,以投标文件为准。

③ 实行工程量清单计价的工程,宜采用单价合同。

④ 发、承包双方应在合同条款中对下列事项进行约定(合同文件没有约定或约定不明的,由双方协商确定;协商不能达成一致的,按相关规定执行):预付工程款的数额、支付时间及抵扣方式,工程计量与支付工程进度款的方式、数额及时间,工程价款的调整因素、方法、程序、支付及时间,索赔与现场签证的程序、金额确认与支付时间,发生工程价款争议的解决方法及时间,承担风险的内容、范围以及超出约定内容、范围的调整办法,工程竣工价款结算编制与核对、支付及时间,工程质量保证(保修)金的数额、预扣方式及时间,以及与履行合同、支付价款有关的其他事项等。

6.2.4　索赔与现场签证

① 合同一方向另一方提出索赔时,应有正当的索赔理由和有效证据,并应符合合同的相

关约定。

② 若承包人认为非承包人原因发生的事件造成了承包人的经济损失,承包人应在确认该事件发生后,按合同约定向发包人发出索赔通知。发包人在收到最终索赔报告后并在合同约定时间内,未向承包人做出答复,视为该项索赔已经认可。

③ 承包人索赔按下列程序处理:承包人在合同约定的时间内向发包人递交费用索赔意向通知书;发包人指定专人收集与索赔有关的资料;承包人在合同约定的时间内向发包人递交费用索赔申请表;发包人指定专人初步审查费用索赔申请表,符合条件时予以受理;发包人指定专人进行费用索赔核对,经持证概预算工程师复核索赔金额后,与承包人协商确定并由发包人批准;发包人指定的专人应在合同约定的时间内签署费用索赔审批表,或发出要求承包人提交有关索赔的进一步详细资料的通知,待收到承包人提交的详细资料后,按规定程序进行索赔。

④ 若承包人的费用索赔与工程延期索赔要求相关联,发包人在做出费用索赔的批准决定时,应结合工程延期的批准,综合做出费用索赔和工程延期的决定。

⑤ 若发包人认为由于承包人的原因造成额外损失,发包人应在确认引起索赔的事件后,按合同约定向承包人发出索赔通知。承包人在收到发包人索赔通知后并在合同约定时间内,未向发包人做出答复,视为该项索赔已经认可。

⑥ 承包人应发包人要求完成合同以外的零星工作或非承包人责任事件发生时,承包人应按合同约定及时向发包人提出现场签证。

⑦ 发、承包双方确认的索赔与现场签证费用与工程进度款同期支付。

6.2.5 工程价款调整

① 招标工程以投标截止到日前 28 天为基准日,非招标工程以合同签订前 28 天为基准日,其后国家的法律、法规、规章和政策发生变化影响工程造价的,应按通信行业主管部门或其授权的工业和信息化部通信工程造价管理机构发布的规定调整合同价款。

② 若工程施工中出现施工图纸(含设计变更)与工程量清单项目特征描述不符的,发、承包双方应按新的项目特征确定工程量清单项目的综合单价。

③ 因分部分项工程量清单漏项或非承包人原因的工程变更,造成增加新的工程量清单项目,其对应的综合单价按下列方法确定:合同中已有适用的综合单价,按合同中已有的综合单价确定;合同中有类似的综合单价,参照类似的综合单价确定;合同中没有适用或类似的综合单价,由承包人提出综合单价,经发包人认可后作为确定的综合单价。

④ 因分部分项工程量清单漏项或非承包人原因的工程变更,引起措施项目发生变化,造成施工组织设计或施工方案变更,原措施费中已有的措施项目,按原措施项目的组价方法调整;原措施费中没有的措施项目,由承包人根据措施项目变更情况,提出适当的措施费变更,经发包人确认后调整。

⑤ 非承包人原因引起的工程量增减,该项工程量变化在合同约定幅度以内的,应执行原有的综合单价,该项工程量变化在合同约定幅度以外的,其综合单价及措施项目费应予以调整。

⑥ 若施工期内市场价格波动超出一定幅度,应按合同约定调整工程价款;合同没有约定

或约定不明确的,应按通信行业主管部门或其授权的工业和信息化部通信工程造价管理机构的规定调整。

⑦ 因不可抗力事件导致的费用,发、承包双方应按以下原则分别承担并调整工程价款:工程本身的损害和因工程损害导致第三方人员伤亡和财产损失,以及运至施工现场用于施工的材料和待安装的设备的损害,由发包人承担;发包人、承包人人员伤亡由其所在单位负责,并承担相应费用;承包人的施工机械和仪表设备损坏及停工损失,由承包人承担;停工期间,承包人应发包人要求留在施工场地的必要的管理人员及保卫人员的费用,由发包人承担;工程所需清理、修复的费用,由发包人承担。

⑧ 工程价款调整报告应由受益方在合同约定时间内向合同的另一方提出,经对方确认后调整合同价款。受益方未在合同约定时间内提出工程价款调整报告的,视为不涉及合同价款的调整。收到工程价款调整报告的另一方应在合同约定时间内确认或提出协商意见,否则,视为工程价款调整报告已经确认。

⑨ 经发、承包双方确定调整的工程价款,作为追加(减)合同价款与工程进度款同期支付。

6.2.6　工程竣工结算

① 工程完工后,发、承包双方应在合同约定时间内办理工程竣工结算。

② 工程竣工结算由承包人或受其委托具有相应资质的工程造价咨询人编制,由发包人或受其委托具有相应资质的工程造价咨询人核对。

③ 分部分项工程费应依据双方确认的工程量、合同约定的综合单价计算;如发生调整,以发、承包双方确认调整的综合单价计算。

④ 措施项目费应依据合同约定的项目和金额计算;如发生调整,以发、承包双方确认调整的金额计算,其中文明生产费应按前述规定计算。

⑤ 其他项目费应按下列规定计算:计日工应按发包人实际签证确认的事项计算;暂估价中的材料单价应按发、承包双方的最终确认价在综合单价中调整,配套专业工程暂估价应按中标价或发包人、承包人与分包人最终确认价计算;总承包服务费应依据合同约定金额计算,如发生调整,以发、承包双方确认调整的金额计算;索赔费用应依据发、承包双方确认的索赔事项和金额计算;现场签证费用应依据发、承包双方签证资料确认的金额计算;暂列金额应减去工程价款调整与索赔、现场签证金额计算,如有余额归发包人。

⑥ 承包人应在合同约定的时间内编制竣工结算书,并在提交竣工验收报告的同时递交给发包人。承包人未在合同约定的时间内递交竣工结算书,经发包人催告后仍未提供或没有明确答复的,发包人可以根据已有资料办理结算。

⑦ 发包人在收到承包人递交的竣工结算书后,应按合同约定的时间核对。同一工程竣工结算核对完成,发、承包双方签字确认后,禁止发包人要求承包人与另一个或多个工程造价咨询人重复核对竣工结算。

⑧ 发包人或受其委托的工程造价咨询人收到承包人递交的竣工结算书后,在合同约定的时间内,不核对竣工结算或未提出核对意见的,视为承包人递交的竣工结算书已被认可,发包人应向承包人支付工程结算价款。承包人在接到发包人提出的核对意见后,在合同约定时间内,不确认也未提出异议的,视为发包人提出的核对意见已被认可,竣工结算办理完毕。

⑨ 发包人应对承包人递交的竣工结算书签收,拒不签收的,承包人可以不交付竣工工程。承包人未在合同约定的时间内递交竣工结算书的,发包人要求交付竣工工程,承包人应当交付。

⑩ 竣工结算办理完毕,发包人应将确认的竣工结算书报送工程所在地通信管理局招投标监督机构备案。竣工结算书作为工程竣工验收备案、交付使用的必备文件。

⑪ 竣工结算办理完毕,发包人应根据确认的竣工结算书在合同约定的时间内向承包人支付工程竣工结算价款。

⑫ 发包人未在合同约定的时间内向承包人支付工程结算价款的,承包人可催告发包人支付结算价款。如达成延期支付协议,发包人应按照同期银行同类贷款利率支付拖欠的工程价款利息。如未达成延期支付协议,承包人可以与发包人协商将该工程折价,或申请法院将该工程依法拍卖,承包人就该工程折价或拍卖的价款优先受偿。

6.3 各类通信工程工程量清单项目及计价规则

6.3.1 通信电源工程工程量清单项目及计价规则

1. 高、低压配电设备安装工程

其工程量清单项目设置及计算规则见表 6-12。

表 6-12 高、低压配电设备安装工程工程量清单项目设置及计算规则(编码:TX11)

项目编码	项目名称	项目特征	计量单位	工程量计算规则	工程内容
TX11001	高压成套配电柜	1. 名称、型号 2. 规格 3. 母线设置方式 4. 回路 5. 基础类型	台	按设计图示数量计算	1. 安装基础 2. 安装断路器 3. 安装互感器 4. 安装电容器、其他设备 5. 安装母线桥
TX11002	组合型箱式变电站	1. 名称、型号 2. 组合类型 3. 容量(kVA)			1. 基础砌筑 2. 安装开关柜 3. 安装进箱母线
TX11003	送配电装置系统调试	1. 型号 2. 电压等级(kV)	系统	按设计图示系统计算	系统调试
TX11004	两路市电自投装置调试	系统类型			
TX11005	高压母线系统调试	电压等级(kV)	段	按单一母线系统计算	

续　表

项目编码	项目名称	项目特征	计量单位	工程量计算规则	工程内容
TX11006	油浸电力变压器	1. 名称 2. 型号 3. 容量(kVA) 4. 基础类型	台	按设计图示数量计算	1. 安装基础 2. 安装油浸电力变压器 3. 变压器干燥 4. 变压器油过滤 5. 制作和安装网门、保护网 6. 制作、安装铁构件
TX11007	干式变压器				1. 安装基础 2. 安装干式变压器 3. 变压器干燥 4. 安装温控箱 5. 制作和安装网门、保护网 6. 制作、安装铁构件
TX11008	电力变压器系统调试	1. 型号 2. 容量(kVA)	系统		系统调试
TX11009	低压开关柜	1. 名称、型号 2. 规格 3. 基础类型	台		1. 安装基础 2. 安装屏柜 3. 安装端子板 4. 屏边安装
TX11010	低压电容器柜				
TX11011	转换、控制屏				
TX11012	低压交流供电系统调试	电压等级(kV)	系统	按设计图示系统计算	1 kV 以下交流供电系统调试
TX11013	低压电容器调试		套	按设计图示数量计算	1 kV 以下电容器调试
TX11014	低压母线系统调试		段	按单一母线系统计算	1 kV 以下母线系统调试
TX11015	备用电源自投装置调试	系统类型	系统	按设计图示系统计算	系统调试
TX11016	直流电源屏	1. 名称、型号 2. 规格 3. 基础类型	台	按设计图示数量计算	1. 安装基础 2. 安装屏柜 3. 安装端子板 4. 屏边安装
TX11017	蓄电池屏	1. 屏柜型号、规格 2. 蓄电池型号 3. 蓄电池容量 4. 蓄电池组件数 5. 基础类型			1. 安装基础 2. 安装屏柜 3. 安装屏内蓄电池组 4. 蓄电池充放电 5. 安装端子板 6. 屏边安装
TX11018	直流电源屏调试	1. 名称、型号 2. 容量	系统		回路系统调试
TX11019	继电、信号屏	1. 名称、型号 2. 规格 3. 基础类型	台		1. 安装基础 2. 安装屏柜 3. 安装端子板 4. 屏边安装
TX11020	模拟控制屏				
TX11021	控制开关	1. 名称、型号 2. 规格 3. 建设类型	个		1. 安装组合控制开关 2. 安装熔断器 3. 安装断路器 4. 带电更换熔断器、空气开关
TX11022	调试中央信号装置	系统类型	系统	按设计图示系统计算	系统调试

2. 发电机设备安装工程

其工程量清单项目设置及计算规则见表6-13。

表6-13　发电机设备安装工程工程量清单项目设置及计算规则(编码:TX12)

项目编码	项目名称	项目特征	计量单位	工程量计算规则	工程内容
TX12001	发电机组	1. 名称、型号 2. 机组类型 3. 机组容量	台	按设计图示数量计算	安装发电机
TX12002	发电机组体外排气系统		套		1. 安装机组体外排气系统 2. 制作、安装穿墙保护套管
TX12003	发电机组体外供油设备	1. 名称、型号 2. 重量 3. 容积	台		1. 安装燃油箱 2. 安装储油罐 3. 安装机油箱
TX12004	发电机组体外冷却系统	1. 名称、型号 2. 设备类型 3. 重量	台		1. 安装冷却泵 2. 安装电动机 3. 安装散热水箱 4. 安装冷却塔
TX12005	油机输油管路	1. 名称、规格 2. 管件连接点数 3. 保护套管处数	m		1. 敷设油管 2. 管件连接 3. 制作、安装穿墙保护套管
TX12006	发电机系统调测	1. 名称、型号 2. 机组类型 3. 机组容量	系统		系统调试
TX12007	自动供油系统调试	1. 机组容量 2. 油管长度			油路系统调试
TX12008	风力发电机组	1. 型号、规格 2. 机组容量 3. 杆塔高度	组		1. 安装、调试风力发电机组 2. 12 m以上塔杆增高安装

3. 配电换流设备安装工程

其工程量清单项目设置及计算规则见表6-14。

表 6-14　配电换流设备安装工程工程量清单项目设置及计算规则(编码:TX13)

项目编码	项目名称	项目特征	计量单位	工程量计算规则	工程内容
TX13001	蓄电池组及附属设施	1. 名称、型号 2. 规格 3. 容量 4. 抗震架结构 5. 抗震架尺寸	组	按设计图示数量计算	1. 安装蓄电池抗震架 2. 安装蓄电池组 3. 蓄电池充放电 4. 蓄电池容量试验
TX13002	太阳能电池铁架方阵	1. 型号、规格 2. 结构类型 3. 安装位置及高度	10 m²		1. 安装铁架方阵 2. 防腐处理
TX13003	太阳能电池	1. 型号、规格 2. 输出功率 3. 安装位置及高度	组		安装太阳能电池
TX13004	太阳能电池与控制屏联测	1. 型号、规格 2. 输出功率	方阵		太阳能电池与控制屏联测
TX13005	交流不间断电源(UPS)	1. 名称、型号 2. 规格、容量 3. 配套开关设备 4. 基础类型	台		1. 安装基础 2. 安装交流不间断电源 3. 安装电源开关屏 4. 安装电源开关箱 5. 安装调试静态开关屏
TX13006	开关电源设备	1. 名称、型号 2. 总容量 3. 整流模块容量 4. 建设类型	架		1. 安装组合开关电源 2. 安装开关电源 3. 安装高频开关整流模块
TX13007	开关电源系统调测	1. 型号、规格 2. 容量	系统		系统调测
TX13008	配电屏	1. 名称、型号 2. 规格 3. 设备类型 4. 基础类型	台		1. 安装基础 2. 安装交、直流配电屏 3. 安装过压保护装置/防雷箱

项目编码	项目名称	项目特征	计量单位	工程量计算规则	工程内容
TX13009	变换器	1. 名称、型号 2. 规格 3. 变换器模块个数 4. 基础类型	架	按设计图示 数量计算	1. 安装基础 2. 安装变换器及组合机架 3. 安装变换器
TX13010	调压器	1. 名称、型号 2. 规格 3. 容量(kVA) 4. 基础类型			1. 安装基础 2. 安装调压器
TX13011	交流稳压器	1. 名称、型号 2. 规格 3. 基础类型			1. 安装基础 2. 安装交流稳压器
TX13012	谐波滤波器	1. 名称、型号 2. 规格 3. 回路 4. 基础类型	台		1. 安装基础 2. 安装谐波滤波器
TX13013	硅整流柜	1. 名称、型号 2. 容量(A) 3. 基础类型			1. 安装基础 2. 安装硅整流柜 3. 安装充电整流器
TX13014	配电系统 自动性能调测		系统	按设计图示 系统计算	系统调测
TX13015	无人值守站 内电源设备 系统联测	系统类型	站		
TX13016	控制段内无 人值守电源 设备与主控 联测	1. 电源系统组成方式 2. 控制段内中继站数量	系统		

4. 母线及电力电缆敷设工程

其工程量清单项目设置及计算规则见表6-15。

表6-15　母线及电力电缆敷设工程工程量清单项目设置及计算规则(编码:TX14)

项目编码	项目名称	项目特征	计量单位	工程量计算规则	工程内容
TX14001	铜电源母线	1. 母线类型 2. 截面积或直径 3. 条数 4. 敷设方式	米条	按设计图示数量计算	1. 制作安装带形铜母线 2. 制作安装铜棒 3. 安装软接头 4. 加工安装绝缘子
TX14002	低压封闭式插接母线槽	1. 型号 2. 容量(每相A) 3. 条数 4. 敷设方式	m		1. 安装封闭式插接母线槽 2. 安装母线槽分线箱
TX14003	电力电缆	1. 名称、型号 2. 规格 3. 条数 4. 敷设位置 5. 敷设方式 6. 防护措施	米条		1. 室内布放电力电缆 2. 室外布放电力电缆 3. 制作、安装电力电缆端头 4. 电缆防护
TX14004	控制电缆	1. 型号、规格 2. 条数 3. 敷设方式			1. 水平布放控制电缆 2. 垂直布放控制电缆
TX14005	电缆沟	1. 路面类型 2. 土质类型 3. 沟长度 4. 回填方式	m³	按"设计图示截面积×长度"计算	1. 人工开挖路面 2. 挖、填电缆沟 3. 铺沙、盖砖 4. 揭(盖)盖板

5. 接地装置安装工程

其工程量清单项目设置及计算规则见表6-16。

表6-16　接地装置安装工程工程量清单项目设置及计算规则(编码:TX15)

项目编码	项目名称	项目特征	计量单位	工程量计算规则	工程内容
TX15001	接地装置	1. 接地极名称、规格、根数 2. 接地母线材质、规格 3. 接地母线长度 4. 土质类型	项	按设计图示数量计算	1. 制装安装接地极 2. 敷设接地母线 3. 接地跨接线 4. 化学降阻处理
TX15002	接地网电阻测试	类别	组	按设计图示系统计算	接地网电阻测试
TX15003	室内接地母线	1. 母线规格 2. 母线材质	m	按设计图示数量计算	敷设室内接地母线
TX15004	室内接地排	1. 材质、规格 2. 安装位置 3. 固定方式	块		安装室内接地排

6. 附属设施安装工程

其工程量清单项目设置及计算规则见表 6-17。

表 6-17 附属设施安装工程工程量清单项目设置及计算规则(编码:TX16)

项目编码	项目名称	项目特征	计量单位	工程量计算规则	工程内容
TX16001	缆线桥架	1. 名称 2. 型号、规格 3. 材质 4. 层数 5. 结构类型 6. 固定方式	m	按设计图示数量计算	1. 安装槽式电缆桥架 2. 安装梯式电缆桥架
TX16002	机房穿墙电缆洞	1. 墙洞尺寸 2. 封堵材料	处		1. 开挖墙洞 2. 制作隔板、封堵电缆洞
TX16003	地漆布	类别	m²		铺设地漆布
TX16004	橡胶垫	1. 用途 2. 铺设位置			铺橡胶垫
TX16005	机房房柱	1. 加固方式 2. 加固材料	处		房柱加固

6.3.2 有线通信设备安装工程工程量清单项目及计价规则

1. 安装辅助设备及布放缆线工程

其工程量清单项目设置及计算规则见表 6-18。

表 6-18 安装辅助设备及布放缆线工程工程量清单项目设置及计算规则(编码:TX21)

项目编码	项目名称	项目特征	计量单位	工程量计算规则	工程内容
TX21001	缆线走道	1. 名称 2. 型号、规格 3. 材质 4. 层数 5. 结构类型 6. 固定方式	m	按设计图示数量计算	1. 安装电缆槽道 2. 安装电缆走线架 3. 安装软光纤走线槽
TX21002	列头柜	1. 型号、规格 2. 列内通信设备机架数 3. 机柜基础类型	架		1. 制作安装机架底座 2. 安装柜体 3. 带电更换熔丝或空开 4. 安装列内电源线 5. 布放列内列间信号线
TX21003	电源分配架(柜)	1. 型号、规格 2. 建设类型 3. 设备类型 4. 机架基础类型	架(个)		1. 安装基础 2. 安装柜(箱)体 3. 带电更换熔丝或空开

项目编码	项目名称	项目特征	计量单位	工程量计算规则	工程内容
TX21004	设备照明	1. 名称 2. 型号、规格 3. 灯管数量	套	以一处照明为一套计算	1. 安装列架照明 2. 安装机台照明 3. 安装事故照明
TX21005	机房信号灯设备	1. 名称、型号 2. 规格	盘	按设计图示数量计算	1. 安装总信号灯盘 2. 安装列信号灯盘
TX21006	保安配线箱	1. 型号、规格 2. 容量 3. 设备类型	个		1. 安装基础 2. 安装保安配线箱
TX21007	总配线架	1. 型号、规格 2. 容量 3. 建设类型 4. 设备类型 5. 结构类型 6. 机架基础类型	架		1. 安装基础 2. 安装落地式总配线架 3. 安装壁挂式总配线架 4. 安装保安排 5. 安装试线排 6. 总配线架布放/带电改接跳线
TX21008	测量台、业务台、辅助台	1. 名称 2. 型号	台		安装测量台、业务台、辅助台
TX21009	滑梯	1. 型号 2. 规格	架		安装滑梯
TX21010	数字分配架（箱）	1. 型号、规格 2. 容量 3. 建设类型 4. 设备类型 5. 机架基础类型	架（个）		1. 安装基础 2. 安装数字分配架整架 3. 安装数字分配架子架 4. 安装壁挂式数字分配箱 5. 数字分配架内布放跳线
TX21011	光分配架（箱）				1. 安装基础 2. 安装光分配架整架 3. 安装光分配架子架 4. 安装壁挂式光分配箱 5. 光分配架内跳纤
TX21012	通信设备电缆	1. 名称 2. 型号、规格 3. 条数 4. 敷设方式 5. 防护措施	米条		1. 放绑设备电缆 2. 编扎、焊（绕、卡）接设备电缆 3. 电缆防护
TX21013	告警信号线	1. 型号、规格 2. 每条长度	条		布放列内、列间信号线
TX21014	软光纤	1. 型号、规格 2. 每条长度 3. 敷设方式			1. 放绑软光纤 2. 中间站跳纤
TX21015	电力电缆	1. 名称、型号 2. 规格 3. 条数 4. 敷设方式 5. 防护措施	米条		1. 布放电力电缆 2. 电缆防护

项目编码	项目名称	项目特征	计量单位	工程量计算规则	工程内容
TX21016	地漆布	类别	$100\ m^2$		铺设地漆布
TX21017	机房房柱	1. 加固方式 2. 加固材料	处		房柱加固
TX21018	接地排	1. 材质、规格 2. 安装位置 3. 固定方式	个	按设计图示 数量计算	安装室内接地排
TX21019	机房穿墙 电缆洞	1. 墙洞尺寸 2. 封堵材料	处		1. 开挖墙洞 2. 封堵电缆洞
TX21020	微机终端	1. 名称 2. 型号、规格	台		安装维护用微机终端
TX21021	打印机	3. 用途			安装打印机

2. 光纤数字传输设备安装工程

其工程量清单项目设置及计算规则见表 6-19。

表 6-19　光纤数字传输设备安装工程工程量清单项目设置及计算规则(编码:TX22)

项目编码	项目名称	项目特征	计量单位	工程量计算规则	工程内容
TX22001	传输设备 综合柜	1. 型号、规格 2. 电源类型 3. 机架基础类型	架	按设计图示 数量计算	1. 制作安装机架底座 2. 安装综合架、柜 3. 安装子机框 4. 安装电源分配箱
TX22002	PDH 传输 设备	1. 型号、规格 2. 建设类型 3. 设备类型 4. 子架个数 5. 各速率端口数量 6. PCM 设备端数 7. 机架基础类型			1. 制作安装机架底座 2. 安装端机机架 3. 安装子机框(适用于扩容) 4. 安装基本子架及公共单元盘 5. 安装测试接口盘 6. 安装测试 PCM 设备

项目编码	项目名称	项目特征	计量单位	工程量计算规则	工程内容
TX22003	SDH 传输设备	1. 名称 2. 型号、规格 3. 建设类型 4. 设备类型 5. 子架个数 6. 各速率光、电口数量 7. 机架基础类型	架	按设计图示数量计算	1. 制作安装机架底座 2. 安装端机机架 3. 安装子机框(适用于扩容) 4. 安装基本子架及公共单元盘 5. 安装测试接口盘 6. 安装测试光电转换模块(适用于新老设备匹配) 7. DXC设备连通测试
TX22004	单波道光放大器	1. 名称、型号 2. 建设类型 3. 设备类型 4. 放大器机盘数 5. 机架基础类型			1. 制作安装机架底座 2. 安装端机机架 3. 安装子机框(适用于扩容) 4. 安装、测试单波道光放大器
TX22005	波分复用设备 WDM	1. 名称 2. 型号、规格 3. 建设类型 4. 设备类型 5. 单波速率 6. 光保护方式 7. 机架基础类型			1. 制作安装机架底座 2. 安装端机机架 3. 安装子机框(适用于扩容) 4. 安装基本子架及公用单元 5. 安装测试 WDM 设备 6. 安装测试 OADM 7. 安装测试光谱分析模块 8. 安装测试光保护板
TX22006	光波长转换器 OTU	1. 型号、规格 2. 建设类型 3. 单波速率 4. OTU 个数 5. T-MUX各速率端口数 6. 机架基础类型			1. 制作安装机架底座 2. 安装端机机架 3. 安装子机框(适用于扩容) 4. 安装测试 OTU 5. 安装测试 T-MUX
TX22007	光线路放大器 OLA	1. 型号、规格 2. 光波道数量 3. 机架基础类型	系统		1. 制作安装机架底座 2. 安装端机机架 3. 安装测试光线路放大器
TX22008	再生中继架	1. 型号、规格 2. 双向系统数量 3. 机架基础类型	架		1. 制作安装机架底座 2. 安装机架本体 3. 调测
TX22009	远端供电电源架	1. 型号、规格 2. 机架基础类型			

项目编码	项目名称	项目特征	计量单位	工程量计算规则	工程内容
TX22010	网管系统	1. 网管系统名称 2. 建设类型 3. 配合调测要求	套	按设计图示系统配置计算	1. 安装、配合调测网管系统 2. 配合调测 ASON 控制层面
TX22011	数字公务系统	数字公务用途	方向·系统		运行试验
TX22012	SDH、PDH 线路段光端对测	1. 站型 2. 线路口传输速率	方向·系统	按线路段本站一侧计算	SDH、PDH 线路段光端对测
TX22013	SDH、PDH 系统通道调测	1. 名称 2. 各级支路光端口速率 3. 各级支路电端口速率	端口	按设计图示系统配置计算	复用设备系统调测
TX22014	WDM 线路段光端对测	1. 站型 2. 波道数量	方向·系统	按线路段本站一侧计算	1. 光线路段光端对测 2. 配合线路段光路优化
TX22015	WDM 光通道调测	波道速率	方向·波道	按设计图示系统配置计算	1. 光通道调测 2. 配合波道优化
TX22016	光传输系统保护倒换测试	1. 网络结构 2. 测试要求	环·系统		保护倒换测试
TX22017	光电调测中间站配合	1. 网络结构 2. 中间站站型	站或环	汇聚层及以上按站计算;接入层及以下按汇聚点计算	光电调测中间站配合
TX22018	光纤复测	中继段或光放段长度	中继段或光放段		光纤特性复测
TX22019	同步网设备	1. 名称、型号 2. 规格 3. 机架基础类型	架	按设计图示数量计算	1. 制作安装机架底座 2. 安装设备机架 3. 调测同步网设备
TX22020	全球定位系统 GPS	1. 安装位置 2. 安装高度 3. 馈线电缆规格 4. 馈线电缆长度 5. 馈线敷设方式	套		1. 安装 GPS 天线 2. 布放馈线 3. 调测 GPS 系统

3. 交换设备安装工程

其工程量清单项目设置及计算规则见表6-20。

表6-20　交换设备安装工程工程量清单项目设置及计算规则(编码:TX23)

项目编码	项目名称	项目特征	计量单位	工程量计算规则	工程内容
TX23001	程控交换设备	1. 名称、型号 2. 规格 3. 建设类型 4. 机架基础类型	架	按设计图示数量计算	1. 制作安装机架底座 2. 安装交换设备 3. 扩装电路板 4. 布放架内架间缆线
TX23002	程控车载集装箱		箱		安装程控车载集装箱
TX23003	用户集线器 SLC	1. 型号 2. 中继数 3. 用户容量 4. 设备类型 5. 建设类型 6. 机架基础类型	架		1. 制作安装机架底座 2. 安装局端、远端用户集线器 3. 调测用户集线器
TX23004	告警设备	1. 型号、规格 2. 告警条数 3. 设备类型	台		1. 安装 2. 调测
TX23005	调测交换系统	1. 名称、型号 2. 规格 3. 中继速率 4. 中继数 5. 用户容量 6. 建设类型	局		1. 硬件测试 2. 软件调测 3. 大话务量测试
TX23006	用户交换机	1. 规格、型号 2. 中继数 3. 用户容量	全套		调测用户交换机系统
TX23007	操作维护中心 OMC	1. 型号 2. 规格	套		1. 安装操作维护中心设备 2. 调测操作维护中心设备
TX23008	智能网设备	1. 名称、型号 2. 中继数 3. 用户容量			调测智能网设备
TX23009	信令网设备	1. 型号、规格 2. STP级别 3. 链路数 4. 机架基础类型	架		1. 制作安装机架底座 2. 安装STP设备 3. 调测信令网设备

4. 数据通信设备安装工程

其工程量清单项目设置及计算规则见表 6-21。

表 6-21　数据通信设备安装工程工程量清单项目设置及计算规则(编码:TX24)

项目编码	项目名称	项目特征	计量单位	工程量计算规则	工程内容
TX24001	数据设备综合柜	1. 型号、规格 2. 电源类型 3. 机柜基础类型	架	按设计图示数量计算	1. 安装基础机座 2. 安装综合架、柜 3. 安装子机框 4. 安装电源分配箱
TX24002	数字数据网设备	1. 名称 2. 型号、规格 3. 功能类型 4. 设备类型 5. 固定方式 6. 机架基础类型			1. 制作安装机架底座 2. 安装数据设备硬件
TX24003	调测 DDN 设备	1. 应用类型 2. 端口数量	节点机		调测 DDN 设备
TX24004	调测帧中继设备				调测帧中继设备
TX24005	调测 ATM 设备	端口速率	端口		调测 ATM 设备
TX24006	调测数字交叉连接设备	端口数量	架		调测数字交叉连接设备
TX24007	调测分组交换设备	1. 模块类型 2. 模块数量	套		调测分组交换设备
TX24008	宽带接入复用设备 DSLAM				1. 安装机柜、箱 2. 扩装板卡
TX24009	宽带接入服务器 BAS	1. 型号、规格 2. 设备类型 3. 固定方式	台		1. 安装机箱及电源模块 2. 安装接口板
TX24010	无线局域网接入点(AP)设备				安装无线局域网接入点(AP)设备
TX24011	调测宽带接入设备	1. 设备名称 2. 容量	套		1. 调测宽带接入复用设备 2. 调测宽带接入服务器 3. 调测无线局域网接入点设备
TX24012	路由器	1. 型号、规格 2. 设备类型 3. 固定方式	台		1. 安装路由器(整机型) 2. 安装机箱及电源模块(非整机型) 3. 安装路由器接口母板
TX24013	调测路由器	1. 应用类型 2. 设备等级	套		综合调测高、中、低端路由器

项目编码	项目名称	项目特征	计量单位	工程量计算规则	工程内容
TX24014	局域网交换机	1. 型号、规格 2. 设备类型 3. 接口板数量 4. 固定方式			1. 安装低端交换机(整机型) 2. 安装机箱及电源模块(非整机型) 3. 安装接口板
TX24015	调测局域网交换机	1. 应用类型 2. 交换机层级 3. 端口数量			调测高、中、低端局域网交换机
TX24016	集线器	1. 型号、规格 2. 设备类型 3. 堆叠单元量			安装集线路
TX24017	调测集线器	1. 型号、规格 2. 应用类型 3. 堆叠单元量			调测
TX24018	服务器	1. 型号、规格 2. 设备类型 3. 应用类型 4. 设备等级			安装服务器
TX24019	调测服务器	1. 型号、规格 2. 应用类型 3. 处理能力 4. 设备等级			调测
TX24020	调制解调器	1. 型号、规格 2. 设备类型	台	按设计图示数量计算	1. 安装 2. 调测
TX24021	光电转换器				1. 安装 KVM 切换器 2. 调试
TX24022	KVM 切换器				
TX24023	工控机	1. 型号、规格 2. 设备类型			1. 安装工控机 2. 调试
TX24024	网络安全设备	1. 名称、型号 2. 规格 3. 设备类型 4. 应用类型 5. 功能			1. 安装防火墙设备 2. 安装其他网络安全设备 3. 调测网络安全设备
TX24025	光纤通道交换机	1. 型号、规格 2. 应用类型 3. 端口数量			安装
TX24026	磁盘阵列机	1. 型号、规格 2. 设备类型 3. 连接方式 4. 单机磁盘数 5. 通道数			1. 安装 2. 调试
TX24027	磁带机	1. 型号、规格 2. 存储容量 3. 设备类型			
TX24028	磁带库	1. 型号、规格 2. 存储容量			

6.3.3 无线通信设备安装工程工程量清单项目及计价规则

1. 安装辅助设备及布放缆线工程

其工程量清单项目设置及计算规则见表 6-22。

表 6-22 安装辅助设备及布放缆线工程工程量清单项目设置及计算规则(编码:TX31)

项目编码	项目名称	项目特征	计量单位	工程量计算规则	工程内容
TX31001	缆线走道	1. 名称 2. 型号、规格 3. 材质 4. 层数 5. 结构类型 6. 固定方式 7. 安装位置	m		1. 安装室内电缆槽道 2. 安装室内电缆走线架 3. 安装室外水平馈线走道 4. 安装室外垂直馈线走道 5. 安装软光纤走线槽
TX31002	电源分配柜(箱)	1. 型号、规格 2. 建设类型 3. 设备类型 4. 机柜基础类型			1. 制作安装机柜底座 2. 安装柜(箱)体 3. 扩容工程带电更换熔丝/空开 4. 安装列内电源线
TX31003	分配架(箱)	1. 名称、型号 2. 规格 3. 建设类型 4. 设备类型 5. 容量 6. 机架基础类型	架(个)	按设计图示 数量计算	1. 制作安装机柜底座 2. 安装数字分配架(箱) 3. 安装数字或光分配架子架或单元 4. 分配架布放跳线(纤)
TX31004	无线机房综合配线架	1. 型号、规格 2. 设备类型 3. 电源类型 4. 各功能子架数 5. 机架基础类型			1. 制作安装机柜底座 2. 安装综合架、柜 3. 安装子机框 4. 安装各功能子架或单元
TX31005	接地排	1. 材质、规格 2. 安装位置	个		1. 安装室内接地排 2. 安装室外接地排
TX31006	接地母线	1. 接地母线材质、规格 2. 接地母线长度 3. 跨接处(点)数	项		1. 敷设接地母线 2. 接地跨接线 3. 接地网电阻测试

续 表

项目编码	项目名称	项目特征	计量单位	工程量计算规则	工程内容
TX31007	避雷装置	1. 避雷器规格 2. 安装位置 3. 固定方式	套	按设计图示数量计算	1. 安装防雷接地装置 2. 接引下线
TX31008	微机终端	1. 名称 2. 型号、规格 3. 用途	台		安装微机终端
TX31009	打印机				安装打印机
TX31010	外围告警监控箱	1. 型号、规格 2. 安装位置 3. 固定方式	个		1. 安装告警监控箱 2. 安装箱内配件及对外接线端子板
TX31011	通信设备电缆	1. 名称 2. 型号、规格 3. 条数 4. 敷设方式 5. 防护措施	米条		1. 放绑设备电缆 2. 编扎、焊(绕、卡)接设备电缆 3. 电缆防护
TX31012	监控信号线	1. 型号、规格 2. 条数 3. 敷设方式			布放监控信号线
TX31013	软光纤	1. 型号、规格 2. 每条长度 3. 敷设位置 4. 敷设方式	条		放绑软光纤
TX31014	电力电缆	1. 名称、型号 2. 规格 3. 条数 4. 敷设位置 5. 敷设方式 6. 防护措施	米条		1. 室内布放电力电缆 2. 室外布放电力电缆 3. 电缆防护
TX31015	地漆布	类别	100 m²		铺设地漆布
TX31016	机房房柱	1. 加固方式 2. 加固材料	处		房柱加固
TX31017	馈线密封窗	1. 规格 2. 材质 3. 建设类型	个		1. 开挖墙洞 2. 加工制作馈线密封窗 3. 安装馈线密封窗 4. 封堵馈线窗
TX31018	机房穿墙电缆洞	1. 墙洞尺寸 2. 封堵材料	处		1. 开挖墙洞 2. 封堵电缆洞

2. 安装移动通信设备工程

其工程量清单项目设置及计算规则见表 6-23。

表 6-23　安装移动通信设备工程工程量清单项目设置及计算规则(编码:TX32)

项目编码	项目名称	项目特征	计量单位	工程量计算规则	工程内容
TX32001	移动通信天线	1. 名称 2. 型号、规格 3. 安装位置 4. 支撑物类型 5. 挂高	副		1. 安装全向天线 2. 安装定向天线 3. 安装室内天线 4. 安装塔顶信号放大器
TX32002	移动通信馈线	1. 名称 2. 型号、规格 3. 每条长度 4. 安装位置 5. 敷设方式	条		1. 布放 7/8″以下射频电缆 2. 布放 7/8″以上射频电缆 3. 布放 1/2″射频电缆
TX32003	移动通信天、馈线附属设备	1. 名称 2. 规格 3. 型号 4. 安装位置	个		1. 安装放大器、中继器 2. 安装功分器 3. 安装匹配器 4. 安装光纤分布主控单元 5. 安装光纤分布远端单元
TX32004	调测基站天、馈线系统	1. 天、馈线名称 2. 型号、规格 3. 调测环境 4. 调测要求	条	按设计图示数量计算	1. 调测基站天、馈线系统 2. 调测分布式天、馈线系统 3. 调测泄漏式电缆
TX32005	GPS 天线系统	1. 型号、规格 2. 安装位置 3. 天线挂高	副		1. 安装 GPS 天线 2. 调测 GPS 天线系统
TX32006	移动通信基站设备	1. 名称 2. 型号、规格 3. 建设类型 4. 设备类型 5. 载频数 6. 安装位置 7. 机架基础类型	架		1. 制作安装机柜底座 2. 安装室内基站设备 3. 安装室外基站设备 4. 扩装信道板 5. 安装室外射频拉远单元
TX32007	移动通信直放站设备	1. 名称 2. 型号、规格 3. 载频数 4. 安装位置	站		1. 安装直放站设备 2. 调测直放站设备

项目编码	项目名称	项目特征	计量单位	工程量计算规则	工程内容
TX32008	基站系统调测	1. 站型、制式 2. 设备型号 3. 载频数 4. 基站端口数 5. 中继数 6. 调测要求	站	按网络系统配置计算	1. 调测 GSM 基站系统 2. 调测 CDMA 基站系统 3. 配合基站系统调测
TX32009	操作维护中心 OMC	1. 型号、规格 2. 基站控制器数 3. 调测要求	套	按设计图示数量计算	1. 安装操作维护中心设备 2. 调测操作维护中心设备
TX32010	基站控制器、变码器	1. 名称 2. 型号、规格 3. 中继数 4. 控制基站端口数 5. 扩容载频数 6. 调测要求	架		1. 安装基站控制器、变码器 2. 调测基站控制器、变码器
TX32011	分组控制单元	1. 名称、型号 2. 设备类型 3. 中继数 4. 调测要求	套		1. 安装分组控制单元 2. 调测分组控制单元
TX32012	联网调测	1. 站型、制式 2. 设备型号 3. 调测环境 4. 调测要求	站	按网络系统配置计算	1. GSM 移动基站联网调测 2. CDMA 移动基站联网调测 3. 配合联网调测
TX32013	基站割接、开通	1. 站型、制式 2. 设备型号 3. 载频数 4. 配合要求			配合基站割接、开通

3. 安装微波通信设备工程

其工程量清单项目设置及计算规则见表 6-24。

表 6-24　安装微波通信设备工程工程量清单项目设置及计算规则(编码:TX33)

项目编码	项目名称	项目特征	计量单位	工程量计算规则	工程内容
TX33001	微波天线	1. 名称 2. 型号、规格 3. 安装位置 4. 挂高	副	按设计图示数量计算	1. 安装(吊装)天线 2. 天线加边、加罩 3. 分瓣天线拼装
TX33002	微波软馈线 (射频电缆)	1. 名称 2. 型号、规格 3. 用途 4. 每条长度	条		安装射频同轴电缆
TX33003	微波椭圆 馈线	1. 名称 2. 型号、规格 3. 安装位置 4. 每条长度			安装椭圆馈线
TX33004	分路系统	1. 型号 2. 规格 3. 安装位置	套		安装分路系统
TX33005	调测微波 天线系统	1. 型号、规格 2. 天线位置	副		调测天线
TX33006	调测微波 馈线系统	1. 型号、规格 2. 馈线位置	条		调测馈线
TX33007	数字微波 设备	1. 型号、规格 2. 建设类型 3. 子架个数 4. 安装位置 5. 机架基础类型	架		1. 制作安装机架底座 2. 安装微波设备机架 3. 安装收发信机单元 4. 安装中频基带处理单元 5. 安装微波室外单元
TX33008	微波设备 单机测试	1. 名称 2. 型号、规格	套或部		1. 测试收发信机 2. 测试分集接收机 3. 测试调制解调器 4. 测试波导倒换机 5. 测试公务盘
TX33009	监控设备	1. 名称 2. 型号、规格 3. 功能	套		1. 安装主监控设备 2. 安装次主监控设备 3. 安装被控设备 4. 主、次监控设备单机测试 5. 被控设备单机测试
TX33010	波导充气机	1. 名称 2. 型号、规格	部		1. 安装波导充气机 2. 波导充气机单机测试
TX33011	微波直放站 设备	1. 名称 2. 型号、规格 3. 安装位置	套		1. 安装直放站设备 2. 测试直放站设备
TX33012	中继段调测	1. 系统数 2. 波道数	中继段		调测
TX33013	数字段通道 调测	1. 主通道系统数 2. 接口盘端口数 3. 辅助通道业务段数	数字段		1. 主通道调测 2. 分复接接口盘调测 3. 辅助通道调测

续表

项目编码	项目名称	项目特征	计量单位	工程量计算规则	工程内容
TX33014	数字段其他项目调测	1. 波道倒换段数量 2. 监控系统数量 3. 数字终端系统数量	数字段	按设计图示数量计算	1. 数字段内波道倒换测试 2. 监控系统调试 3. 配合数字终端测试 4. 配合电源监控测试
TX33015	本地网入网系统联测	1. 站型 2. 系统数	站		联测
TX33016	全电路主通道调测	1. 数字段数量 2. 系统数量 3. 上下话路站数量	全电路		全电路主通道调测
TX33017	全电路辅助通道调测				全电路辅助通道调测
TX33018	全电路集中监控性能测试	1. 主控站系统数量 2. 次主控站数量			全电路集中监控性能测试
TX33019	全电路稳定性能测试	1. 微波站数量 2. 系统数量			全电路稳定性能测试
TX33020	一点多址数字微波设备	1. 型号、规格 2. 设备基础类型 3. 站型	站		1. 制作安装机架底座 2. 安装一点多址微波设备 3. 单机测试
TX33021	调测一点多址数字微波设备	1. 名称 2. 型号、规格	套		1. 调测收发信机 2. 调测勤务监控 3. 调测分复接器
TX33022	一点多址数字微波通信系统联测	站型	站		系统联测
TX33023	安装、调测视频传输设备	1. 设备名称 2. 型号、规格	套		1. 安装设备 2. 单机性能测试 3. 视频、伴音系统对测

4. 安装卫星地球站通信设备工程

其工程量清单项目设置及计算规则见表6-25。

表 6-25　安装卫星地球站通信设备工程工程量清单项目设置及计算规则(编码:TX34)

项目编码	项目名称	项目特征	计量单位	工程量计算规则	工程内容
TX34001	卫星地球站天线	1. 名称 2. 型号、规格 3. 安装高度 4. 安装位置	套	按设计图示数量计算	1. 安装天线座架 2. 安装天线主副反射面 3. 安装天线驱动及附属设备
TX34002	卫星地球站馈线	1. 名称 2. 型号、规格 3. 安装位置 4. 每条长度	条		1. 安装射频电缆 2. 安装矩形馈线 3. 安装椭圆馈线
TX34003	调测地球站天、馈线系统	1. 名称 2. 型号、规格	套		调测天、馈线系统
TX34004	低噪声放大器	1. 型号 2. 规格 3. 倒换比例	系统		1. 安装低噪声放大器 2. 测试低噪声放大器分系统
TX34005	高功率放大器设备	1. 型号、规格 2. 功率 3. 倒换比例 4. 系统数 5. 机架基础类型	架		1. 制作安装机架底座 2. 安装高功放设备 3. 安装室外单元 ODU 4. 测试高功放设备分系统
TX34006	变频器及基带设备	1. 名称 2. 型号、规格 3. 倒换开关套数 4. 倒换比例 5. 变频器单元盘数量 6. 机架基础类型			1. 制作安装机架底座 2. 安装变频器设备 3. 安装变频器倒换开关 4. 变频器倒换开关单机测试 5. 变频器单机测试
TX34007	监视、告警、控制系统(MAC)	1. 设备名称 2. 型号、规格	系统		1. 安装设备 2. 系统测试

项目编码	项目名称	项目特征	计量单位	工程量计算规则	工程内容
TX34008	调制解调器	1. 型号、规格 2. 速率 3. 倒换开关套数 4. 单元盘数量 5. 系统数 6. 机架基础类型	架	按设计图示数量计算	1. 制作安装机架底座 2. 安装调制解调器设备 3. 安装调制解调器倒换开关 4. 测试调制解调器倒换开关 5. 测试调制解调器
TX34009	视频传输设备	1. 设备名称 2. 型号、规格	套		1. 安装设备 2. 单机性能测试 3. 视频、伴音系统调测
TX34010	地球站站内环测	1. 地球站站型（天线直径） 2. 系统数 3. 调测要求	站		地球站站内环测
TX34011	地球站系统调测				系统调测
TX34012	VSAT 卫星地球站中心站	1. 设备型号 2. 设备类型 3. 系统数 4. 机架基础类型	架		1. 制作安装机架底座 2. 安装中频及基带设备 3. 测试中频及基带设备
TX34013	VSAT 卫星地球站远端站	1. 设备型号 2. 设备类型 3. 机架基础类型	套		
TX34014	VSAT 卫星地球站中心站站内环测	系统数	站		中心站站内环测
TX34015	VSAT 卫星地球站网内系统对测	网内站数	系统		网内系统对测

6.3.4　通信线路工程工程量清单项目及计价规则

1. 施工测量与开挖路面工程

其工程量清单项目设置及计算规则见表 6-26。

表 6-26　施工测量与开挖路面工程工程量清单项目设置及计算规则(编码:TX41)

项目编码	项目名称	项目特征	计量单位	工程量计算规则	工程内容
TX41001	敷设光(电)缆施工测量	光(电)缆敷设方式	km	按室外的路由长度计算	1. 核对图纸 2. 复查路由位置 3. 定点画线、做标记等
TX41002	GPS定位	地形地貌	点	按设计图示数量计算	1. 校表、测量 2. 记录数据等
TX41003	人工开挖路面	1. 路面类型 2. 路面厚度	m²	按"设计图示宽度×长度"计算	1. 机械切割路面 2. 人工开挖路面 3. 弃渣分类堆放沟边

2. 敷设埋式光(电)缆工程

其工程量清单项目设置及计算规则见表 6-27。

表 6-27　敷设埋式光(电)缆工程工程量清单项目设置及计算规则(编码:TX42)

项目编码	项目名称	项口特征	计量单位	工程量计算规则	工程内容
TX42001	挖填缆沟及接头坑	1.回填方式 2.土质类型	m³	按"设计图示截面积×长度"计算	1.挖填缆沟及接头坑 2.石质沟布眼钻孔、装药放炮、弃渣清理或人工开槽
TX42002	石质沟铺盖细土	运土距离	沟千米	按设计图示沟长计算	1.运细土 2.沟内铺盖细土
TX42003	倒运土方	倒运距离	m³	按设计图示数量计算	1. 装车 2. 近距离运土 3. 卸土
TX42004	敷设埋式光缆	1. 地形地貌 2. 光缆程式、芯数	千米条	按"[路由长度×(1+自然弯曲系数)+设计预留长度]×条数"计算	1. 检查测试光缆 2. 光缆配盘、清理沟底 3. 人工抬放光缆 4. 光缆复测 5. 加保护 6. 对地进行绝缘检查及处理
TX42005	敷设埋式电缆	电缆对数			1. 检测电缆、清理沟底 2. 敷设电缆、充气试验

续 表

项目编码	项目名称	项目特征	计量单位	工程量计算规则	工程内容
TX42006	砖砌塑料管道手孔	手孔类型	个	按设计图示数量计算	1. 浇筑底座、砌砖、制作、安装上口盖板 2. 安装口圈、井盖、托架等
TX42007	埋设定型手孔	1. 结构 2. 规格			1. 安装固定定型手孔 2. 手孔进、出口端头紧固处理 3. 安装堵头、塞子等
TX42008	人工敷设小口径塑料管道	1. 地形地貌 2. 管数 3. 试通说明 4. 充气试验说明	孔千米	按"手孔中心至手孔中心的长度×孔数"计算	1. 检查气压、配盘、平沟底 2. 人工抬放塑管 3. 塑管接续、绑扎、封堵端头 4. 塑管试通 5. 充气试验
TX42009	气流法穿放微型子管	1. 地形地貌 2. 管数			1. 单盘微型子管气压维护、配盘 2. 气流机穿放微型子管、试通 3. 封堵微型子管端头及管孔头
TX42010	气流法穿放光缆	1. 地形地貌 2. 光缆芯数	千米条	按"[手孔中心至手孔中心的长度×(1+自然弯曲系数)+设计预留长度]×条数"计算	1. 单盘光缆测试、配盘 2. 气流机穿放光缆 3. 封堵光缆端头及管孔头
TX42011	地下定向钻孔敷管	1. 钻孔孔径 2. 钻孔长度 3. 地下土层结构 4. 管材孔数 5. 管材规格	处	按设计图示数量计算	1. 挖填工作坑 2. 测位钻孔、扩孔 3. 敷设管材、封管口
TX42012	桥挂保护管(槽)	1. 名称 2. 管槽规格 3. 保护段数	m	按设计图示长度计算	1. 安装支架 2. 铺管(槽) 3. 堵管头等

项目编码	项目名称	项目特征	计量单位	工程量计算规则	工程内容
TX42013	顶保护管	1. 作业方法 2. 保护段数	m	按设计图示 长度计算	1. 挖填工作坑 2. 安装机具、顶管 3. 封管头等
TX42014	铺保护物	1. 名称 2. 保护方式 3. 材质规格 4. 保护段数			1. 现场运输 2. 铺设操作等
TX42015	沟、坎保护	1. 名称 2. 保护方式 3. 结构、数量	m³	按设计图示 尺寸计算	1. 石砌坡、坎、堵塞 2. 封石沟 3. 做漫水坝、挡水墙 4. 三七土护坎
TX42016	埋设标石 或警示牌	1. 名称 2. 地形、地貌 3. 材质规格	个		1. 埋设标石 2. 安装对地绝缘监测标石 3. 安装对地绝缘装置 4. 安装宣传警示牌
TX42017	安装防雷设施	1. 名称 2. 材质、规格 3. 排流线条数、长度		按设计图示 数量计算	1. 敷设排流线 2. 安装消弧线 3. 安装避雷针
TX42018	敷设水底光缆	1. 作业方法 2. 水面宽度 3. 水流类型 4. 河底土质 5. 水底光缆保护装置 6. 水底埋设深度 7. 光缆程式、芯数 8. 敷设条数 9. 敷设长度	处		1. 敷设光缆船机具安装 2. 水泵冲槽及人工截流挖沟 3. 敷设水底光缆 4. 水底光缆终端加固 5. 安装水线标志牌
TX42019	敷设海底 光缆	1. 光缆在海底的位置 2. 光缆芯数 3. 海底光缆接头个数	千米条	按"[路由长度× (1+自然弯曲 系数)+设计预 留长度]× 条数"计算	1. 海缆装船 2. 航行 3. 海中敷设海缆 4. 海中埋设海缆 5. 海底光缆接续 6. 海底光缆冲埋
TX42020	海底光缆 登陆	1. 光缆登陆方式 2. 登陆处水深 3. 登陆处滩头地质状况 4. 需要安装的其他装置	处	按设计图示 数量计算	1. 敷设登陆海缆 2. 海底光缆冲埋 3. 水下安装关节套管 4. 安装海缆铠装固定装置 5. 安装水线标志牌

3. 敷设架空光(电)缆工程

其工程量清单项目设置及计算规则见表 6-28。

表 6-28　敷设架空光(电)缆工程工程量清单项目设置及计算规则(编码:TX43)

项目编码	项目名称	项目特征	计量单位	工程量计算规则	工程内容
TX43001	立水泥电杆	1. 地形地貌 2. 电杆规格 3. 电杆数量 4. 电杆根部加固及保护装置 5. 立杆处土质 6. 附属装置	根	按设计图示数量计算	1. 立电杆 2. 电杆根部加固及保护 3. 装撑杆 4. 安装拉线 5. 安装附属装置
TX43002	立木电杆				
TX43003	立特种电杆	1. 地形地貌 2. 电杆类型(水泥杆、木电杆)、规格(杆高) 3. 特种电杆结构类型 4. 电杆根部加固及保护装置 5. 立杆处土质 6. 附属装置	座		1. 立电杆 2. 电杆根部加固及保护 3. 安装拉线 4. 安装附属装置
TX43004	架设吊线	1. 电杆类型 2. 吊线程式 3. 地形地貌	千米条	按"(路由长度+垂度+接续及终结预留长度)×条数"计算	1. 安装紧固支撑物(吊挂物) 2. 布放吊线 3. 紧线、做终结等
TX43005	架设辅助吊线	1. 档距 2. 吊线程式 3. 地形地貌	条档	按设计图示数量计算	1. 预做吊挂物 2. 紧线、调整吊挂 3. 紧固、做终结等
TX43006	架设光缆	1. 地形地貌 2. 光缆程式 3. 光缆芯数 4. 架设方式	千米条	按"[路由长度×(1+自然弯曲系数)+设计预留长度]×条数"计算	1. 光缆配盘、测试、安装支撑物 2. 架设紧固、安装标志牌 3. 制作吊线结等
TX43007	架设电缆	1. 电缆程式 2. 电缆对数 3. 架设方式			1. 电缆配盘、测试、安装支撑物 2. 架设紧固 3. 制作吊线结等

4. 敷设管道及其他光(电)缆工程

其工程量清单项目设置及计算规则见表 6-29。

表6-29　敷设管道及其他光(电)缆工程工程量清单项目设置及计算规则(编码:TX44)

项目编码	项目名称	项目特征	计量单位	工程量计算规则	工程内容
TX44001	敷设管道(室外通道)光缆	1. 敷设方式 2. 光缆芯数 3. 室外通道长度 4. 敷设塑料子管孔数、长度 5. 需抽水人(手)孔数量	千米条		1. 敷设管道(室外通道)光缆 2. 人工敷设塑料子管 3. 布放光缆人(手)孔抽水
TX44002	敷设管道(室外通道)电缆	1. 敷设方式 2. 电缆对数 3. 室外通道长度 4. 敷设塑料子管孔数、长度 5. 需抽水人(手)孔数量			1. 敷设管道(室外通道)电缆 2. 人工敷设塑料子管 3. 布放电缆人(手)孔抽水
TX44003	敷设墙壁光缆	1. 光缆程式、芯数 2. 敷设方式	百米条		1. 架设吊线式墙壁光缆 2. 布放钉固式墙壁光缆 3. 架设自承式墙壁光缆
TX44004	敷设墙壁电缆	1. 电缆程式、对数 2. 敷设方式			1. 架设吊线式墙壁电缆 2. 布放钉固式墙壁电缆 3. 架设自承式墙壁电缆
TX44005	敷设进局光缆	1. 进局方式 2. 光缆芯数 3. 引上管安装位置及数量 4. 打人(手)孔墙洞处数 5. 楼墙结构及打洞个数 6. 楼层结构及打洞个数 7. 增装支撑物套数 8. 钉固皮线塑料槽板长度 9. 进局光缆防水封堵处数 10. 光缆上线洞楼层间防火封堵处数	百米条	按"[路由长度×(1+自然弯曲系数)+设计预留长度]×条数"计算	1. 穿放引上光缆 2. 敷设室内通道光缆 3. 槽道(地槽)布放光缆 4. 打人(手)孔墙洞 5. 打穿楼墙(层)洞 6. 增装支撑物 7. 安装引上钢管 8. 钉固皮线塑料槽板 9. 进局光缆防水封堵 10. 光缆上线洞楼层间防火封堵
TX44006	敷设进局电缆	1. 进局方式 2. 电缆对数 3. 引上管安装位置及数量 4. 打人(手)孔墙洞处数 5. 楼墙结构及打洞个数 6. 楼层结构及打洞个数 7. 增装支撑物套数 8. 钉固皮线塑料槽板长度 9. 进局电缆防水封堵处数 10. 电缆上线洞楼层间防火封堵处数			1. 穿放引上电缆 2. 敷设室内通道电缆 3. 槽道(地槽)、顶棚内布放电缆 4. 布放成端电缆 5. 打人(手)孔墙洞 6. 打穿楼墙(层)洞 7. 增装支撑物 8. 安装引上钢管 9. 钉固皮线塑料槽板 10. 进局电缆防水封堵 11. 电缆上线洞楼层间防火封堵

5. 光(电)缆接续与测试工程

其工程量清单项目设置及计算规则见表 6-30。

表 6-30　光(电)缆接续与测试工程工程量清单项目设置及计算规则(编码:TX45)

项目编码	项目名称	项目特征	计量单位	工程量计算规则	工程内容
TX45001	光缆接续	1. 光缆类型、程式 2. 光缆芯数	头	按设计图示数量计算	1. 纤芯熔接、衰减测试、盘绕余纤、固定加强芯、包封外护套 2. 安装接头盒托架(保护盒)
TX45002	光缆成端接头	光缆程式	芯		1. 尾纤熔接、衰减测试 2. 固定活接头、光缆
TX45003	带状光缆成端接头	光缆程式	带		1. 尾纤熔接、衰减测试 2. 固定活接头、光缆
TX45004	中继段光缆测试	1. 中继段长度 2. 光缆芯数	中继段		1. 光纤特性测试 2. 整理资料等
TX45005	用户光缆测试	光缆芯数	段		1. 光纤特性测试 2. 整理资料等
TX45006	成端电缆接续	1. 电缆结构及对数 2. 芯线线径 3. 芯线接线模式 4. 套管规格	头		1. 成端电缆芯线接续 2. 堵塞成端套管 3. 制作热可缩套管气闭头
TX45007	电缆接续	1. 电缆结构及对数 2. 芯线线径 3. 芯线接线模式 4. 套管规格			1. 电缆芯线接续 2. 套管接续 3. 制作热可缩套管气闭头
TX45008	中继电缆测试	中继段长度	百对		1. 测试各类技术指标 2. 整理测试资料
TX45009	配线电缆测试	中继段长度			1. 测试各类技术指标 2. 整理测试资料

6. 安装光(电)缆线路设备工程

其工程量清单项目设置及计算规则见表 6-31。

表 6-31　安装光(电)缆线路设备工程工程量清单项目设置及计算规则(编码:TX46)

项目编码	项目名称	项目特征	计量单位	工程量计算规则	工程内容
TX46001	安装光(电)缆承托铁架	铁架规格	米条		1. 清理孔洞 2. 防蚀处理 3. 安装固定
TX46002	安装光(电)缆托架	托架规格	根		1. 清理孔洞 2. 安装固定
TX46003	安装固定光缆盘	光缆盘规格	套		1. 画线定位 2. 安装固定
TX46004	安装电缆交接箱	1. 安装方式 2. 交接箱容量 3. 交接箱基座结构	个		1. 安装架空式电缆交接箱 2. 安装落地式电缆交接箱 3. 砌筑交接箱基座 4. 安装墙挂式电缆交接箱
TX46005	交接箱改接跳线	跳线规格	条		1. 核对、改连 2. 试通、整理
TX46006	制装电缆分线箱	1. 电缆结构 2. 容量	个	按设计图示数量计算	1. 制装塑缆分线箱 2. 制装环氧树脂堵塞分线箱
TX46007	制装电缆分线盒				1. 制装塑缆分线盒 2. 制装环氧树脂堵塞分线盒
TX46008	安装明挂式组线箱体	箱体规格			1. 安装固定 2. 连地线 3. 修整墙体
TX46009	安装测试100回线保安排试验排	保安排试验排规格	块		
TX46010	安装组线箱端子板	端子板规格			1. 安装、测试 2. 钉固尾巴电缆
TX46011	安装测试100回线接线排	接线排规格			
TX46012	安装交接间配线架	配线架容量	座		1. 安装列架 2. 组装接线模块
TX46013	安装光缆终端盒	终端盒规格			1. 安装固定、增装适配器 2. 修整墙体等
TX46014	安装光缆配线箱	配线箱规格	个		
TX46015	安装光缆落地式交接箱	1. 交接箱基座结构 2. 交接箱容量			1. 浇筑光缆交接箱基座 2. 安装箱体及箱内器件 3. 密封箱底
TX46016	安装充气设备	1. 充气设备规格 2. 充气设备结构	套		1. 安装设备主体及配套附件 2. 调试
TX46017	电缆全程充气	电缆程式	千米条	按"设计图示路由长度×条数"计算	充气试验

7. 建筑与建筑群综合布线系统工程

其工程量清单项目设置及计算规则见表 6-32。

表 6-32　建筑与建筑群综合布线系统工程工程量清单项目设置及计算规则 (编码: TX47)

项目编码	项目名称	项目特征	计量单位	工程量计算规则	工程内容
TX47001	开槽	1. 开槽墙体结构 2. 开槽尺寸	m	按设计图示长度计算	1. 开槽 2. 敷管后水泥沙浆抹平
TX47002	敷设管路	1. 管路材质 2. 管路规格			1. 敷设钢管 2. 敷设硬质 PVC 管
TX47003	敷设金属软管	金属软管长度	根	按设计图示数量计算	1. 配管、敷管 2. 连接接头、做标记
TX47004	敷设线槽	1. 线槽材质 2. 线槽宽度	m	按设计图示长度计算	1. 敷设金属线槽 2. 敷设塑料线槽
TX47005	安装桥架	1. 安装方式 2. 桥架宽度			1. 固定吊杆或支架、安装桥架、墙上钉固桥架 2. 接地、穿墙处封堵、做标记
TX47006	安装过线（路）盒	过线盒规格	个	按设计图示数量计算	1. 开孔 2. 安装盒体 3. 连接处密封、做标记
TX47007	安装信息插座底盒	底盒安装方法、位置			1. 开孔 2. 安装盒体 3. 连接处密封、做标记
TX47008	安装机柜	安装方式	架		1. 安装固定、附件安装 2. 接地
TX47009	安装机架				
TX47010	安装接线箱	接线箱规格	个		
TX47011	制作安装抗震底座	抗震底座结构			
TX47012	穿放电缆	1. 电缆屏蔽方式 2. 电缆对数	百米条	按"[路由长度×(1+自然弯曲系数)+设计预留长度]×条数"计算	1. 抽测电缆、清理管(暗槽) 2. 制作穿线端头(钩)、穿放引线 3. 穿放电缆、做标记、封堵出口
TX47013	明布电缆	1. 电缆屏蔽方式 2. 电缆对数			1. 抽测电缆、清理槽道 2. 布放、绑扎电缆 3. 做标记、封堵出口
TX47014	穿放光缆	光缆芯数			1. 测试光缆、清理管(暗槽) 2. 制作穿线端头(钩)、穿放引线 3. 穿放光缆、出口衬垫、做标记、封堵出口
TX47015	明布光缆	光缆芯数			1. 测试光缆、清理槽道 2. 布放、绑扎光缆 3. 加衬套、做标记、封堵出口

项目编码	项目名称	项目特征	计量单位	工程量计算规则	工程内容
TX47016	布放光缆护套	护套规格	百米条	按设计图示长度计算	1. 清理槽道 2. 布放、绑扎光缆护套 3. 加衬套、做标记、封堵出口
TX47017	气流法布放光纤束	光纤束芯数			1. 测试光纤、检查护套 2. 气吹布放光纤束 3. 做标记、封堵出口
TX47018	卡接配线架侧对绞电缆	1. 电缆程式 2. 电缆对数	百对	按设计图示数量计算	1. 编扎固定对绞缆线 2. 卡线、做屏蔽、核对线序 3. 安装固定接线模块、做标记
TX47019	安装光纤连接盘	连接盘规格	块		1. 安装插座及连接盘 2. 做标记
TX47020	光纤连接	1. 作业方式 2. 光纤结构	芯		1. 端面处理、纤芯连接、测试 2. 包封护套、盘绕、固定光纤
TX47021	安装8位模块式信息插座	插座程式	个		1. 固定对绞缆线、核对线序 2. 卡线、做屏蔽 3. 安装固定面板及插座、做标记
TX47022	安装光纤信息插座	插座结构			1. 编扎固定光纤 2. 安装光纤连接器及面板、做标记
TX47023	制作跳线	跳线类型	条		1. 量裁缆线 2. 制作跳线 3. 检验测试
TX47024	电缆链路测试	链路长度	链路		1. 测试、记录数据 2. 编制测试报告
TX47025	光纤链路测试	1. 链路长度 2. 测试方式			

6.3.5　通信管道工程工程量清单项目及计价规则

1. 施工测量与挖、填管道沟及人孔坑工程

其工程量清单项目设置及计算规则见表6-33。

表 6-33 施工测量与挖、填管道沟及人孔坑工程工程量清单项目设置及计算规则(编码:TX51)

项目编码	项目名称	项目特征	计量单位	工程量计算规则	工程内容
TX51001	通线管道施工测量	地形地貌	km	按室外的路由长度计算	1. 核对图纸 2. 复查路由位置和人(手)孔及管道坐标与高程 3. 定位放线、做标记
TX51002	人工开挖路面	1. 路面类型 2. 路面厚度	m²	按"设计图示宽度×长度"计算	1. 机械切割路面 2. 人工开挖路面 3. 弃渣分类堆放沟边
TX51003	开挖管道沟及人(手)孔坑	1. 土质类型 2. 施工方式 3. 地下水位		按"设计图示截面积×长度"计算	1. 开挖管道沟及人(手)孔坑 2. 挡土板 3. 管道沟抽水 4. 人(手)孔坑抽水
TX51004	回填土方	回填方式	m³	开挖管道沟土方的体积减去开挖地面下管道和人(手)孔所占的体积	1. 准备回填物 2. 回填(松填或夯填)
TX51005	倒运土方	倒运距离		按设计图示数量计算	1. 装车 2. 近距离运土 3. 卸土

2. 铺设通信管道工程

其工程量清单项目设置及计算规则见表 6-34。

表 6-34　铺设通信管道工程工程量清单项目设置及计算规则(编码:TX52)

项目编码	项目名称	项目特征	计量单位	工程量计算规则	工程内容
TX52001 TX52002	铺设水泥管道	1. 水泥管块组合方式 2. 底基结构 3. 基础厚度及混凝土标号 4. 基础加筋长度 5. 管道填充水泥沙浆配比及体积 6. 管道包封混凝土标号及体积			1. 铺管道碎石底基 2. 浇筑混凝土管道基础 3. 混凝土管道基础加筋 4. 铺设水泥管道 5. 管道填充水泥沙浆 6. 管道混凝土包封
TX52003	敷设塑料管道	1. 塑料管规格 2. 组合方式 3. 底基结构 4. 基础厚度及混凝土标号 5. 基础加筋长度 6. 管道填充水泥沙浆配比及体积 7. 管道包封混凝土标号及体积	m	按人(手)孔中心—人(手)孔中心长度计算	1. 铺管道碎石底基 2. 浇筑混凝土管道基础 3. 混凝土管道基础加筋 4. 敷设塑料管道 5. 管道填充水泥沙浆 6. 管道混凝土包封
TX52004	敷设镀锌钢管管道	1. 钢管规格 2. 组合方式 3. 底基结构 4. 基础厚度及混凝土标号 5. 基础加筋长度 6. 管道填充水泥沙浆配比及体积 7. 管道包封混凝土标号及体积			1. 铺管道碎石底基 2. 浇筑混凝土管道基础 3. 混凝土管道基础加筋 4. 敷设镀锌钢管管道 5. 管道填充水泥沙浆 6. 管道混凝土包封
	砌筑通信光(电)缆通道	1. 墙体厚度 2. 通道宽度、高度		按设计图示长度计算	1. 砖砌通信光(电)缆通道(无人孔口圈部分) 2. 砖砌通信光(电)缆通道(人孔口圈部分) 3. 砖砌通信光(电)缆通道(两端头侧墙部分)

3. 砌筑人(手)孔工程

其工程量清单项目设置及计算规则见表 6-35。

表 6-35 砌筑人(手)孔工程工程量清单项目设置及计算规则(编码:TX53)

项目编码	项目名称	项目特征	计量单位	工程量计算规则	工程内容
TX53001	砖砌人孔	1. 上覆作业方式 2. 人孔型号 3. 底基结构 4. 基础加筋数量	个	按设计图示数量计算	1. 铺石子、找平、拍实 2. 制、支、拆模板 3. 砌筑、人孔内外壁抹灰和抹八字、安装电缆支架 4. 绑扎、置放钢筋、浇筑混凝土 5. 安装拉力环、积水罐和人孔口圈 6. 养护
TX53002	砌筑混凝土砌块人孔				
TX53003	砖砌手孔	1. 上覆作业方式 2. 手孔型号 3. 底基结构 4. 基础加筋数量			

4. 管道防护工程及拆除工程

其工程量清单项目设置及计算规则见表 6-36。

表 6-36 管道防护工程及拆除工程工程量清单项目设置及计算规则(编码:TX54)

项目编码	项目名称	项目特征	计量单位	工程量计算规则	工程内容
TX54001	防水工程	1. 防水方法 2. 墙面结构	m²	按设计图示数量计算	1. 配料、涂刷作业 2. 压实养护
TX54002	沙浆砖砌体	沙浆配比	m³		1. 拌和沙浆 2. 砌砖
TX54003	沙浆抹面	沙浆配比	m²		1. 拌和沙浆 2. 抹面
TX54004	人孔壁开窗口	窗口尺寸	处		1. 开凿人孔壁 2. 修整、抹平窗口
TX54005	拆除旧人孔	人孔型号	个		1. 拆除 2. 清理现场
TX54006	拆除旧手孔	手孔型号			
TX54007	拆除旧管道	管道结构	孔米		

6.4 信息通信建设工程工程量清单编制与计价实例解析

6.4.1 通信线路工程中分部分项工程量清单编制解析

图 6-1 所示为一架空杆路工程,用于架挂光缆,施工地点在城郊(属丘陵地区),采用的通信电杆设定为 7 m 水泥杆,线路施工部分全长为 15+19+12×2+28+26+23+20+35=190 m,吊线程式设为 7/2.2 mm,气象负荷区设为中负荷区,所以拉线程式为 7/2.6 mm,本工程中需做两条 V

形拉线、两条高桩拉线,在三围村委光接入机房及 P022♯ 与 P023♯ 之间的墙壁上做两处吊线固定,假定建设地点土壤为综合土。要求编制分部分项工程量清单。

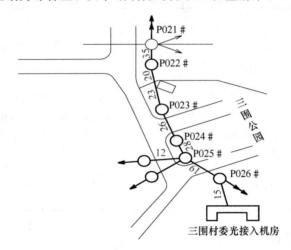

图 6-1　××通信架空杆路工程(部分)

1. 分部分项工程项目内容与数量

分部分项工程项目实际上是指构成工程实体的项目,与定额计价法中的直接工程费所对应项目基本一致。根据上述分析,将本工程分部分项工程项目内容与数量列于表 6-37。

表 6-37　图 6-1 所示工程项目分部分项工程项目内容与数量

序　号	项目内容	工程量	备　注
1	架空杆路(光缆)工程测量	190.00 m	
2	城郊立 7 m 水泥电杆,综合土	7.00 根	图中加粗圆圈表示新立,未加粗者表示利旧
3	架设 7/2.6 mm 高桩拉线,综合土	2.00 条	由于是中负荷区,拉线比吊线高一个程式
4	架设 7/2.6 mm V 形拉线,综合土	2.00 条	由于是中负荷区,拉线比吊线高一个程式
5	架设 7/2.2 mm 架空吊线	190.00 m	
6	吊线墙壁上固定	2.00 处	

2. 分部分项工程量清单编制

(1) 规范化编制表格介绍

在编制通信工程项目分部分项工程量清单时,必须按照规范化表格进行填写,其编制依据为工信部通〔2009〕703 号文件《工业和信息化部关于发布〈通信建设工程量清单计价规范〉》,其标准表格形式如表 6-38 所示。其中项目编码共 10 位,前两位为专业的汉语拼音声母,如通信线路为 TX,紧接着的 5 位由工信部通〔2009〕703 号文件按专业统一排定,后 3 位由编制人按顺序编码,项目编码在同一项目中不得重复;项目名称根据现行定额并结合工程实际确定;项目特征描述要与相关设计施工规范一致,方便投标人套用定额;计量单位最好与现行定额一致,若不一致则需要转换。由于我们这里只讨论工程量清单编制,所以表格最后 3 列及下面两行不需要填写。

表 6-38　分部分项工程量清单与计价表

工程名称：　　　　　　　　　　标段：　　　　　　　　　　第　页,共　　页

序　号	项目编码	项目名称	项目特征描述	计量单位	工程量	金额/元		
						综合单价	合　价	其中:暂估价
			本页小计					
			合　计					

（2）分部分项工程量清单编制

依据工信部通〔2009〕703 号文件的规范(注意严格按照本书"6.3.4 通信线路工程工程量清单项目及计算规则"来填写表格)将表 6-37 的内容变成标准化的分部分项工程量清单,见表 6-39。

表 6-39　图 6-1 所示工程项目标准化的分部分项工程量清单

工程名称:××通信架空杆路工程　　　　标段：××××　　　　第　1　页,共　1　页

序　号	项目编码	项目名称	项目特征描述	计量单位	工程量	金额/元		
						综合单价	合　价	其中:暂估价
1	TX41001001	敷设光电缆施工测量	架空敷设	km	0.19			
2	TX43001001	立水泥电杆	城郊,综合土,7 m杆	根	7.00			
3	TX43001002（拉线属附属装置,据实增设）	安装电杆 V 形拉线	综合土,距高比为1:1,规格为 7/2.6 mm,落地拉	处	2.00			
4	TX43001003（拉线属附属装置,据实增设）	安装电杆高桩拉线	综合土,正副拉线规格均为7/2.6 mm	处	2.00			
5	TX43004001	架设吊线	吊线规格为7/2.2 mm,城郊	千米条	0.19			
6	TX43004002（根据工程实际增列）	架空吊线墙壁上固定	吊线规格为7/2.2 mm	处	2.00			
			本页小计					
			合　计					

从以上编制过程中可以看到,编制一个完整的通信工程项目分部分项工程量清单需要具备以下 3 个条件:一是要有工程图纸,并由此统计出工作项目;二是要熟悉工信部通〔2009〕703号文件的规定;三是要有一定的实际工程建设经验,要熟悉通信工程专业划分、概预算编制等,编制人员必须熟悉和掌握信息通信建设工程概预算编制。

6.4.2　工程清单计价案例分析

某工程的主要工程量清单及相关建设条件如表 6-40 所示,其他相关条件见"5.3.4 通信线路工程概预算文件编制实例详解(二)",要求对各项分部分项工程进行工程量清单计价,结果精确到小数点后两位。

表 6-40　某工程主要工程量表

项目编码	项目名称	项目特征	计量单位	工程量计算规则	工程量	工程内容
TX42001001	挖填光缆沟	夯填缆沟,普通土质	m³	按"设计图示截面积×长度"计算	90.00	挖夯填光缆沟
TX43001001	立水泥电杆	综合土质,城区立杆,杆高 8.5 m	根	按设计图示数量计算	5.00	立电杆,电杆根部加固及保护
TX44001001	敷设室外通道光缆	光缆为 36 芯,不进行气体检测	千米条	按"[路由长度×(1+自然弯曲系数)+设计预留长度]×条数"计算	3.00	敷设室外通道光缆
TX44003001	敷设墙壁光缆	新布吊线式架设,光缆为 12 芯	千米条		0.80	架设吊线式墙壁光缆
TX43006001	拆除架空光缆并入库	8 芯光缆,清理入库,架空自承式	千米条		0.70	拆除架空自承式光缆并清理入库
TX45001001	光缆接续	GYTA-36B1 型光缆	头	按设计图示数量计算	2.00	① 纤芯熔接,衰减测试,盘绕余纤,固定加强芯,包封外护套 ② 安装接头盒托架

解:这里我们只以表 6-40 中的第 2 项工程量为例来进行说明,其他各项分部分项工程清单计价请大家自行完成。根据前述定额计价原则及清单计价方法得到该项分部分项工程清单计价的相关表格,分别如表 6-41(对应 YD 5192—2009 规范中的表 07)、表 6-42(对应 YD 5192—2009 规范中的表 08)、表 6-43(对应 YD 5192—2009 规范中的表 11)、表 6-44(对应 YD 5192—2009 规范中的表 06)所示。

单项工程名称:××市家宽网络新建光缆线路工程　项目名称:立水泥电杆　计量单位:根

项目编码:TX43001001　标段:　第　页,共　页

表 6-41　工程量清单综合单价分析表

清单综合单价组成明细

定额编号	定额名称	定额单位	数量	单价					合价				
				人工费	材料费	机械费	仪表费	管理费和利润	人工费	材料费	机械费	仪表费	管理费和利润
TXL3-001	立9 m以下水泥电杆(综合土)	根	5.00	121.47 (77.06+44.41)	303.95	20.64		57.58	607.35	1 519.75	103.20		287.90
人工费单价			小　计										
技工:114.00元/工日 普工:61.00元/工日			未计价材料费										
			清单项目综合单价					(121.47+303.95+20.64+57.58)=503.64					

材料费明细	序号	主要材料名称、规格、型号		单位型号	数量	单价/元	合价/元	暂估单价/元	暂估合价/元
		名　称	规　格						
	1	水泥电杆	稍径13~17 mm	根	5.05	300.00	1 515.00		
	2	水泥	32.5	kg	1.00	0.20	0.20		
		其他材料费:主材费×0.3%					4.55		
		材料费小计					1 519.75		

注:① 如不使用工业和信息化部发布的计价依据,可不填定额项目,编号等。

② 招标文件提供了暂估单价的材料,按暂估单价填入表内"暂估单价"栏并计算"暂估合价"栏数值。

表 6-42　措施项目清单与计价表

工程名称：××市家宽网络新建光缆线路工程　　　　　　标段：　　　　　　　　第　　页，共　　页

序　号	项目名称	计费基础	费率/(%)	金额/元
1	文明生产费	人工费	1.50	1.82
2	工地器材搬运费	人工费	3.40	4.13
3	工程干扰费	人工费	6.00	7.29
4	工程点交、场地清理费	人工费	3.30	4.01
5	临时设施费	人工费	5.00	6.07
6	工程车辆使用费	人工费	5.00	6.07
7	夜间施工增加费	人工费	2.50	3.04
8	冬雨季施工增加费	人工费	1.80	2.19
9	生产工具用具使用费	人工费	1.50	1.82
10	施工用水、电、蒸气费	按实计列		3 000.00(按单项工程)
11	特殊地区施工增加费			
12	已完工程及设备保护费	人工费	2.0	2.43
13	运土费			
14	施工队伍调遣费	240×2×5		2 400.00(按单项工程)
15	大型施工机械调遣费	2×7.2×400		5 760.00(按单项工程)
合计				38.87(按单项计,项目除外)

表 6-43　规费、税金和安全生产费项目清单与计价表

工程名称：××市家宽网络新建光缆线路工程　　　　　　标段：　　　　　　　　第　　页,共　　页

序　号	项目名称	计费基础	费率/(%)	金额/元
1	规费			
1.1	工程排污费			
1.2	社会保障费	人工费	28.50	34.62
(1)	养老保险费	人工费		
(2)	失业保险费	人工费		
(3)	医疗保险费	人工费		
1.3	住房公积金	人工费	4.19	5.09
1.4	危险作业意外伤害保险费	人工费	1.00	1.21
2	销项税额	(人工费＋辅材费＋机械使用费＋仪表使用费＋措施费＋规费＋企业管理费＋利润)×11%＋甲供主材费(税前)×17%＝(121.47＋4.55/5＋20.64＋38.87＋40.92＋57.58)×0.11＋303.04×0.17		87.37
3	安全生产费	建筑安装工程费	1.5	(按单项工程计)
合计				128.29

表 6-44　分部分项工程量清单与计价表

工程名称：××市家宽网络新建光缆线路工程　　　　　　标段：　　　　　　　　第　　页，共　　页

序 号	项目编码	项目名称	项目特征描述	计量单位	工程量	金额/元		
						综合单价	合　价	其中：暂估价
1	TX43001001	立水泥电杆	综合土质，城区立杆，杆高 8.5 m	根	5.00	669.21	3346.05	

本 章 小 结

①　建设工程的分部分项工程项目、措施项目、其他项目、规费项目、税金项目和安全生产费项目的名称和相应数量等的明细清单就称为工程量清单，它是由招标人发出的包含拟建工程的全部工程内容以及为实现这些内容而进行的全部工作。工程量清单体现了招标人要求投标人完成的工程数量，全面反映了投标报价要求，是投标人进行报价的依据，是招标文件不可分割的一部分。工程量清单计价模式是我国信息通信建设市场正在大力推进的一种计价模式，代表了未来信息通信建设市场的计价方向。

②　准确编制工程量清单和依照清单进行计价分别是招标方和投标方的两项十分重要且专业性较强的工作，都需要有较好的通信工程专业知识、建设经验，同时要认真领会 YD 5192—2009 标准的精神并学会使用。清单计价规则和方法是重要技能，要重点掌握。

③　本章为大家列举的通信线路架空杆路工程工程量清单编制及单项分部分项计价实例，请大家要认真看懂、学通，同时一定要自己动手算一算，这对大家学好工程量清单计价至关重要。

应 知 测 试

一、单项选择题

1.工程量清单为投标者提供公开、公平、公正的竞争环境，由（　　）统一提供。

A.工程标底审查机构　　　　　　　　　B.招标人

C.工程咨询公司　　　　　　　　　　　D.招投标管理部门

2.分部分项工程量清单为闭口清单，这是指（　　）。

A.投标人若认为清单内容有遗漏，可以自行补充

B.投标人对清单内容的调整要通知招标方

C.投标人可以根据实际情况将若干清单项目合并计价

D.未经允许投标人对清单内容不允许作任何更改

3.对投标人报出的措施项目清单中没有列项且施工中又必须发生的项目，招标人（　　）。

A.要给予投标人以补偿

B.应允许投标人进行补充

C.可认为其包括在其他措施项目中

D.可认为其包括在分部分项工程量清单的综合单价中

4.在《建设工程工程量清单计价规范》中,其他项目清单一般包括(　　　)。

A.预备金、分包费、材料费、机械使用费

B.预留金、材料购置费、总承包服务费、零星工作项目费

C.总承包管理费、材料购置费、预留金、风险费

D.预留金、总承包费、分包费、材料购置费

5.下列关于其他项目清单的说法中,不正确的是(　　　)。

A.标底编制人可以随意改动其他项目清单中的招标人部分

B.投标人不得随意改动其他项目清单中的招标人部分

C.投标人不得随意更改其中招标人填写的零星工作项目与数量

D.投标人对其中的零星工作项目必须进行报价

6.分部分项工程量清单的项目编码由 10 位组成,其中的(　　　)位由清单编制人设置。

A. 8～10　　　　　　B. 7～9　　　　　　C. 1～3　　　　　　D. 6～9

7.编制措施项目清单时,若出现《建设工程工程量清单计价规范》中措施项目一览表未列的项目,编制人(　　　)。

A.不得对措施项目一览表进行补充　　　　B.可以考虑将其并入其他措施项目中

C.可以对措施项目一览表进行补充　　　　D.可以认为其综合在分部分项工程清单中

8.设置措施项目清单,确定材料二次搬运等项目时,主要参考(　　　)。

A.施工技术方案　　　　　　　　　　B.施工规程

C.施工组织设计　　　　　　　　　　D.施工规范

9.设置措施项目清单,确定夜间施工等项目时,主要应参阅(　　　)。

A.施工技术方案　　　　　　　　　　B.施工规程

C.施工组织设计　　　　　　　　　　D.施工规范

10.建设工程工程量清单中的其他项目清单不包括(　　　)。

A.预留金　　　　B.总承包服务费　　　　C.材料购置费　　　　D.规费

二、判断题

1.《建设工程工程量清单计价规范》为国家标准。(　　　)

2.我国工程造价管理改革的总体目标是:建立市场经济、形成业主定价的原则。(　　　)

3.《建设工程工程量清单计价规范》中的强制性条文必须严格执行。(　　　)

4.《建设工程工程量清单计价规范》适用于建设工程工程量清单计价活动。(　　　)

5.全部使用国有资金投资或以国有资金投资为主的工程建设项目,可以采用工程量清单计价。(　　　)

6.非国有资金投资的工程建设项目,可以采用工程量清单计价。(　　　)

7.建设工程工程量清单计价活动应遵循客观、公正、公平的原则。(　　　)

8.建设工程工程量清单计价活动,除应遵守《建设工程工程量清单计价规范》外,还应符合国家现行有关标准的规定。(　　　)

9.工程造价咨询人是指取得工程造价咨询资质等级证书,接受委托从事建设工程造价咨

询活动的法人。（　　）

10.造价工程师是指取得《中华人民共和国造价工程师执业资格证书》,在一个单位注册从事建设工程造价活动的专业人员。（　　）

11.现场签证是指发包人现场代表与承包人现场代表就施工过程中涉及的责任事件所做的签认证明。（　　）

12.所谓索赔是指在合同履行过程中,对于非己方的过错而应由对方承担责任的情况造成的损失,向对方提出补偿的要求。（　　）

13.所谓措施项目是指为完成工程项目施工,发生于该工程施工准备和施工过程中的技术、生活、安全、环境保护等方面的非工程实体项目。（　　）

14.所谓计日工是指在施工过程中,完成发包人提出的施工图纸以外的零星项目或工作,按合同中约定的综合单价计价的用工。（　　）

15.措施项目清单应根据拟建工程的实际情况列项。若出现清单规范中未列的项目,可根据工程实际情况补充。（　　）

16.专业工程的措施项目可按清单附录中规定的项目选择列项。（　　）

17.分部分项工程量清单可以不采用综合单价计价。（　　）

18.招标文件中的工程量清单标明的工程量是所有投标人投标报价的共同基础。（　　）

19.招标人在工程量清单中提供了"暂估价"的材料和专业工程属于依法必须招标的,由承包人和招标人共同通过招标确定材料单价与专业工程分包价。（　　）

20.投标人的投标报价高于招标控制价的,其投标应予以拒绝。（　　）

应会技能训练

1.名称

通信线路工程工程量清单与计价编制。

2.实训目的

学会通信线路工程工程量清单编制与投标报价时工程量清单计价表格的填写技能。

3.实训器材或条件

给定的通信线路工程案例。

4.实训内容

请根据下列给定的线路工程案例及其建设条件,利用所学过的专业知识,完成以下工作:

① 填写完整的工程量表格;

② 计算并填写完整的工程量清单计价表格,其中综合单价明细表是难点,请认真做好;

③ 写出实训报告。

附:通信线路工程案例。

本工程为××直埋光缆线路单项工程,标段号为0120;本工程线路长度为4.4 km,在编制工程量清单时暂不考虑光缆中继段测试;本段工程在丘陵地区敷设松套填充型48芯光缆一条,要求测试偏振模色散;城区部分施工的人工费占总人工费的10%;光缆沟及接头坑采用挖、松填方式,土质为普通土,沟深1.2 m,下底0.3 m,放坡系数为0.125;光缆接头点为1个,接头两端各预留 7 m,并安装监测标石一块;1 处过河点的河两岸各有一个 5 m 长光缆的"S"弯预留和宣传警示牌一块(宣传警示牌为水泥制品,尺寸结构图纸略);两处人工截流挖沟(水面宽分别为 30 m 和 9 m)均不需要沙浆袋;对地绝缘检查及处理不需热缩套(包)管;本段工程共埋设普通标石(1 000 mm×140 mm×140 mm)35 个。

考虑公路恢复工程和总承包服务费,其他工程按实际发生情况填写。

附录一　与费用定额相关的文件

文件1：

关于印发《基本建设财务管理规定》的通知

财建〔2002〕394号

党中央有关部门,国务院各部委、各直属机构,全国人大常委会办公厅,全国政协办公厅,高法院,高检院,各人民团体,中央管理企业,各省、自治区、直辖市、计划单列市财政厅(局),新疆生产建设兵团财务局:

为了适应新形势下基本建设财务管理的需要,有利于各部门、各地区及项目建设单位加强基本建设财务管理,有效节约建设资金,控制建设成本,提高投资效益,针对基本建设财务管理中反映出的问题,我部对《基本建设财务管理若干规定》(财基字〔1998〕4号)的有关内容进行了修订。现印发给你们,请认真贯彻执行。并结合各部门、各地区的实际情况,及时贯彻落实到建设单位。

附件:基本建设财务管理规定

第一条　为了适应社会主义市场经济体制和投融资体制改革的需要,规范基本建设投资行为,加强基本建设财务管理和监督,提高投资效益,根据《中华人民共和国预算法》《中华人民共和国会计法》和《中华人民共和国政府采购法》等法律、行政法规、规章,制定本规定。

第二条　本规定适用于国有建设单位和使用财政性资金的非国有建设单位,包括当年安排基本建设投资、当年虽未安排投资但有在建工程、有停缓建项目和资产已交付使用但未办理竣工决算项目的建设单位。其他建设单位可参照执行。

实行基本建设财务和企业财务并轨的单位,不执行本规定。

第三条　基本建设财务管理的基本任务是:贯彻执行国家有关法律、行政法规、方针政策;依法、合理、及时筹集、使用建设资金;做好基本建设资金的预算编制、执行、控制、监督和考核工作,严格控制建设成本,减少资金损失和浪费,提高投资效益。

第四条　各级财政部门是主管基本建设财务的职能部门,对基本建设的财务活动实施财政财务管理和监督。

第五条　使用财政性资金的建设单位,在初步设计和工程概算获得批准后,其主管部门要及时向同级财政部门提交初步设计的批准文件和项目概算,并按照预算管理的要求,及时向同级财政部门报送项目年度预算,待财政部门审核确认后,作为安排项目年度预算的依据。

建设项目停建、缓建、迁移、合并、分立以及其他主要变更事项,应当在确立和办理变更手续之日起 30 日内,向同级财政部门提交有关文件、资料的复制件。

第六条　建设单位要做好基本建设财务管理的基础工作,按规定设置独立的财务管理机构或指定专人负责基本建设财务工作;严格按照批准的概预算建设内容,做好账务设置和账务管理,建立健全内部财务管理制度;对基本建设活动中的材料、设备采购、存货、各项财产物资及时做好原始记录;及时掌握工程进度,定期进行财产物资清查;按规定向财政部门报送基建财务报表。

主管部门应指导和督促所属的建设单位做好基本建设财务管理的基础工作。

第七条　经营性项目应按照国家关于项目资本金制度的规定,在项目总投资(以经批准的动态投资计算)中筹集一定比例的非负债资金作为项目资本金。

本规定中有关经营性项目和非经营性项目划分,由财政部门根据国家有关规定确认。

第八条　经营性项目筹集的资本金,须聘请中国注册会计师验资并出具验资报告。投资者以实物、工业产权、非专利技术、土地使用权等非货币资产投入项目的资本金,必须经过有资格的资产评估机构依照法律、行政法规评估作价。

经营性项目筹集的资本金,在项目建设期间和生产经营期间,投资者除依法转让外,不得以任何方式抽走。

第九条　经营性项目收到投资者投入项目的资本金,要按照投资主体的不同,分别以国家资本金、法人资本金、个人资本金和外商资本金单独反映。项目建成交付使用并办理竣工财务决算后,相应转为生产经营企业的国家资本金、法人资本金、个人资本金、外商资本金。

第十条　凡使用国家财政投资的建设项目,应当执行财政部有关基本建设资金支付的程序,财政资金按批准的年度基本建设支出预算到位。

实行政府采购和国库集中支付的基本建设项目,应当根据政府采购和国库集中支付的有关规定办理资金支付。

第十一条　经营性项目对投资者实际缴付的出资额超出其资本金的差额(包括发行股票的溢价净收入)、接受捐赠的财产、外币资本折算差额等,在项目建设期间,作为资本公积金,项目建成交付使用并办理竣工财务决算后,相应转为生产经营企业的资本公积金。

第十二条　建设项目在建设期间的存款利息收入计入待摊投资,冲减工程成本。

第十三条　经营性项目在建设期间的财政贴息资金,作冲减工程成本处理。

第十四条　建设项目在编制竣工财务决算前要认真清理结余资金。应变价处理的库存设备、材料以及应处理的自用固定资产要公开变价处理,应收、应付款项要及时清理,清理出来的结余资金按下列情况进行财务处理:

经营性项目的结余资金,相应转入生产经营企业的有关资产。

非经营性项目的结余资金,首先用于归还项目贷款。如有结余,30% 作为建设单位留成收入,主要用于项目配套设施建设、职工奖励和工程质量奖,70% 按投资来源比例归还投资方。

第十五条　项目建设单位应当将应交财政的竣工结余资金在竣工财务决算批复后 30 日内上交财政。

第十六条　建设成本包括建筑安装工程投资支出、设备投资支出、待摊投资支出和其他投资支出。

第十七条　建筑安装工程投资支出是指建设单位按项目概算内容发生的建筑工程和安装工程的实际成本,其中不包括被安装设备本身的价值以及按照合同规定支付给施工企业的预付备料款和预付工程款。

第十八条 设备投资支出是指建设单位按照项目概算内容发生的各种设备的实际成本，包括需要安装设备、不需要安装设备和为生产准备的不够固定资产标准的工具、器具的实际成本。

需要安装设备是指必须将其整体或几个部位装配起来，安装在基础上或建筑物支架上才能使用的设备；不需要安装设备是指不必固定在一定位置或支架上就可以使用的设备。

第十九条 待摊投资支出是指建设单位按项目概算内容发生的，按照规定应当分摊计入交付使用资产价值的各项费用支出，包括：建设单位管理费、土地征用及迁移补偿费、土地复垦及补偿费、勘察设计费、研究试验费、可行性研究费、临时设施费、设备检建费、负荷联合试车费、合同公证及工程质量监理费、（贷款）项目评估费、国外借款手续费及承诺费、社会中介机构审计（查）费、招投标费、经济合同仲裁费、诉讼费、律师代理费、土地使用税、耕地占用税、车船使用税、汇兑损益、报废工程损失、坏账损失、借款利息、固定资产损失、器材处理亏损、设备盘亏及毁损、调整器材调拨价格折价、企业债券发行费用、航道维护费、航标设施费、航测费、其他待摊投资等。

建设单位要严格按照规定的内容和标准控制待摊投资支出，不得将非法的收费、摊派等计入待摊投资支出。

第二十条 其他投资支出是指建设单位按项目概算内容发生的构成基本建设实际支出的房屋购置和基本畜禽、林木等购置、饲养、培育支出以及取得各种无形资产和递延资产发生的支出。

第二十一条 建设单位管理费是指建设单位从项目开工之日起至办理竣工财务决算之日止发生的管理性质的开支。包括：不在原单位发工资的工作人员工资、基本养老保险费、基本医疗保险费、失业保险费，办公费、差旅交通费、劳动保护费、工具用具使用费、固定资产使用费、零星购置费、招募生产工人费、技术图书资料费、印花税、业务招待费、施工现场津贴、竣工验收费和其他管理性质开支。

业务招待费支出不得超过建设单位管理费总额的10%。

施工现场津贴标准比照当地财政部门制定的差旅费标准执行。

第二十二条 建设单位管理费实行总额控制，分年度据实列支。

建设单位管理费的总额控制数以项目审批部门批准的项目投资总概算为基数，并按投资总概算的不同规模分档计算。具体计算方法见附件一。特殊情况确需超过上述开支标准的，须事前报同级财政部门审核批准。

第二十三条 建设单位发生单项工程报废，必须经有关部门鉴定。报废单项工程的净损失经财政部门批准后，作增加建设成本处理，计入待摊投资。

第二十四条 非经营性项目发生的江河清障、航道清淤、飞播造林、补助群众造林、退耕还林（草）、封山（沙）育林（草）、水土保持、城市绿化、取消项目可行性研究费、项目报废及其他经财政部门认可的不能形成资产部分的投资，作待核销处理。在财政部门批复竣工决算后，冲销相应的资金。形成资产部分的投资，计入交付使用资产价值。

第二十五条 非经营性项目为项目配套的专用设施投资，包括专用道路、专用通信设施、送变电站、地下管道等，产权归属本单位的，计入交付使用资产价值；产权不归属本单位的，作转出投资处理，冲销相应的资金。

经营性项目为项目配套的专用设施投资，包括专用铁路线、专用公路、专用通信设施、送变电站、地下管道、专用码头等,建设单位必须与有关部门明确界定投资来源和产权关系。由本单位负责投资但产权不归属本单位的,作无形资产处理;产权归属本单位的,计入交付使用资产价值。

第二十六条　建设项目隶属关系发生变化时,应及时进行财务关系划转,要认真做好各项资产和债权、债务清理交接工作,主要包括各项投资来源、已交付使用的资产、在建工程、结余资金、各项债权和债务等,由划转双方的主管部门报同级财政部门审批,并办理资产、财务划转手续。

第二十七条　基建收入是指在基本建设过程中形成的各项工程建设副产品变价净收入、负荷试车和试运行收入以及其他收入。

(一)工程建设副产品变价净收入包括:煤炭建设中的工程煤收入,矿山建设中的矿产品收入,油(汽)田钻井建设中的原油(汽)收入和森工建设中的路影材收入等。

(二)经营性项目为检验设备安装质量进行的负荷试车或按合同及国家规定进行试运行所实现的产品收入包括:水利、电力建设移交生产前的水、电、热费收入,原材料、机电轻纺、农林建设移交生产前的产品收入,铁路、交通临时运营收入等。

(三)其他收入包括:1. 各类建设项目总体建设尚未完成和移交生产,但其中部分工程简易投产而发生的营业性收入等;2. 工程建设期间各项索赔以及违约金等其他收入。

第二十八条　各类副产品和负荷试车产品基建收入按实际销售收入扣除销售过程中所发生的费用和税金确定。负荷试车费用计入建设成本。

试运行期间基建收入以产品实际销售收入减去销售费用及其他费用和销售税金后的纯收入确定。

第二十九条　试运行期按照以下规定确定:引进国外设备项目按建设合同中规定的试运行期执行;国内一般性建设项目试运行期原则上按照批准的设计文件所规定期限执行。个别行业的建设项目试运行期需要超过规定试运行期的,应报项目设计文件审批机关批准。

第三十条　建设项目按批准的设计文件所规定的内容建成,工业项目经负荷试车考核(引进国外设备项目合同规定试车考核期满)或试运行期能够正常生产合格产品,非工业项目符合设计要求,能够正常使用时,应及时组织验收,移交生产或使用。凡已超过批准的试运行期,并已符合验收条件但未及时办理竣工验收手续的建设项目,视同项目已正式投产,其费用不得从基建投资中支付,所实现的收入作为生产经营收入,不再作为基建收入。试运行期一经确定,各建设单位应严格按规定执行,不得擅自缩短或延长。

第三十一条　各项索赔、违约金等收入,首先用于弥补工程损失,结余部分按本规定第三十二条处理。

第三十二条　基建收入应依法缴纳企业所得税,税后收入按以下规定处理:

经营性项目基建收入的税后收入,相应转为生产经营企业的盈余公积。

非经营性项目基建收入的税后收入,相应转入行政事业单位的其他收入。

第三十三条　试生产期间一律不得计提固定资产折旧。

第三十四条　建设单位应当严格执行工程价款结算的制度规定,坚持按照规范的工程价款结算程序支付资金。建设单位与施工单位签订的施工合同中确定的工程价款结算方式要符合财政支出预算管理的有关规定。工程建设期间,建设单位与施工单位进行工程价款结算,建设单位必须按工程价款结算总额的5%预留工程质量保证金,待工程竣工验收一年后再清算。

第三十五条　基本建设项目竣工时,应编制基本建设项目竣工财务决算。建设周期长、建设内容多的项目,单项工程竣工,具备交付使用条件的,可编制单项工程竣工财务决算。建设项目全部竣工后应编制竣工财务总决算。

第三十六条 基本建设项目竣工财务决算是正确核定新增固定资产价值,反映竣工项目建设成果的文件,是办理固定资产交付使用手续的依据。各编制单位要认真执行有关的财务核算办法,严肃财经纪律,实事求是地编制基本建设项目竣工财务决算,做到编报及时,数字准确,内容完整。

第三十七条 建设单位及其主管部门应加强对基本建设项目竣工财务决算的组织领导,组织专门人员,及时编制竣工财务决算。设计、施工、监理等单位应积极配合建设单位做好竣工财务决算编制工作。建设单位应在项目竣工后三个月内完成竣工财务决算的编制工作。在竣工财务决算未经批复之前,原机构不得撤销,项目负责人及财务主管人员不得调离。

第三十八条 基本建设项目竣工财务决算的依据,主要包括:可行性研究报告、初步设计、概算调整及其批准文件;招投标文件(书);历年投资计划;经财政部门审核批准的项目预算;承包合同、工程结算等有关资料;有关的财务核算制度、办法;其他有关资料。

第三十九条 在编制基本建设项目竣工财务决算前,建设单位要认真做好各项清理工作。清理工作主要包括基本建设项目档案资料的归集整理、账务处理、财产物资的盘点核实及债权债务的清偿,做到账账、账证、账实、账表相符。各种材料、设备、工具、器具等,要逐项盘点核实,填列清单,妥善保管,或按照国家规定进行处理,不准任意侵占、挪用。

第四十条 基本建设项目竣工财务决算的内容,主要包括以下两个部分:

(一)基本建设项目竣工财务决算报表

主要有以下报表(表式见附件二):

1. 封面

2. 基本建设项目概况表

3. 基本建设项目竣工财务决算表

4. 基本建设项目交付使用资产总表

5. 基本建设项目交付使用资产明细表

(二)竣工财务决算说明书

主要包括以下内容:

1. 基本建设项目概况

2. 会计账务的处理、财产物资清理及债权债务的清偿情况

3. 基建结余资金等分配情况

4. 主要技术经济指标的分析、计算情况

5. 基本建设项目管理及决算中存在的问题、建议

6. 决算与概算的差异和原因分析

7. 需说明的其他事项

第四十一条 基本建设项目的竣工财务决算,按下列要求报批:

(一)中央级项目

1. 小型项目

属国家确定的重点项目,其竣工财务决算经主管部门审核后报财政部审批,或由财政部授权主管部门审批;其他项目竣工财务决算报主管部门审批。

2. 大中型项目

中央级大中型基本建设项目竣工财务决算，经主管部门审核后报财政部审批。

（二）地方级项目

地方级基本建设项目竣工财务决算的报批，由各省、自治区、直辖市、计划单列市财政厅（局）确定。

第四十二条　财政部对中央级大中型项目、国家确定的重点小型项目竣工财务决算的审批实行"先审核、后审批"的办法，即先委托投资评审机构或经财政部认可的有资质的中介机构对项目单位编制的竣工财务决算进行审核，再按规定批复。对审核中审减的概算内投资，经财政部审核确认后，按投资来源比例归还投资方。

第四十三条　基本建设项目竣工财务决算大中小型划分标准。经营性项目投资额在5 000万元（含5 000万元）以上、非经营性项目投资额在3 000万元（含3 000万元）以上的为大中型项目。其他项目为小型项目。

第四十四条　已具备竣工验收条件的项目，3个月内不办理竣工验收和固定资产移交手续的，视同项目已正式投产，其费用不得从基建投资中支付，所实现的收入作为生产经营收入，不再作为基建收入管理。

第四十五条　各省、自治区、直辖市、计划单列市财政厅（局）可以根据本规定，结合本地区建设项目的实际，制定实施细则并报财政部备案。

第四十六条　本规定自发布之日起30日后施行。财政部1998年印发的《基本建设财务管理若干规定》（财基字〔1998〕4号文）同时废止。

附件一　建设单位管理费总额控制数费率表

单位：万元

工程总概算	费率/（%）	计算举例	
		工程总概算	建设单位管理费
1 000 以下	1.5	1 000	1 000×1.5%＝15
1 001—5 000	1.2	5 000	15＋（5 000－1 000）×1.2%＝63
5 001—10 000	1.0	10 000	63＋（10 000－5 000）×1.0%＝113
10 001—50 000	0.8	50 000	113＋（50 000－10 000）×0.8%＝433
50 001—100 000	0.5	100 000	433＋（100 000－50 000）×0.5%＝683
100 001—200 000	0.2	200 000	683＋（200 000－100 000）×0.2%＝883
200 000 以上	0.1	280 000	883＋（280 000－200 000）×0.1%＝963

附件二　基本建设项目竣工财务决算表（略）。

文件 2：

财政部关于解释《基本建设财务管理规定》
执行中有关问题的通知

财建〔2003〕724 号

党中央有关部门,国务院各部委、各直属机构,全国人大常委会办公厅,全国政协办公厅,高法院,高检院,各人民团体,中央管理企业,各省、自治区、直辖市、计划单列市财政厅(局),新疆生产建设兵团财务局:

我部印发《基本建设财务管理规定》以来,有关部门和地方来函来电要求对基本建设财务制度有关问题作进一步解释。经研究,现就有关问题答复如下:

一、在建项目执行新旧基建财务制度如何衔接。根据基本建设项目的特点,凡在 2002 年10 月后开工的在建项目执行《基本建设财务管理规定》(财建〔2002〕394 号),2002 年 10 月前开工的在建项目可继续执行原基建财务制度,直至项目竣工。

二、实行基本建设财务和企业财务并轨的单位,其建设项目财务管理能否执行基本建设财务制度。目前,对基建财务和企业财务并轨的试点,只批准在个别行业进行,具体基本建设项目,按并轨要求一时还难以做到的,经主管部门同意,仍可比照基本建设财务制度进行管理和核算。

三、关于财政性资金的具体范围。

基本建设项目使用的财政性资金是指财政预算内和财政预算外资金,主要包括:

1. 财政预算内基本建设资金;

2. 财政预算内其他各项支出中用于基本建设项目投资的资金;

3. 纳入财政预算管理的专项建设基金中用于基本建设项目投资的资金;

4. 财政预算外资金用于基本建设项目投资的资金;

5. 其他财政性基本建设资金。

四、一个建设单位同时承建多个建设项目可否统一核算。

根据基本建设有关规定,每个基本建设项目都必须单独建账、单独核算;同一个建设项目,不论其建设资金来源性质,原则上必须在同一账户核算和管理。

五、经营性项目和非经营性项目能否统一划分标准。

目前,单从项目所属行业和性质难以划分清楚并作出明确规定。同类项目在不同地区、不同时期,可以分别划分为经营性项目和非经营性项目。因此,只能在项目完工后,由同级财政部门根据项目的具体情况和主管部门意见判断确定。

六、对基本建设项目实行政府采购和国库集中支付的具体要求和规定应明确在基建财务制度中。因基本建设项目政府采购和国库集中支付试点工作正在逐步开展,有些做法尚未成熟,还需要不断修改完善,目前还不宜将具体要求和规定写入基建财务制度。

七、财政部门是否可以预留项目工程尾款。基建财务制度规定建设单位必须按工程价款结算总额的 5％预留工程质量保证金,但没有明确财政性资金是留在建设单位账上还是财政国库上,各地可根据实际情况掌握;同时 5% 是最低比例,资金的具体预留比例和时间,有关各方可根据规定或合同(协议)确定。

八、项目存款利息的处理。项目存款是指建设项目的所有建设资金,包括财政拨款、银行贷款等,其产生的利息收入一律冲减项目建设工程成本。

九、非经营性项目建设期间的财政贴息资金如何处理。非经营性项目建设期间的财政贴息资金比照经营性项目建设期间的财政贴息资金处理办法进行处理,即冲减工程成本。

十、建设单位按规定留成的非经营性项目的结余资金,主要用于项目配套设施建设、职工奖励和工程质量奖,使用时是否需报同级财政部门审批。基建财务制度已明确建设单位留成资金的使用范围,财政部门可对其使用情况进行监督,但不必再进行审批。

十一、建设单位管理费用开支的起止时间和计算基数。基本建设财务制度明确建设单位管理费是指建设单位从项目开工之日起至办理竣工财务决算之日止发生的管理性开支。考虑不少建设项目前期筹建期间管理性开支没有渠道,建设单位管理费修改为:建设单位从筹建之日起至办理竣工财务决算之日止发生的管理性质开支,建设单位管理费以项目投资总概算为计算基数。

十二、建设单位单项工程报废处理。建设单位单项工程报废是指建设单位原因造成的报废,施工单位施工造成的单项工程报废由施工单位承担责任。单项工程报废净损失按项目财务隶属关系由同级财政部门批准后,计入待摊投资。

十三、基本建设项目年度财政决算与竣工财务决算审批问题。为减少审批,财政部对基本建设项目年度财务决算不再审批,地方或主管部门是否审批,由地方或主管部门自行决定;项目竣工财务决算按基本建设财务制度规定审批。

十四、经营性项目为项目配套的专用设施投资,产权不归属本单位的,如何处理。根据基本建设制度规定,经营性项目为项目配套的专用设施投资,产权不归属本单位的作无形资产处理。考虑资产重复计算等因素,本次修改明确为:产权不归属本单位的,经项目主管部门及同级财政部门核准作转出投资处理。

十五、关于项目试运期、竣工验收条件标准问题。因各行业基本建设项目差别较大,不可能制订统一的项目试运期、竣工验收标准。有关主管部门应尽快制订分行业、分规模的项目试运期、竣工验收条件等规范标准,报财政部备案,以利项目竣工财务决算的编报和批复。

十六、中央级项目和地方级项目如何划分。按项目财务隶属关系划分,凡是财务关系在中央部门的,属中央级项目,凡财务关系在地方的,属地方级项目。

十七、建设项目投资包干责任制问题。建设项目实行《中华人民共和国招投标法》和《中华人民共和国政府采购法》后,财政部门取消了投资包干责任制的做法,各部门自行实施投资包干责任制的,财政部门不予认可。

十八、建设项目收尾工程如何确定。可根据项目投资总概算 5% 掌握。尾工工程超过项目投资总概算 5%,不能编制项目竣工财务决算。

十九、违反基本建设财务制度如何处理。对没有严格执行基本建设财务制度,或违反基本建设财务制度的行为,各级主管部门和财政部门可根据《国务院关于违反财政法规处罚的暂行规定》,通过口头警告限期纠正、通报批评、停止拨款、收回拨款、撤销项目和对直接责任人行政处分等手段进行处罚。

二十、实行代建制的建设项目,如何执行基本建设财务制度。目前,我部正在根据基本建设财务制度和代建制项目的特点,研究制订加强代建制建设项目财政财务管理指导意见,实行代建制的建设项目可按此执行。

文件 3:

国家计委关于印发《建设项目前期工作咨询收费暂行规定》的通知

计价格〔1999〕1283 号

各省、自治区、直辖市物价局(委员会)、计委(计经委),中国工程咨询协会:

为规范建设项目前期工作咨询收费行为,维护委托人和工程咨询机构的合法权益,促进工程咨询业的健康发展,我委制定了《建设项目前期工作咨询收费暂行规定》,现印发给你们,请按照执行,并将执行中遇到的问题及时反馈我委。

附:建设项目前期工作咨询收费暂行规定

第一条　为提高建设项目前期工作质量,促进工程咨询社会化、市场化,规范工程咨询收费行为,根据《中华人民共和国价格法》及有关法律法规,制定本规定。

第二条　本规定适用于建设项目前期工作的咨询收费,包括建设项目专题研究、编制和评估项目建议书或者可行性研究报告,以及其他与建设项目前期工作有关的咨询服务收费。

第三条　建设项目前期工作咨询服务,应遵循自愿原则,委托方自主决定选择工程咨询机构,工程咨询机构自主决定是否接收委托。

第四条　从事工程咨询的机构,必须取得相应工程咨询资格证书,具有法人资格,并依法纳税。

第五条　工程咨询机构应遵守国家法律、法规和行业行为准则,开展公平竞争,不得采取不正当手段承揽业务。

第六条　工程咨询机构提供咨询服务,应遵循客观、科学、公平、公正原则,符合国家经济技术政策、规定,符合委托方的技术、质量要求。

第七条　工程咨询机构承担编制建设项目的项目建议书、可行性研究报告、初步设计文件的,不能再参与同一建设项目的项目建议书、可行性研究报告以及工程设计文件的咨询评估业务。

第八条　工程咨询收费实行政府指导价。具体收费标准由工程咨询机构与委托方根据本规定的指导性收费标准协商确定。

第九条　工程咨询收费根据不同工程咨询项目的性质、内容,采取以下方法计取费用:

(一)按建设项目估算投资额,分档计算工程咨询费用(见附件一、二)。

(二)按工程咨询工作所耗工日计算工程咨询费用(见附件三)。

按照前款两种方法不便于计费的,可以参照本规定的工日费用标准由工程咨询机构与委托方议定。但参照工日计算的收费额,不得超过按估算投资额分档计费方式计算的收费额。

第十条　采取按建设项目估算投资额分档计费的,以建设项目的项目建议书或者可行性研究报告的估算投资为计费依据。使用工程咨询机构推荐方案计算的投资与原估算投资发生增减变化时,咨询收费不再调整。

第十一条　工程咨询机构在编制项目建议书或者可行性研究报告时需要勘察、试验,评估项目建议书或者可行性研究报告时需要对勘察、试验数据进行复核,工作量明显增加需要加收费用的,可由双方另行协商加收的费用额和支付方式。

第十二条 工程咨询服务中,工程咨询机构提供自有专利、专有技术,需要另行支付费用的,国家有规定的,按规定执行;没有规定的,由双方协商费用额和支付方式。

第十三条 建设项目前期工作咨询应体现优质优价原则,优质优价的具体幅度由双方在规定的收费标准的基础上协商确定。

第十四条 工程咨询费用,由委托方与工程咨询机构依据本规定,在工程咨询合同中以专门条款确定费用数额及支付方式。

第十五条 工程咨询机构按合同收取咨询费用后,不得再要求委托方无偿提供食宿、交通等便利。

第十六条 工程咨询机构对外聘专家的付费按工日费用标准计算并支付,外聘专家,如有从业单位的,专家费用应支付给专家从业单位。

第十七条 委托方应按合同规定及时向工程咨询机构提供开展咨询业务所必须的工作条件和资料。由于委托方原因造成咨询工作量增加或延长工程咨询期限的,工程咨询机构可与委托方协商加收费用。

第十八条 工程咨询机构提交的咨询成果达不到合同规定标准的,应负责完善,委托方不另支付咨询费。

第十九条 工程咨询合同履行过程中,由于咨询机构失误造成委托方损失的,委托方可扣减或者追回部分以至全部咨询费用,对造成的直接经济损失,咨询机构应部分或全部赔偿。

第二十条 涉外工程咨询业务中有特殊要求的,工程咨询机构可与委托方参照国外有关收费办法协商确定咨询费用。

第二十一条 建设项目投资在3 000万元以下的和除编制、评估项目建议书或者可行性研究报告以外的其他建设项目前期工作咨询服务的收费标准,由各省、自治区、直辖市价格主管部门会同同级计划部门制定。

第二十二条 本规定由各级价格主管部门监督执行。

第二十三条 本规定由国家发展计划委员会负责解释。

第二十四条 本规定自发布之日起执行。

附件一 按建设项目估算投资额分档收费标准

附件二 按建设项目估算投资额分档收费的调整系数

附件三 工程咨询人员工日费用标准

附件一 按建设项目估算投资额分档收费标准

单位:万元

工作项目	3 000万元—1亿元	1亿元—5亿元	5亿元—10亿元	10亿元—50亿元	50亿元以上
一、编制项目建议书	6—14	14—37	37—55	55—100	100—125
二、编制可行性研究报告	12—28	28—75	75—110	110—200	200—250
三、评估项目建议书	4—8	8—12	12—15	15—17	17—20
四、评估可行性研究报告	5—10	10—15	15—20	20—25	25—35

注:1. 建设项目估算投资额是指项目建议书或者可行性研究报告的估算投资额。

2. 建设项目的具体收费标准,根据估算投资额在相应的区间内用插入法计算。

3. 根据行业特点和各行业内部不同类别工程的复杂程度,计算咨询费用时可分别乘以行业调整系数和工程复杂程度调整系数(见附件二)。

附件二　按建设项目估算投资额分档收费的调整系数

行　业	调整系数 （以附件一所列收费标准为 1）
一、行业调整系数	
1. 石化、化工、钢铁	1.3
2. 石油、天然气、水利、水电、交通（水运）、化纤	1.2
3. 有色、黄金、纺织、轻工、邮电、广播电视、医药、煤炭、火电（含核电）、机械（含船舶、航空、航天、兵器）	1.0
4. 林业、商业、粮食、建筑	0.8
5. 建材、交通（公路）、铁道、市政公用工程	0.7
二、工程复杂程度调整系数	0.8—1.2

注：工程复杂程度具体调整系数由工程咨询机构与委托单位根据各类工程情况协商确定。

附件三　工程咨询人员工日费用标准

单位：元

咨询人员职级	工日费用标准
1. 高级专家	1 000—1 200
2. 高级专业技术职称的咨询人员	800—1 000
3. 中级专业技术职称的咨询人员	600—800

文件 4:

国家计委关于加强对基本建设大中型项目概算中"价差预备费"管理有关问题的通知

计投资〔1999〕1340 号

国务院各部委、各直属机构,各省、自治区、直辖市及计划单列市计委(计经委),各计划单列企业集团:

1996 年,我委针对当时通货膨胀比较严重的特殊情况,发布了《国家计委关于核定在建基本建设大中型项目概算等问题的通知》(计建设〔1996〕1154 号),规定编制和核定基本建设大中型项目初步设计概算时,价差预备费按投资价格指数 6％ 计算。近年来,物价趋于平稳,实际投资价格指数逐年下降,1998 年已降至－0.2％。根据物价形势变化趋势,需要重新调整概算有关内容的核定方法,以严格控制工程造价,防止建设资金流失。现将有关事项通知如下:

一、自本通知发布之日起,编制和核定基本建设大中型项目初步设计概算时,投资价格指数按零计算。今后,我委将根据物价变动形势,适时调整和发布投资价格指数。

二、已批复初步设计概算但尚未开工的基本建设大中型项目,要按照本通知的精神,重新核定价差预备费,报原概算批准单位审批,并相应调整概算。

三、已开工建设但尚未竣工的基本建设大中型项目,也要重新核定价差预备费。对已经支出的价差预备费,按照实际发生额纳入工程造价;对尚未支出的价差预备费,要按照本通知精神重新核定,经原核算批准单位审批后严格执行。

四、已经竣工但尚未进行决算的基本建设大中型项目,在进行决算时要按实际情况确定价差因素。实际支出的价差预备费低于原批概算中价差预备费的,节余部分应优先用于归还银行贷款等债务性资金。全部使用国家财政性资金的项目,节余部分由投资计划部门予以收回,不得作为工程包干节余分成,不得截留或挪作他用。

五、各有关单位要严格执行本通知所作规定。国家计委重大项目稽查特派员办公室将依据本通知的规定对基本建设大中型项目概算执行情况进行监督检查。

六、基本建设小型项目概算中"价差预备费"的管理,参照本通知执行。

文件5：

国家计委、环境保护部
关于规范环境影响咨询收费有关问题的通知

计价格〔2002〕125 号

各省、自治区、直辖市及计划单列市、副省级省会城市计委、物价局、环境保护局：

为规范建设项目环境影响咨询收费行为，维护委托方和咨询机构合法权益，提高建设项目环境影响咨询工作质量，促进建设项目环境影响咨询业的健康发展，现就环境影响咨询收费有关问题通知如下：

一、环境影响咨询是建设项目前期工作中的重要环节。环境影响咨询内容包括：编制环境影响报告书（含大纲）、环境影响报告表和对环境影响报告书（含大纲）、环境影响报告表进行技术评估。

二、建设项目环境影响咨询收费属于中介服务收费，应当遵循公开、平等、自愿、有偿的原则，委托方根据国家有关规定可自主选择有资质的环境影响评价机构开展环境影响评价工作，相应的环境影响评估机构负责对评价报告进行技术评估工作。

三、建设项目环境影响咨询收费实行政府指导价，从事环境影响咨询业务的机构应根据本通知规定收取费用。具体收费标准由环境影响评价和技术评估机构与委托方以本通知附件规定基准价为基础，在上下 20％的幅度内协商确定。

四、环境影响咨询收费以估算投资额为计费基数，根据建设项目不同的性质和内容，采取按估算投资额分档定额方式计费。不便于采取按估算投资额分档定额计费方式的，也可以采取按咨询服务工日计费。具体计费办法见本通知附件。

五、环境影响评价、技术评估机构从事建设项目环境影响评价、技术评估业务，必须符合国家及项目所在地的总体规划和功能区划，符合国家产业政策、环境标准和相关法律、法规规定。

六、编制环境评价大纲应符合以下服务质量标准：确定评价范围和敏感保护目标，选定评价标准，阐述工程特征和环境保护特征，识别和筛选污染因子、评价因子，设置评价专题，确定评价重点，选定监测项目、点位（断面）、频次和时段，确定预测评价模式和参数等。

编制环境影响报告书应符合以下服务质量标准：建设项目概况，周围环境现状，建设项目对环境可能造成影响的分析和预测，环境保护措施及其经济、技术论证，环境保护措施经济权益分析，对建设项目实施环境监测的建议和环境影响评价结论等。

七、评估建设项目环境影响评价大纲应符合以下服务质量标准：初步确认项目选址、选线的环境可行性是否正确，评价等级、评价范围、评价因子、评价方法和预测模式选用是否准确，敏感目标、监测布点、监测时间和频率选择是否合理，评价内容是否全面和评价重点是否突出等基本内容。

评估建设项目环境影响报告应符合以下服务质量标准：源强和物料平衡是否准确，工艺是否符合清洁生产要求,环境影响预测参数选择是否合理和预测结果是否正确,污染防治、生态保护措施是否完善可行,经济指标是否适当,总量控制指标是否符合国家和地方要求,选址、选线环境可行性结论是否明确,评价结论是否可信,是否符合国家有关环境影响评价、评估技术导则、规范等。

八、环境影响评价、技术评估机构应当按照合同约定向委托方提供符合国家相关规定的咨询服务;服务成果达不到合同约定的,应当负责完善,造成损失的,根据损失程度应将部分或全部服务费退还委托方。

九、委托方应遵守本通知规定和项目合同约定,为接受委托的环境影响评价、评估机构提供履约必须的工作条件和资料。因委托方原因造成咨询业务量增加或延期的,环境影响评价、评估机构可与委托方协商加收费用。建设项目环境影响咨询服务费用计入建设项目前期工作费。

十、委托方和环境影响咨询服务机构违反本通知规定的,由价格主管部门依据《中华人民共和国价格法》及有关法规予以处罚。

附件一　建设项目环境影响咨询收费标准

单位:万元

咨询服务项目	估算投资额/亿元					
	0.3 以下	0.3—2	2—10	10—50	50—100	100 以上
编制环境影响报告书(含大纲)	5—6	6—15	15—35	35—75	75—110	110 以上
编制环境影响报告表	1—2	2—4	4—7	7 以上		
评估环境影响报告书(含大纲)	0.8—1.5	1.5—3	3—7	7—9	9—13	13 以上
评估环境影响报告表	0.5—0.8	0.8—1.5	1.5—2	2 以上		

注:① 表中数字下限为不含,上限为包含;

② 估算投资额为项目建议书或可行性研究报告中的估算投资额;

③ 咨询服务项目收费标准根据估算投资额在对应区间内用插入法计算;

④ 以本收费标准为基础,按建设项目行业特点和所在地区的环境敏感程度,乘以调整系数,确定咨询服务收费基准价,调整系数见附件二之表1和表2;

⑤ 评估环境影响报告书(含大纲)的费用不含专家参加审查会议的差旅费,环境影响评价大纲的技术评估费用占环境影响报告书评估费用的40%;

⑥ 本表所列编制环境影响报告表收费标准为不设评价专题的基准价,每增加1个专题加收50%;

⑦ 本表中费用不包括遥感、遥测、风洞试验、污染气象观测、示踪试验、地探、物探、卫星图片解读、需要动用船、飞机等特殊监测等费用。

附件二　建设项目环境影响咨询收费调整系数(参见以下两表)

表 1　环境影响评价大纲、报告书编制收费行业调整系数

行　　业	调整系数
化工、冶金、有色、黄金、煤炭、矿产、纺织、化纤、轻工、医药、区域	1.2
石化、石油、天然气、水利、水电、旅游	1.1
林业、畜牧、渔业、农业、交通、铁道、民航、管线运输、建材、市政、烟草、兵器	1.0
邮电、广播电视、航空、机械、船舶、航天、电子、勘探、社会服务、火电	0.8
粮食、建筑、信息产业、仓储	0.6

表2 环境影响评价大纲、报告书编制收费环境敏感程度调整系数

环境敏感程度	调整系数
敏感	1.2
一般	0.8

附件三 按咨询服务人员工日计算建设项目环境影响咨询收费标准

单位:元

咨询人员职级	人工日收费标准
高级咨询专家	1 000—1 200
高级专业技术人员	800—1 000
一般专业技术人员	600—800

文件6:

国家发展改革委、建设部关于印发
《建设工程监理与相关服务收费管理规定》的通知

发改价格〔2007〕670号

国务院有关部门,各省、自治区、直辖市发展改革委、物价局、建设厅(委):

为规范建设工程监理与相关服务收费行为,维护委托双方合法权益,促进我国工程监理行业的健康发展,国家发展和改革委员会、建设部组织国务院有关部门和有关行业组织,制定了《建设工程监理与相关服务收费管理规定》,自2007年5月1日开始施行。原国家物价局、建设部下发的《关于发布工程建设监理费有关规定的通知》(〔1992〕价费字479号)自本规定生效之日起废止。

附:建设工程监理与相关服务收费管理规定

第一条　为规范建设工程监理与相关服务收费行为,维护发包人和监理人的合法权益,根据《中华人民共和国价格法》及有关法律、法规,制定本规定。

第二条　建设工程监理与相关服务,应当遵循公开、公平、公正、自愿和诚实信用的原则。依法须招标的建设工程,应通过招标方式确定监理人。监理服务招标应优先考虑监理单位的资信程度、监理方案的优劣等技术因素。

第三条　发包人和监理人应当遵守国家有关价格法律法规的规定,接受政府价格主管部门的监督、管理。

第四条　建设工程监理与相关服务收费根据建设项目性质不同情况,分别实行政府指导价或市场调节价。依法必须实行监理的建设工程施工阶段的监理收费实行政府指导价;其他建设工程施工阶段的监理收费和其他阶段的监理与相关服务收费实行市场调节价。

第五条　实行政府指导价的建设工程施工阶段监理收费,其基准价根据《建设工程监理与相关服务收费标准》计算,浮动幅度为上下20%。发包人和监理人应当根据建设工程的实际情况在规定的浮动幅度内协商确定收费额。实行市场调节价的建设工程监理与相关服务收费,由发包人和监理人协商确定收费额。

第六条　建设工程监理与相关服务收费,应当体现优质优价的原则。在保证工程质量的前提下,由于监理人提供的监理与相关服务节省投资,缩短工期,取得显著经济效益的,发包人可根据合同约定奖励监理人。

第七条　监理人应当按照《关于商品和服务实行明码标价的规定》,告知发包人有关服务项目、服务内容、服务质量、收费依据,以及收费标准。

第八条　建设工程监理与相关服务的内容、质量要求和相应的收费金额以及支付方式,由发包人和监理人在监理与相关服务合同中约定。

第九条　监理人提供的监理与相关服务,应当符合国家有关法律、法规和标准规范,满足合同约定的服务内容和质量等要求。监理人不得违反标准规范规定或合同约定,通过降低服务质量、减少服务内容等手段进行恶性竞争,扰乱正常市场秩序。

第十条　由于非监理人原因造成建设工程监理与相关服务工作量增加或减少的,发包人应当按合同约定与监理人协商另行支付或扣减相应的监理与相关服务费用。

第十一条　由于监理人原因造成监理与相关服务工作量增加的,发包人不另行支付监理与相关服务费用。

监理人提供的监理与相关服务不符合国家有关法律、法规和标准规范的,提供的监理服务人员、执业水平和服务时间未达到监理工作要求的,不能满足合同约定的服务内容和质量等要求的,发包人可按合同约定扣减相应的监理与相关服务费用。

由于监理人工作失误给发包人造成经济损失的,监理人应当按照合同约定依法承担相应赔偿责任。

第十二条　违反本规定和国家有关价格法律、法规规定的,由政府价格主管部门依据《中华人民共和国价格法》《价格违法行为行政处罚规定》予以处罚。

第十三条　本规定及所附《建设工程监理与相关服务收费标准》,由国家发展改革委会同建设部负责解释。

第十四条　本规定自 2007 年 5 月 1 日起施行,规定生效之日前已签订服务合同及在建项目的相关收费不再调整。原国家物价局与建设部联合发布的《关于发布工程建设监理费有关规定的通知》(〔1992〕价费字 479 号)同时废止。国务院有关部门及各地制定的相关规定与本规定相抵触的,以本规定为准。

附件:建设工程监理与相关服务收费标准

1　总　则

1.0.1　建设工程监理与相关服务是指监理人接受发包人的委托,提供建设工程施工阶段的质量、进度、费用控制管理和安全生产监督管理、合同、信息等方面协调管理服务,以及勘察、设计、保修等阶段的相关服务。各阶段的工作内容见《建设工程监理与相关服务的主要工作内容》(附表一)。

1.0.2　建设工程监理与相关服务收费包括建设工程施工阶段的工程监理(以下简称"施工监理")服务收费和勘察、设计、保修等阶段的相关服务(以下简称"其他阶段的相关服务")收费。

1.0.3　铁路、水运、公路、水电、水库工程的施工监理服务收费按建筑安装工程费分档定额计费方式计算收费。其他工程的施工监理服务收费按照建设项目工程概算投资额分档定额计费方式计算收费。

1.0.4　其他阶段的相关服务收费一般按相关服务工作所需工日和《建设工程监理与相关服务人员人工日费用标准》(附表四)收费。

1.0.5　施工监理服务收费按照下列公式计算:

(1)施工监理服务收费=施工监理服务收费基准价×(1±浮动幅度值)

(2)施工监理服务收费基准价=施工监理服务收费基价×专业调整系数×工程复杂程度调整系数×高程调整系数

1.0.6　施工监理服务收费基价

施工监理服务收费基价是完成国家法律法规、规范规定的施工阶段监理基本服务内容的价格。施工监理服务收费基价按《施工监理服务收费基价表》(附表二)确定,计费额处于两个数值区间的,采用直线内插法确定施工监理服务收费基价。

1.0.7　施工监理服务基准价

施工监理服务收费基准价是按照本收费标准规定的基价和 1.0.5(2)计算出的施工监理

服务基准收费额。发包人与监理人根据项目的实际情况，在规定的浮动幅度范围内协商确定施工监理服务收费合同额。

1.0.8　施工监理服务收费的计费额

　　施工监理服务收费以建设项目工程概算投资额分档定额计费方式收费的，其计费额为工程概算中的建筑安装工程费、设备购置费和联合试运转费之和，即工程概算投资额。对设备购置费和联合试运转费占工程概算投资额40%以上的工程项目，其建筑安装工程费全部计入计费额，设备购置费和联合试运转费按40%的比例计入计费额。但其计费额不应小于建筑安装工程费与其相同且设备购置费和联合试运转费等于工程概算投资额40%的工程项目的计费额。

　　工程中有利用原有设备并进行安装调试服务的，以签订工程监理合同时同类设备的当期价格作为施工监理服务收费的计费额；工程中有缓配设备的，应扣除签订工程监理合同时同类设备的当期价格作为施工监理服务收费的计费额；工程中有引进设备的，按照购进设备的离岸价格折换成人民币作为施工监理服务收费的计费额。

　　施工监理服务收费以建筑安装工程费分档定额计费方式收费的，其计费额为工程概算中的建筑安装工程费。

　　作为施工监理服务收费计费额的建设项目工程概算投资额或建筑安装工程费均指每个监理合同中约定的工程项目范围的计费额。

1.0.9　施工监理服务收费调整系数

　　施工监理服务收费调整系数包括：专业调整系数、工程复杂程度调整系数和高程调整系数。

　　(1)专业调整系数是对不同专业建设工程的施工监理工作复杂程度和工作量差异进行调整的系数。计算施工监理服务收费时，专业调整系数在《施工监理服务收费专业调整系数表》(附表三)中查找确定。

　　(2)工程复杂程度调整系数是对同一专业建设工程的施工监理复杂程度和工作量差异进行调整的系数。工程复杂程度分为一般、较复杂和复杂三个等级，其调整系数分别为：一般(Ⅰ级)0.85；较复杂(Ⅱ级)1.0；复杂(Ⅲ级)1.15。计算施工监理服务收费时，工程复杂程度在相应章节的《工程复杂程度表》中查找确定。

　　(3)高程调整系数如下：

　　海拔高程2 001 m以下的为1；海拔高程2 001～3 000 m为1.1；海拔高程3 001～3 500 m为1.2；海拔高程3 501～4 000 m为1.3；海拔高程4 001 m以上的，高程调整系数由发包人和监理人协商确定。

1.0.10　发包人将施工监理服务中的某一部分工作单独发包给监理人，按照其占施工监理服务工作量的比例计算施工监理服务收费，其中质量控制和安全生产监督管理服务收费不宜低于施工监理服务收费额的70%。

1.0.11　建设工程项目施工监理服务由两个或者两个以上监理人承担的，各监理人按照其占施工监理服务工作量的比例计算施工监理服务收费。发包人委托其中一个监理人对建设工程项目施工监理服务总负责的，该监理人按照各监理人合计监理服务收费额的4%～6%向发包人收取总体协调费。

1.0.12　本收费标准不包括本总则1.0.1以外的其他服务收费。其他服务收费，国家有规定的，从其规定；国家没有规定的，由发包人与监理人协商确定。

2　矿山采选工程

2.1　矿山采选工程范围

适用于有色金属、黑色冶金、化学、非金属、黄金、铀、煤炭以及其他矿种采选工程。

2.2　矿山采选工程复杂程度

2.2.1　采矿工程

表 2.2-1　采矿工程复杂程度表

等　级	工程特征
Ⅰ级	1. 地形、地质、水文条件简单 2. 煤层、煤质稳定,全区可采,无岩浆岩侵入,无自然发火的矿井工程 3. 立井筒垂深<300 m,斜井筒斜长<500 m 4. 矿田地形为Ⅰ、Ⅱ类,煤层赋存条件属Ⅰ、Ⅱ类,可采煤层2层及以下,煤层埋藏深度<100 m,采用单一开采工艺的煤炭露天采矿工程 5. 两种矿石品种,有分采、分贮、分运设施的露天采矿工程 6. 矿体埋藏垂深<120 m的山坡与深凹露天矿 7. 矿石品种单一,斜井,平硐溜井,主、副、风井条数小于4条的矿井工程
Ⅱ级	1. 地形、地质、水文条件较复杂 2. 低瓦斯,偶见少量岩浆岩,自然发火倾向小的矿井工程 3. 300 m≤立井筒垂深<800 m,500 m≤斜井筒斜长<1 000 m,表土层厚度<300 m 4. 矿田地形为Ⅲ类及以上,煤层赋存条件属Ⅲ类,煤层结构复杂,可采煤层多于2层,煤层埋藏深度≥100 m,采用综合开采工艺的煤炭露天采矿工程 5. 有两种矿石品种,主、副、风井条数≥4条,有分采、分贮、分运设施的矿井工程 6. 两种以上开拓运输方式,多采场的露天矿 7. 矿体埋藏垂深≥120 m的深凹露天矿 8. 采金工程
Ⅲ级	1. 地形、地质、水文条件复杂 2. 水患严重,有岩浆岩侵入,有自然发火危险的矿井工程 3. 地压大,地温局部偏高,煤尘具爆炸性,高瓦斯矿井,煤层及瓦斯突出的矿井工程 4. 立井筒垂深≥800 m,斜井筒斜长≥1 000 m,表土层厚度≥300 m 5. 开采运输系统复杂,斜井胶带,联合开拓运输系统,有复杂的疏干、排水系统及设施 6. 两种以上矿石品种,有分采、分贮、分运设施,采用充填采矿法或特殊采矿法的各类采矿工程 7. 铀矿采矿工程

2.2.2　选矿工程

表 2.2-2　选矿工程复杂程度表

等　级	工程特征
Ⅰ级	1. 新建筛选厂(车间)工程 2. 处理易选矿石,单一产品及选矿方法的选矿工程
Ⅱ级	1. 新建和改扩建入洗下限≥25 mm选煤厂工程 2. 两种矿产品及选矿方法的选矿工程
Ⅲ级	1. 新建和改扩建入洗下限<25 mm选煤厂、水煤浆制备及燃烧应用工程 2. 两种以上矿产品及选矿方法的选矿工程

3 加工冶炼工程

3.1 加工冶炼工程范围

适用于机械、船舶、兵器、航空、航天、电子、核加工、轻工、纺织、商物粮、建材、钢铁、有色等各类加工工程,钢铁、有色等冶炼工程。

3.2 加工冶炼工程复杂程度

表 3.2-1　加工冶炼工程复杂程度表

等 级	工程特征
Ⅰ级	1. 一般机械辅机及配套厂工程 2. 船舶辅机及配套厂,船舶普航仪器厂,吊车道工程 3. 防化民爆工程,光电工程 4. 文体用品、玩具、工艺美术品、日用杂品、金属制品厂等工程 5. 针织、服装厂工程 6. 小型林产加工工程 7. 小型冷库、屠宰厂、制冰厂、一般农业(粮食)与内贸加工工程 8. 普通水泥、砖瓦水泥制品厂工程 9. 一般简单加工及冶炼辅助单体工程和单体附属工程 10. 小型、技术简单的建筑铝材、铜材加工及配套工程
Ⅱ级	1. 试验站(室)、试车台,计量检测站,自动化立体和多层仓库工程,动力、空分等站房工程 2. 造船厂,修船厂,坞修车间,船台滑道,船模试验水池,海洋开发工程设备厂,水声设备及水中兵器厂工程 3. 坦克装甲车车辆、枪炮工程 4. 航空装配厂、维修厂、辅机厂,航空、航天试验测试及零部件厂,航天产品部装厂工程 5. 电子整机及基础产品项目工程,显示器件项目工程 6. 食品发酵烟草工程,制糖工程,制盐及盐化工程,皮革毛皮及其制品工程,家电及日用机械工程,日用硅酸盐工程 7. 纺织工程 8. 林产加工工程 9. 商物粮加工工程 10. <2 000 t/d 的水泥生产线,普通玻璃、陶瓷、耐火材料工程,特种陶瓷生产线工程,新型建筑材料工程 11. 焦化、耐火材料、烧结球团及辅助、加工和配套工程,有色、钢铁冶炼等辅助、加工和配套工程
Ⅲ级	1. 机械主机制造厂工程 2. 船舶工业特种涂装车间,干船坞工程 3. 火炸药及火工品工程,弹箭引信工程 4. 航空主机厂,航天产品总装厂工程 5. 微电子产品项目工程,电子特种环境工程,电子系统工程 6. 核燃料元/组件、铀浓缩、核技术及同位素应用工程 7. 制浆造纸工程,日用化工工程 8. 印染工程 9. ≥2 000 t/d 的水泥生产线,浮动玻璃生产线 10. 有色、钢铁冶炼(含连铸)工程,轧钢工程

4　石油化工工程

4.1　石油化工工程范围

适用于石油、天然气、石油化工、化工、火化工、核化工、化纤、医药工程。

4.2　石油化工工程复杂程度

表 4.2-1　石油化工工程复杂程表

等　级	工程特征
Ⅰ级	1. 油气田井口装置和内部集输管线,油气计量站、接转站等场站,总容积<50 000 m³ 或品种<5 种的独立油库工程 2. 平原微丘陵地区长距离油、气、水煤浆等各种介质的输送管道和中间场站工程 3. 无机盐、橡胶制品、混配肥工程 4. 石油化工工程的辅助生产设施和公用工程
Ⅱ级	1. 油气田原油脱水转油站、油气水联合处理站,总容积≥50 000 m³ 或品种≥5 种的独立油库,天然气处理和轻烃回收厂站,三次采油回注水处理工程,硫黄回收及下游装置,稠油及三次采油联合处理站,油气田天然气液化及提氦,地下储气库 2. 山区沼泽地带长距离油、气、水煤浆等各种介质的输送管道和首站、末站、压气站、调度中心工程 3. 500 万吨/年以下的常减压蒸馏及二次加工装置,丁烯氧化脱氢、MTBE、丁二烯抽提、乙腈生产装置工程 4. 磷肥、农药、精细化工、生物化工、化纤工程 5. 医药工程 6. 冷冻、脱盐、联合控制室、中高压热力站、环境监测、工业监视、三级污水处理工程
Ⅲ级	1. 海上油气田工程 2. 长输管道的穿跨越工程 3. 500 万吨/年及以上的常减压蒸馏及二次加工装置,芳烃抽提、芳烃(PX)、乙烯、精对苯二甲酸等单体原料,合成材料,LPG、LNG 低温储存运输设施工程 4. 合成氨、制酸、制碱、复合肥、火化工、煤化工工程 5. 核化工、放射性药品工程

5　水利电力工程

5.1　水利电力工程范围

适用于水利、发电、送电、变电、核能工程。

5.2　水利电力工程复杂程度

5.2.1　水利、发电、送电、变电、核能工程

表 5.2-1　水利、发电、送电、变电、核能工程复杂程度表

等　级	工程特征
Ⅰ级	1. 单机容量 200 MW 及以下凝汽式机组发电工程,燃气轮机发电工程,50 MW 及以下供热机组发电工程 2. 电压等级 220 kV 及以下的送电、变电工程 3. 最大坝高<70 m,边坡高度<50 m,基础处理深度<20 m 的水库水电工程 4. 施工明渠导流建筑物与土石围堰 5. 总装机容量<50 MW 的水电工程 6. 单洞长度<1 km 的隧洞 7. 无特殊环保要求

等 级	工程特征
Ⅱ级	1. 单机容量 300 MW～600 MW 凝汽式机组发电工程,单机容量 50 MW 以上供热机组发电工程,新能源发电工程(可再生能源、风电、潮汐等) 2. 电压等级 330 kV 的送电、变电工程 3. 70 m≤最大坝高＜100 m 或 10 000 000 m³≤库容＜100 000 000 m³ 的水库水电工程 4. 地下洞室的跨度＜15 m,50 m≤边坡高度＜100 m,20 m≤基础处理深度＜40 m 的水库水电工程 5. 施工隧洞导流建筑物(洞径＜10 m)或混凝土围堰(最大堰高＜20 m) 6. 50 MW≤总装机容量＜1 000 MW 的水电工程 7. 1 km≤单洞长度＜4 km 的隧洞 8. 工程位于省级重点环境(生态)保护区内,或毗邻省级重点环境(生态)保护区,有较高的环保要求
Ⅲ级	1. 单机容量 600 MW 以上凝汽式机组发电工程 2. 换流站工程,电压等级≥500 kV 送电、变电工程 3. 核能工程 4. 最大坝高≥100 m 或库容≥100 000 000 m³ 的水库水电工程 5. 地下洞室的跨度≥15 m,边坡高度≥100 m,基础处理深度≥40 m 的水库水电工程 6. 施工隧洞导流建筑物(洞径≥10 m)或混凝土围堰(最大堰高≥20 m) 7. 总装机容量≥1 000 MW 的水库水电工程 8. 单洞长度≥4 km 的水工隧洞 9. 工程位于国家级重点环境(生态)保护区内,或毗邻国家级重点环境(生态)保护区,有特殊的环保要求

5.2.2 其他水利工程

表 5.2-2 其他水利工程复杂程度表

等 级	工程特征
Ⅰ级	1. 流量＜15 m³/s 的引调水渠道管线工程 2. 堤防等级 Ⅴ 级的河道治理建(构)筑物及河道堤防工程 3. 灌区田间工程 4. 水土保持工程
Ⅱ级	1. 15 m³/s≤流量＜25 m³/s 的引调水渠道管线工程 2. 引调水工程中的建筑物工程 3. 丘陵、山区、沙漠地区的引调水渠道管线工程 4. 堤防等级Ⅲ、Ⅳ级的河道治理建(构)筑物及河道堤防工程
Ⅲ级	1. 流量≥25 m³/s 的引调水渠道管线工程 2. 丘陵、山区、沙漠地区的引调水建筑物工程 3. 堤防等级Ⅰ、Ⅱ级的河道治理建(构)筑物及河道堤防工程 4. 护岸、防波堤、围堰、人工岛、围垦工程,城镇防洪、河口整治工程

6　交通运输工程

6.1　交通运输工程范围

适用于铁路、公路、水运、城市交通、民用机场、索道工程。

6.2　交通运输工程复杂程度

6.2.1　铁路工程

表 6.2-1　铁路工程复杂程度表

等　级	工程特征
Ⅰ级	Ⅱ、Ⅲ、Ⅳ级铁路
Ⅱ级	1. 时速 200 km 客货共线 2. Ⅰ级铁路 3. 货运专线 4. 独立特大桥 5. 独立隧道
Ⅲ级	1. 客运专线 2. 技术特别复杂的工程

注:1. 复杂程度调整系数Ⅰ级为 0.85,Ⅱ级为 1,Ⅲ级为 0.95;

　　2. 复杂程度等级Ⅱ级的新建双线复杂程度调整系数为 0.85。

6.2.2　公路、城市道路、轨道交通、索道工程

表 6.2-2　公路、城市道路、轨道交通、索道工程复杂程度表

等　级	工程特征
Ⅰ级	1. 三级、四级公路及相应的机电工程 2. 一级公路、二级公路的机电工程
Ⅱ级	1. 一级公路、二级公路 2. 高速公路的机电工程 3. 城市道路、广场、停车场工程
Ⅲ级	1. 高速公路工程 2. 城市地铁、轻轨 3. 客(货)运索道工程

注:穿越山岭重丘区的复杂程度Ⅱ、Ⅲ级公路工程项目的部分复杂程度调整系数分别为 1.1 和 1.26。

6.2.3　公路桥梁、城市桥梁和隧道工程

表 6.2-3　公路桥梁、城市桥梁和隧道工程复杂程度表

等　级	工程特征
Ⅰ级	1. 总长<1 000 m 或单孔跨径<150 m 的公路桥梁 2. 长度<1 000 m 的隧道工程 3. 人行天桥、涵洞工程
Ⅱ级	1. 总长≥1 000 m 或 150 m≤单孔跨径<250 m 的公路桥梁 2. 1 000 m≤长度<3 000 m 的隧道工程 3. 城市桥梁、分离式立交桥,地下通道工程
Ⅲ级	1. 主跨≥250 m 拱桥,单跨≥250 m 预应力混凝土连续结构,≥400 m 斜拉桥,≥800 m 悬索桥 2. 连拱隧道、水底隧道、长度≥3 000 m 的隧道工程 3. 城市互通式立交桥

6.2.4　水运工程

表 6.2-4　水运工程复杂程度表

等　　级	工程特征
Ⅰ级	1. 沿海港口、航道工程:码头<1 000 t级,航道<5 000 t级 2. 内河港口、航道整治、通航建筑工程:码头、航道整治、船闸<100 t级 3. 修造船厂水工工程:船坞、舾装码头<3 000 t级,船台、滑道船体重量<1 000 t 4. 各类疏浚、吹填、造陆工程
Ⅱ级	1. 沿海港口、航道工程:1 000 t级≤码头<10 000 t级,5 000 t级≤航道<30 000 t级,护岸、引堤、防波堤等建筑物 2. 油、气等危险品码头工程<1 000 t级 3. 内河港口、航道整治、通航建筑工程:100 t级≤码头<1 000 t级,100 t级≤航道整治<1 000 t级,100 t级≤船闸<500 t级,升船机<300 t级 4. 修造船厂水工工程:3 000 t级≤船坞、舾装码头<10 000 t级,1 000 t≤船台、滑道船体重量<5 000 t
Ⅲ级	1. 沿海港口、航道工程:码头≥10 000 t级,航道≥30 000 t级 2. 油、气等危险品码头工程≥1 000 t级 3. 内河港口、航道整治、通航建筑工程:码头、航道整治≥1 000 t级,船闸≥500 t级,升船机≥300 t级 4. 航运(电)枢纽工程 5. 修造船厂水工工程:船坞、舾装码头≥10 000 t级,船台、滑道船体重量≥5 000 t 6. 水上交通管制工程

6.2.5　民用机场工程

表 6.2-5　民用机场工程复杂程度表

等　　级	工程特征
Ⅰ级	3C 及以下场道、空中交通管制及助航灯光工程(项目单一或规模较小工程)
Ⅱ级	4C、4D 场道,空中交通管制及助航灯光工程(中等规模工程)
Ⅲ级	4E 及以上场道、空中交通管制及助航灯光工程(大型综合工程含配套措施)

注:工程项目规模划分标准见《民用机场飞行区技术标准》。

7　建筑市政工程

7.1　建筑市政工程范围

适用于建筑、人防、市政公用、园林绿化、广播电视、邮政、电信工程。

7.2　建筑市政工程复杂程度

7.2.1　建筑、人防工程

表 7.2-1　建筑、人防工程复杂程度表

等　　级	工程特征
Ⅰ级	1. 高度<24 m 的公共建筑和住宅工程 2. 跨度<24 m 的厂房和仓储建筑工程 3. 室外工程及简单的配套用房 4. 高度<70 m 的高耸构筑物

等　级	工程特征
Ⅱ级	1. 24 m≤高度<50 m 的公共建筑工程 2. 24 m≤跨度<36 m 的厂房和仓储建筑工程 3. 高度≥24 m 的住宅工程 4. 仿古建筑,一般标准的古建筑、保护性建筑以及地下建筑工程 5. 装饰、装修工程 6. 防护级别为四级及以下的人防工程 7. 70 m≤高度<120 m 的高耸构筑物
Ⅲ级	1. 高度≥50 m 的公共建筑工程,或跨度≥36 m 的厂房和仓储建筑工程 2. 高标准的古建筑、保护性建筑 3. 防护级别为四级以上的人防工程 4. 高度≥120 m 的高耸构筑物

7.2.2　市政公用、园林绿化工程

表 7.2-2　市政公用、园林绿化工程复杂程度表

等　级	工程特征
Ⅰ级	1. DN<1.0 m 的给排水地下管线工程 2. 小区内燃气管道工程 3. 小区供热管网工程,<2 MW 的小型换热站工程 4. 小型垃圾中转站,简易堆肥工程
Ⅱ级	1. DN≥1.0 m 的给排水地下管线工程;<3 m³/s 的给水、污水泵站;<10 万吨/日给水厂工程,<5 万吨/日污水处理厂工程 2. 城市中、低压燃气管网(站),<1 000 m³ 液化气贮罐场(站) 3. 锅炉房,城市供热管网工程,≥2 MW 换热站工程 4. ≥100 吨/日的垃圾中转站,垃圾填埋工程 5. 园林绿化工程
Ⅲ级	1. ≥3 m³/s 的给水、污水泵站,≥10 万吨/日给水厂工程,≥5 万吨/日污水处理厂工程 2. 城市高压燃气管网(站),≥1 000 m³ 液化气贮罐场(站) 3. 垃圾焚烧工程 4. 海底排污管线,海水取排水、淡化及处理工程

7.2.3　广播电视、邮政、电信工程

表 7.2-3　广播电视、邮政、电信工程复杂程度表

等　级	工程特征
Ⅰ级	1. 广播电视中心设备(广播 2 套及以下,电视 3 套及以下)工程 2. 中短波发射台(中波单机功率 P<1 kW,短波单机功率 P<50 kW)工程 3. 电视、调频发射塔(台)设备(单机功率 P<1 kW)工程 4. 广播电视收测台设备工程,三级邮件处理中心工艺

等　级	工程特征
Ⅱ级	1. 广播电视中心设备(广播3～5套,电视4～5套)工程 2. 中短波发射台(中波单机功率1 kW≤P<20 kW,短波单机功率50 kW≤P<150 kW)工程 3. 电视、调频发射塔(台)设备(中波单机功率1 kW≤P<10 kW,塔高<200 m)工程 4. 广播电视传输网络工程,二级邮件处理中心工艺工程 5. 电声设备、演播厅、录(播)音馆、摄影棚设备工程 6. 广播电视卫星地球站、微波站设备工程 7. 电信工程
Ⅲ级	1. 广播电视中心设备(广播6套以上,电视7套以上)工程 2. 中短波发射台设备(中波单机功率P≥20 kW,短波单机功率P≥150 kW)工程 3. 电视、调频发射塔(台)设备(中波单机功率P≥10 kW,塔高≥200 m)工程 4. 一级邮件处理中心工艺工程

8　农业林业工程

8.1　农业林业工程范围

适用于农业、林业工程。

8.2　农业林业工程复杂程度

农业林业工程复杂程度为Ⅱ级。

9　附　表

附表一　建设工程监理与相关服务的主要工作内容

服务阶段	主要工作内容	备　注
勘察阶段	协助发包人编制勘察要求,选择勘察单位,核查勘察方案并监督实施和进行相应的控制,参与验收勘察成果	建设工程勘察、设计、施工、保修等阶段监理与相关服务的具体工作内容执行国家、行业有关规范、规定
设计阶段	协助发包人编制设计要求,选择设计单位,组织评选设计方案,对各设计单位进行协调管理,监督合同改造,审查设计进度计划并监督实施,核查设计大纲和设计深度、使用技术规范合理性,提出设计评估报告(包括各阶段设计的核查意见和优化建议),协助审核设计概算	
施工阶段	施工过程中的质量、进度、费用控制,安全生产监督管理、合同、信息等方面的协调管理	
保修阶段	检查和记录工程质量缺陷,对缺陷原因进行调查分析并确定责任归属,审核修复方案,监督修复过程并验收,审核修复费用	

附表二　施工监理服务收费基价表

单位:万元

序　号	计费额	收费基价
1	500	16.5
2	1 000	30.1
3	3 000	78.1
4	5 000	120.8
5	8 000	181.0
6	10 000	218.6

序　号	计费额	收费基价
7	20 000	393.4
8	40 000	708.2
9	60 000	991.4
10	80 000	1 255.8
11	100 000	1 507.0
12	200 000	2 712.5
13	400 000	4 882.6
14	600 000	6 835.6
15	800 000	8 658.4
16	1 000 000	10 390.1

注:计费额大于 1 000 000 万元的,以计费额乘以 1.039% 的收费率计算收费基价。其他未包含的其收费由双方协商议定。

附表三　施工监理服务收费专业调整系数表

工程类型		专业调整系数
1.矿山采选工程	黑色、有色、黄金、化学、非金属及其他矿采选工程	0.9
	选煤及其他煤炭工程	1.0
	矿井工程、铀矿采选工程	1.1
2.加工冶炼工程	冶炼工程	0.9
	船舶水工工程	1.0
	各类加工工程	1.0
	核加工工程	1.2
3.石油化工工程	石油工程	0.9
	化工、石化、化纤、医药工程	1.0
	核化工工程	1.2
4.水利电力工程	风力发电、其他水利工程	0.9
	火电工程、送变电工程	1.0
	核能、水电、水库工程	1.2
5.交通运输工程	机场场道、助航灯光工程	0.9
	铁路、公路、城市道路、轻轨及机场空管工程	1.0
	水运、地铁、桥梁、隧道、索道工程	1.1
6.建筑市政工程	园林绿化工程	0.8
	建筑、人防、市政公用工程	1.0
	邮政、电信、广播电视工程	1.0
7.农业林业工程	农业工程	0.9
	林业工程	0.9

附表四　建设工程监理与相关服务人员工日费用标准

建设工程监理与相关服务人员职级	工日费用标准/元
一、高级专家	1 000～1 200
二、高级专业技术职称的监理与相关服务人员	800～1 000
三、中级专业技术职称的监理与相关服务人员	600～800
四、初级及以下专业技术职称监理与相关服务人员	300～600

注:本表适用于提供短期服务的人工费用标准。

文件7：

国家发展改革委关于进一步放开建设项目专业服务价格的通知

发改价格〔2015〕299号

国务院有关部门、直属机构，各省、自治区、直辖市发展改革委、物价局：

为贯彻落实党的十八届三中全会精神，按照国务院部署，充分发挥市场在资源配置中的决定性作用，决定进一步放开建设项目专业服务价格。现将有关事项通知如下：

一、在已放开非政府投资及非政府委托的建设项目专业服务价格的基础上，全面放开以下实行政府指导价管理的建设项目专业服务价格，实行市场调节价。

（一）建设项目前期工作咨询费，指工程咨询机构接受委托，提供建设项目专题研究、编制和评估项目建议书或者可行性研究报告，以及其他与建设项目前期工作有关的咨询等服务收取的费用。

（二）工程勘察设计费，包括工程勘察收费和工程设计收费。工程勘察收费，指工程勘察机构接受委托，提供收集已有资料、现场踏勘、制定勘察纲要，进行测绘、勘探、取样、试验、测试、检测、监测等勘察作业，以及编制工程勘察文件和岩土工程设计文件等服务收取的费用；工程设计收费，指工程设计机构接受委托，提供编制建设项目初步设计文件、施工图设计文件、非标准设备设计文件、施工图预算文件、竣工图文件等服务收取的费用。

（三）招标代理费，指招标代理机构接受委托，提供代理工程、货物、服务招标，编制招标文件、审查投标人资格，组织投标人踏勘现场并答疑，组织开标、评标、定标，以及提供招标前期咨询、协调合同的签订等服务收取的费用。

（四）工程监理费，指工程监理机构接受委托，提供建设工程施工阶段的质量、进度、费用控制管理和安全生产监督管理、合同、信息等方面协调管理等服务收取的费用。

（五）环境影响咨询费，指环境影响咨询机构接受委托，提供编制环境影响报告书、环境影响报告表和对环境影响报告书、环境影响报告表进行技术评估等服务收取的费用。

二、上述5项服务价格实行市场调节价后，经营者应严格遵守《中华人民共和国价格法》《关于商品和服务实行明码标价的规定》等法律法规规定，告知委托人有关服务项目、服务内容、服务质量，以及服务价格等，并在相关服务合同中约定。经营者提供的服务，应当符合国家和行业有关标准规范，满足合同约定的服务内容和质量等要求。不得违反标准规范规定或合同约定，通过降低服务质量、减少服务内容等手段进行恶性竞争，扰乱正常市场秩序。

三、各有关行业主管部门要加强对本行业相关经营主体服务行为的监管。要建立健全服务标准规范，进一步完善行业准入和退出机制，为市场主体创造公开、公平的市场竞争环境，引导行业健康发展；要制定市场主体和从业人员信用评价标准，推进工程建设服务市场信用体系建设，加大对有重大失信行为的企业及负有责任的从业人员的惩戒力度。充分发挥行业协会服务企业和行业自律作用，加强对本行业经营者的培训和指导。

四、政府有关部门对建设项目实施审批、核准或备案管理，需委托专业服务机构等中介提供评估评审等服务的，有关评估评审费用等由委托评估评审的项目审批、核准或备案机关承担,评估评审机构不得向项目单位收取费用。

五、各级价格主管部门要加强对建设项目服务市场价格行为监管,依法查处各种截留定价权,利用行政权力指定服务、转嫁成本,以及串通涨价、价格欺诈等行为,维护正常的市场秩序,保障市场主体合法权益。

六、本通知自 2015 年 3 月 1 日起执行。此前与本通知不符的有关规定,同时废止。

国家发展改革委

2015 年 2 月 11 日

附录二 关于发布《通信建设工程价款结算暂行办法》的通知

关于发布《通信建设工程价款结算暂行办法》的通知

关于发布《通信建设工程价款结算暂行办法》的通知

信部规〔2005〕481 号

各省、自治区、直辖市通信管理局，中国电信集团公司、中国网络通信集团公司、中国移动通信集团公司、中国联合通信公司、中国卫星通信集团公司、中国铁通集团公司、中国普天信息产业集团、中国通信建设总公司、中讯邮电咨询设计院：

　　为适应目前通信建设市场工程价款结算的需要，参照财政部、建设部关于印发《建设工程价款结算暂行办法》的通知（财建〔2004〕369 号），结合通信建设工程的实际情况，对原《通信建设工程价款结算办法》（邮部〔1995〕626 号）进行了修订，现将新的《通信工程价款结算暂行办法》（见附件）印发你们，请遵照执行。

信息产业部

二〇〇五年九月一日

附件　通信建设工程价款结算暂行办法

第一章　总　　则

　　第一条　为加强和规范通信建设工程价款结算管理，维护通信建设市场正常秩序，根据《中华人民共和国合同法》《中华人民共和国招标投标法》《中华人民共和国预算法》《中华人民共和国价格法》《中华人民共和国政府采购法》《中华人民共和国预算法实施条例》等有关法律、行政法规，参照《建设工程价款结算暂行办法》（财建〔2004〕369 号），结合通信建设工程的实际情况，制定《通信建设工程价款结算暂行办法》（以下简称本办法）。

　　第二条　凡在中华人民共和国境内的通信建设工程价款结算活动，均适用于本办法。国家法律、法规另有规定的，从其规定。

　　第三条　本办法所称通信建设工程价款结算（以下简称"工程价款结算"），是指对通信建设工程的发承包合同价款进行约定和依据合同约定进行工程预付款、工程进度款、工程竣工价款结算的活动。

　　第四条　从事通信建设工程价款结算活动，必须遵循合法、平等、诚信的原则，并符合国家有关法律、法规和政策。

第五条　信息产业部及各省、自治区、直辖市通信管理局负责本行业通信工程价款结算活动的监督管理。

第二章　工程合同价款的约定与调整

第六条　招标工程的合同价款应当在规定时间内，依据招标文件、中标人的投标文件，由发包人与承包人（以下简称"发、承包人"）订立书面合同约定。

非招标合同的合同价款依据审定的工程预（概）算文件经由发、承包人在合同中约定。

依法签订的合同价款在合同中约定后，任何一方不得擅自改变。

第七条　发包人、承包人应当在合同条款中对涉及工程价款结算的下列事项进行约定：

（一）工程预付款的支付方式、数额、时限及抵扣方式；

（二）工程进度款的支付方式、数额及时限；

（三）工程施工中发生变更时，工程价款的调整方法、索赔方式、时限要求及金额支付方式；

（四）发生工程价款纠纷的解决方法；

（五）约定承担风险的范围及幅度以及超出约定范围和幅度的调整办法；

（六）工程竣工价款的结算与支付方式、数额及时限；

（七）工程质量保证（保修）金的数额，预扣方式及时限；

（八）安全实施和意外伤害保险费用；

（九）工期及工期提前或延后的奖惩办法；

（十）与履行合同、支付价款相关的担保事项。

第八条　发、承包人在签订合同时对于工程价款的约定，可选用下列一种约定方式：

（一）固定总价。合同工期较短且工程合同总价较低的工程，可以采用固定总价合同方式。

（二）固定单价。双方在合同中约定综合单价包含的风险范围和风险费用的计算方法，在约定的范围内综合单价不再调整。风险范围以外的综合单价调整方法，应当在合同中约定。

（三）可调价格。可调价格包括可调综合单价和措施费等，双方应在合同中约定综合单价和措施费的调整方法，调整因素包括：

1. 法律、行政法规和国家有关政策变化影响合同价款；

2. 工程造价管理机构的价格调整；

3. 经批准的设计变更；

4. 发包人更改经审定批准的施工组织设计（修正错误除外）造成费用增加；

5. 双方约定的其他因素。

第九条　承包人应当在合同规定的调整情况发生后14天内（以合同签订日期为准），将调整原因、金额以书面形式通知发包人，发包人确认调整金额后将其作为追加合同价款，与工程进度款同期支付。发包人收到承包人通知后14天内（以签收日期为准）不予确认也不提出修改意见，视为已经同意该项调整。

当合同规定的调整合同价款的调整情况发生后，承包人未在规定时间内通知发包人，或者在规定时间内提出调整报告，发包人可以根据有关资料，决定是否调整和调整的金额，并书面通知承包人。

第十条　工程设计变更价款调整

（一）施工中发生工程变更，承包人按照经发包人以书面文件认可的变更设计文件，进行变更施工,其中,政府投资项目重大变更,需按基本建设程序报批后方可施工。

(二)在工程设计变更确认后 14 天内,设计变更涉及工程价款调整的,由承包人向发包人提出,经发包人审核同意后调整合同价款。变更合同价款按下列方法进行:

1. 合同中已有适用于变更工程的价格,按合同已有的价格变更合同价款;

2. 合同中只有类似于变更工程的价格,可以参照类似价格变更合同价款;

3. 合同中没有适用或类似于变更工程的价格,由承包人或发包人提出适当的变更价格,经对方确认后执行。如双方不能达成一致的,双方可按合同约定的争议或纠纷解决程序办理。

(三)工程设计变更确定 14 天内,如承包人未提出变更工程价款的报告,则发包人可根据所掌握的资料决定是否调整合同价款和调整的具体金额。重大工程变更涉及工程价款变更报告和确认的时限由发、承包双方协商确定。

收到变更工程价款报告一方,应在收到之日起 14 天内予以书面确认或提出协商意见,自变更工程价款报告送达之日起 14 天内,对方未确定也未提出协商意见时,视为变更工程价款报告已被确认。

确认增(减)的工程变更价款作为追加(减)合同价款与工程进度款同期支付。

第三章　工程价款结算

第十一条　工程价款结算应按合同约定办理,合同未作约定或约定不明的,发、承包双方应按照下列规定与文件协商处理:

(一)国家有关法律、法规和规章制度;

(二)我部发布的工程造价计价标准、计价办法等有关规定;

(三)建设项目的合同、补充协议、变更签证和现场签证,以及经发、承包人认可的其他有效文件;

(四)其他可依据的材料。

第十二条　工程预付款结算应符合下列规定:

(一)工程预付款应按合同约定拨付,包工包料的工程的预付款比例原则上不低于合同金额的 10%,不高于合同金额的 30%;设备及材料投资比例较高的,预付款比例可按不高于合同金额的 60% 支付;包工不包料的工程预付款按通信线路工程、通信设备安装工程、通信管道工程分别为合同金额的 30%、20%、40%。

(二)在具备施工条件的前提下,发包人应在双方签订合同后的一个月内或不迟于约定的开工日期前的 7 天内预付工程款,发包人不按约定预付,承包人应在预付时间到期后 10 天内向发包人发出要求预付的通知,发包人收到通知后仍不按要求预付,承包人可在发出通知 14 天后停止施工,发包人应从约定应付之日起向承包人支付应付款的利息(利率按同期银行贷款利率计),并承担违约责任。

(三)预付的工程款必须在合同中约定抵扣方式,并在工程进度款中进行抵扣。

(四)凡是没有签订合同或不具备施工条件的工程,发包人不得预付工程款,不得以预付款为名转移资金。

第十三条　工程进度款结算与支付应当符合下列规定:

(一)工程进度款结算方式

1. 按进度结算与支付。即按进度支付进度款,竣工后清算的办法。

2. 分段结算与支付。即实行分段交工后初验结算的办法支付工程进度款。

(二)工程量计算

1. 承包人应当按照合同约定的方法和时间,向发包人提交已完工程量的报告。发包人接到报告后 14 天内(以签收日期为准)核实已完工程量,并在核实前 2 天通知承包人,承包人应提供条件并派人参加核实,承包人收到通知后不参加核实,以发包人核实的工作量作为工程价款的依据。发包人不按约定通知承包人,致使承包人未能参加核实,核实结果无效。

2. 发包人收到报告后 14 天内未核实已完工程量,从第 15 天起,承包人报告的工程量即视为被确认,作为工程价款支付的依据。双方合同另有约定的,按合同执行。

3. 对承包人超出设计图纸(含设计变更)范围和因承包人原因造成返工的工程量,发包人不予计量。

(三)工程进度款支付

1. 根据确定的工程计量结果,承包人向发包人提出支付工程进度款申请书之日起 14 天内,发包人应按不低于工程价款的 60%,不高于工程价款的 90% 向承包人支付工程进度款。按约定时间发包人应扣回的预付款,与工程进度款同期结算抵扣。

2. 发包人超过约定的支付时限不支付工程进度款,承包人应及时向发包人发出要求付款的通知,发包人收到承包人通知后仍不能按要求付款,可与承包人协商签订延期付款协议,经承包人同意后可延期支付,协议应明确延期支付的时限,以及自工程计量结果确认后第 15 天起计算应付款的利息(利率按同期银行贷款利率计)。

3. 发包人不按合同约定支付工程进度款,双方又未达成延期付款协议,导致施工无法进行,承包人可停止施工,由发包人承担违约责任。

第十四条 工程初验后三个月内,双方应按照约定的工程合同价款、合同价款调整内容以及索赔事项,进行工程竣工结算。非施工原因造成不能竣工验收的工程,施工结算同样适用此条。

(一)工程竣工结算方式

工程竣工结算分为单项工程竣工结算和建设项目竣工总结算。

(二)工程竣工结算编审

单项工程竣工结算或建设项目竣工总结算由总(承)包人编制,发包人可直接进行审查;实行总承包的工程,由具体承包人编制,在总包人审查的基础上,发包人直接审查;政府投资项目,由同级财政部门审查。

单项工程竣工结算或建设项目竣工总结算经发、承包人签字盖章后有效。

承包人应在合同约定期限内完成项目竣工结算编制工作,未在规定期限内完成的且提不出正当理由延期的,发包人可依据合同约定提出索赔要求。

(三)工程竣工结算审查期限

单项工程竣工后,承包人应在提交竣工验收报告的同时,向发包人递交竣工结算报告及完整的结算资料,发包人应按下表规定时限进行核对(审查)并提出审查意见。

序 号	工程竣工结算报告金额	审查时间
1	500 万元以下	从接到竣工结算报告和完整的竣工结算资料之日起 20 天
2	500 万元—2 000 万元	从接到竣工结算报告和完整的竣工结算资料之日起 30 天
3	2 000 万元—5 000 万元	从接到竣工结算报告和完整的竣工结算资料之日起 45 天
4	5 000 万元以上	从接到竣工结算报告和完整的竣工结算资料之日起 60 天

　　建设项目竣工总结算在最后一个单项工程竣工结算审查确认后 15 天内汇总，送达发包人 30 天内审查完成。

　　（四）工程竣工价款结算

　　发包人收到承包人递交的竣工结算报告及完整的结算资料后，应按本办法规定的期限（合同约定有期限的，从其约定）进行核实，给予确认或者提出修改意见。发包人根据确认的竣工结算报告向承包人支付工程竣工结算价款，保留 5% 左右的工程质量保证（保修）金，待工程交付使用一年质保期到期后清算（合同另有约定的，从其约定）。质保期内如有返修，发生费用应在工程质量保证（保修）金内扣除。

　　（五）索赔价款结算

　　发承包人未能按合同约定履行自己的各项义务或发生错误，给另一方造成经济损失的，由受损方按合同约定提出索赔，索赔金额按合同约定支付。

　　（六）合同以外零星项目工程价款结算

　　发包人要求承包人完成合同以外零星项目，承包人应在接受发包人要求的 7 天内就用工数量和单价、机械（仪表）台班数量和单价、使用材料和金额等向发包人提出施工签证，发包人签证后施工，如发包人未签证，承包人施工后发生争议的，责任由承包人自负。

　　第十五条　发包人和承包人要加强施工现场的造价控制，及时对工程合同外的事项如实记录并履行书面手续。凡由发、承包双方授权的现场代表签字的现场签证以及发、承包双方协商确定的索赔等费用，应在工程竣工结算中如实办理，不得因发、承包双方现场代表中途变更改变其有效性。

　　第十六条　发包人收到竣工结算报告及完整的结算资料后，在本办法规定或合同约定期限内，对结算报告及资料没有提出意见，则视同认可。

　　承包人如未在规定时间内提供完整的工程竣工结算资料，经发包人书面通知到达 14 天内仍未提供或没有明确答复，发包人有权根据已有资料进行审查，责任由承包人自负。

　　根据确认的竣工结算报告，承包人向发包人申请支付工程竣工结算款。发包人应在收到申请后 15 天内支付结算款，到期没有支付的应承担违约责任。承包人可以催告发包人支付结算价款，如达成延期支付协议，发包人应按同期银行贷款利率支付拖欠工程价款的利息。如未达成延期支付协议，承包人可以申请通信行业主管部门协议解决，或依据法律程序解决。

　　第十七条　工程竣工结算以合同工期为准，实际施工工期比合同工期提前或延后，发、承包双方应按合同约定的奖惩办法执行。

第四章　工程价款结算争议处理

　　第十八条　发包人与承包人自行结算工程价款，就竣工结算问题发生争议的，双方可按合同约定的争议或纠纷解决程序办理。

　　第十九条　发包人对工程质量有异议，已竣工验收或已竣工未验收但实际投入使用的工程，其质量争议按该工程保修合同执行；已竣工未验收且未实际投入使用的工程以及停工、停建工程的质量争议，应当就有争议部分的竣工结算暂缓办理，双方就有争议的工程提请通信行业主管部门协调或申请仲裁，其余部分的竣工结算依照约定办理。

　　第二十条　当事人对工程造价发生合同纠纷时，可通过下列办法解决：

　　（一）双方协商确定；

　　（二）按合同条款约定的办法提请调解；

　　（三）向有关仲裁机构申请仲裁或向人民法院起诉。

第五章 工程价款结算管理

第二十一条 工程竣工后,发、承包双方应及时办清工程竣工结算,否则,工程不得交付使用,有关部门不予办理权属登记。

第二十二条 发包人与中标的承包人不按照招标文件和中标的承包人的投标文件订立合同的,或者发包人、中标的承包人背离合同实质性内容另行订立协议,造成工程价款结算纠纷的,另行订立的协议无效,由通信行业主管部门按《中华人民共和国招标投标法》第五十九条进行处罚。

第六章 附   则

第二十三条 通信建设工程施工专业分包,总(承)包人与分包人必须依法订立专业分包合同,按照本办法的规定在合同中约定工程价款及其结算办法。

第二十四条 政府投资项目除执行本办法有关规定外,财政部门对政府投资项目合同价款约定与调整、工程价款结算、工程价款结算争议处理等事项,如另有特殊规定的,从其规定。

第二十五条 凡实行监理的工程项目,工程价款结算过程中涉及监理工程师签证事项,应按工程监理合同约定执行。

第二十六条 合同示范文本内容如与本办法不一致,以本办法为准。

第二十七条 本办法自公布之日起施行。

原邮电部《关于发布〈通信工程概算、预算编制办法及费用定额〉等标准的通知》(邮部〔1995〕626 号)的附件中《通信建设工程价款结算办法》同时废止。